高等院校软件工程学科系列教材

面向对象分析与设计

第2版 | 双色版

麻志毅 编著

Object-Oriented Analysis and Design Second Edition

机械工业出版社
CHINA MACHINE PRESS

本书是一本关于面向对象分析与设计的教材，讲述了面向对象的基本思想、主要概念以及相应的表示法，并给出了详细的建模过程指导。本书注重理论与实践相结合，通过给出大量的例题、内容较为详尽的案例分析以及对建模概念的详细剖析，阐明了如何进行面向对象的分析与设计。

本书适合作为高等院校计算机学院（或信息学院等）和软件学院的软件工程专业、计算机专业和相关专业的高年级本科生、工程硕士的教材，也可作为培训班师生以及从事软件开发的工程技术人员的参考书。

图书在版编目（CIP）数据

面向对象分析与设计：双色版/麻志毅编著. —2版. —北京：机械工业出版社，2024.2

高等院校软件工程学科系列教材

ISBN 978-7-111-74949-3

Ⅰ.①面… Ⅱ.①麻… Ⅲ.①面向对象语言－程序设计－高等学校－教材 Ⅳ.①TP312.8

中国国家版本馆CIP数据核字（2024）第027287号

机械工业出版社（北京市百万庄大街22号 邮政编码100037）

策划编辑：姚 蕾　　责任编辑：姚 蕾

责任校对：张爱妮 陈立辉　　责任印制：刘 媛

涿州市京南印刷厂印刷

2024年4月第2版第1次印刷

185mm×260mm・14.75印张・373千字

标准书号：ISBN 978-7-111-74949-3

定价：69.00元

电话服务

客服电话：010-88361066

010-88379833

010-68326294

网络服务

机 工 官 网：www.cmpbook.com

机 工 官 博：weibo.com/cmp1952

金 书 网：www.golden-book.com

机工教育服务网：www.cmpedu.com

前　言

在 20 世纪 90 年代，面向对象技术以其显著的优势成为计算机软件领域的主流技术，随后该技术在大多数发达国家的软件开发中得到了相当广泛的运用。在我国的软件产业界，面向对象技术的学习与应用热潮出现于 20 世纪 90 年代后期，如今面向对象分析与设计技术也已经得到了广泛的应用。

当前，产业界需要大量掌握面向对象分析与设计技术的高级应用型开发人才。很多计算机学院和软件学院在软件工程教学中开设了相应的课程，旨在使学生不仅会使用一种或者几种面向对象编程语言来编程，更重要的是能运用面向对象方法进行系统建模，即通过面向对象分析（Object-Oriented Analysis，OOA）和面向对象设计（Object-Oriented Design，OOD）建立系统的分析模型和设计模型。

邵维忠教授和杨芙清院士合著的两本著作[17-18]在广泛借鉴国际上各种 OOA 与 OOD 方法的同时，根据作者长期的研究与实践形成了自己的方法特色。其中最主要的特色有三条：一是提倡充分运用面向对象方法的基本概念，限制扩充概念的引入，通过加强过程指导而保持建模概念的简练；二是对 UML（Unified Modeling Language，统一建模语言）所采用的与面向对象有关的概念进行深入解析，给出了自己的见解；三是其 OOD 部分比以往的著作内容更为详细，并且更强调用 OO 概念表达各种全局性的设计决策。这两部学术专著作为教材适合于理论性强的研究生教学。

本书旨在提供一本更适合应用型人才培养的教材。在思想体系上，本书继承了参考文献［17］和［18］所提出的理论和方法。但是作为一本适合应用型人才培养的教材，本书与它们相比有以下不同：

- 减少了理论阐述和对不同学术观点的讨论，增加了对如何运用概念的讲解。
- 着重讲述了面向对象的应用技术。
- 在各章的正文部分增加了例题，在各章之后给出了习题。
- 通过案例讲述了如何运用面向对象方法进行分析与设计。

本书既是一本教材，也可作为从事软件开发的工程技术人员的参考书。由于以上几个特点，本书与参考文献［17］和［18］相比具有更强的普及性，适用于更广大的读者群。

UML 是一个由国际对象管理组织（Object Management Group，OMG）采纳的建模语言规范，目前在软件工业界已经被广泛接受。但 UML 的内容过于庞大和复杂（这是 UML 本身的复杂性造成的），多数工程技术人员和读者反映其学习难度很大。UML 中的许多内容是用于构造 UML 元模型的，对于大多数面向应用的软件开发者来说，这些概念是用不着的。还有一些概念在软件系统的建模中很少使用，这是因为 UML 是各方面成果融合的产物，它要尽量地适合各领域。特别是 UML 不仅仅是用于面向对象开发的软件建模语言，它还可用于其他方面的建模，例如建筑业或机器制造业也可用它进行建模。基于上述因素，本书选用了 UML 中常用的概念来控制技术的复杂性。由于本书加强了运用基本概念解决各种复杂的分析与设计问题的过程指导，因此所选用的概念和表示法仍能保持表达能力的完整性。对本书而言，有些概念并非必不可少的，但为了方便读者理解这些常见概念，本书也适当地进行了讲解，同时也给出了一些运用基本的 OO 概念代替这些概念的方法。

本书所采用的概念和表示法与 UML 2.4 保持一致。在中文术语方面，本书与我国的行业规范《面向对象的软件系统建模规范》完全一致。作为该规范的主要起草者，本书作者曾经与国内很多专家、学者和企业界的专业人士进行过反复研究讨论，从而对该规范达成共识。

进行软件开发，应该遵循一定的过程指导。过程指导为完成软件系统开发的步骤提供详细指导，其中包括模型、工具和技术。本书所讲述的过程指导的思想来自参考文献［17］和［18］，即本书所采用的开发过程，是在借鉴了较为流行的多种开发过程的基础上，根据青鸟工程的成果和作者的科研及工程实践的经验总结出来的。

像使用其他开发方法一样，用面向对象方法进行软件系统建模的目的是要建立相应的模型。总的来讲，本书把模型分为功能需求模型、分析模型和设计模型。针对建立各种模型所使用的图以及其中的一些具体的模型元素，本书还给出了相应的规约。

对于面向对象的软件建模，需要有建模工具的支持。本书对此类工具所应具有的主要功能进行了讲述，并介绍了两款面向对象的软件建模工具。

与第 1 版相比，本版进行了如下改进：

- 对面向对象概念的定义更为准确，对概念的解释更加丰富和深入，对建模指导方面的内容进行了充实。
- 第 1 版中的建模语言采用 UML 2.0，然而至本版写作时 OMG 发布了 UML 2.4，其中模型图的种类、图元素的表示法以及一些解释都发生了变化，因此本版的建模语言采用了 UML 2.4。
- 解决了作者和热心的读者在第 1 版的使用中发现的一些问题。
- 为了加强对分析与设计建模策略和技巧的理解，本版给出了更多的应用实例。

以下简要地介绍本书的概貌，使读者对它有一个提纲挈领的了解。

第 1 章集中介绍了面向对象方法的基本思想和原则，解释了它的基本概念，论述了它的主要优点，并简单介绍了它的发展历史和现状，以及与本书密切相关的 UML 2.4。

第 2 章首先概述了面向对象分析所面临的问题，然后对其进行了综述，在综述中阐述了面向对象分析模型和过程模型。

第 3 章全面地讲解了建立功能需求模型所使用的概念与表示法，并详述了如何使用它们来建立功能需求模型。

第 4 章详细地讲述了类图中所使用的概念与表示法，并详述了如何使用它们来建立类图。

第 5 章讲述了建立辅助模型所用到的几种图——顺序图、通信图、活动图、状态机图和包图，其中详细地讲述了这些图中所使用的概念与表示法。

第 6 章说明了面向对象分析与设计的关系，并阐述了面向对象设计模型和过程模型。

第 7 章详述了如何针对实现条件对分析模型进行补充与调整，完成问题域部分设计。

第 8 章详述了进行人机交互设计所需要考虑的因素，并从分析和设计两个方面详述了如何进行人机交互设计。

第 9 章详述了什么是控制流，如何识别与定义控制流，以及如何协调控制流之间的同步。

第 10 章讲述了数据管理部分的设计。本章首先对数据库进行了简介，然后详细讲解了如何使用关系数据库系统对永久对象及它们之间的关系进行存储与检索。

第 11 章介绍如何描述与构造系统的构件，详细讲解了构件图及其应用。本章还讲述了制品图和部署图。

第 12 章讲述了一些在面向对象设计中经常使用的设计模式。

第 13 章从耦合、内聚和复用等方面讲述了如何评价面向对象的设计模型。

第 14 章首先讲述如何把一个较为复杂的系统划分成一系列子系统，然后说明了如何对系统或子系统进行可视化建模，以及从那些方面建立系统的模型，此外还阐述了如何保证模型的一致性。

第 15 章通过一个具体的案例分析，说明如何用面向对象方法进行建模。

最后本书给出了两个附录。附录 A 讲述了两款面向对象的软件建模工具。附录 B 给出了对用面向对象方法进行软件系统建模时所生成的文档的主要编制要求。

本书的研究工作和写作得到了北京大学邵维忠教授的大力帮助。邵维忠教授对书稿提出了十分难得的宝贵修改意见，本书的很多内容也来自他作为第一作者的著作[17-18]。邵维忠教授具有严谨的治学态度、深厚的学术功底以及敏锐的洞察力，他的指导使我受益良多。在此致以衷心的感谢!

本书的研究工作和写作得到了杨芙清院士和梅宏院士所领导的学术队伍的支持，也得到了国家自然科学基金项目（61272159）、北京市自然科学基金资助项目（4122036）、国家重点基础研究发展规划项目（2011CB302604）和国家 863 高技术研究发展计划项目（2012AA011202）的资助。在此谨向上述单位表示衷心的感谢!

对书中存在的错误和疏漏之处，恳请各位读者给予批评指正，并通过电子邮件（mzy@sei. pku. edu. cn）或其他方式进行更有意义的讨论。

麻志毅
2013 年 1 月于北京大学

教学建议

教学章节	教学要求	课时
第1章 面向对象方法概论	初步掌握面向对象方法的基本思想和主要概念，领会面向对象的基本原则 与传统软件开发方法对比，理解面向对象方法的主要优点 了解面向对象方法的发展历史和现状 了解UML与面向对象方法的关系	4～6
第2章 什么是面向对象分析	深刻地认识面向对象分析所面临的问题 掌握面向对象分析模型和过程模型	2
第3章 建立需求模型——用况图	掌握用况图的概念与表示法，能熟练地运用它们建立软件系统的需求模型	3～4
第4章 建立基本模型——类图	掌握类图的概念与表示法，能熟练地运用它们建立软件系统的基本模型	8
第5章 建立辅助模型	掌握顺序图、通信图、活动图、状态机图和包图中的概念与表示法，能熟练地运用它们建立软件系统的辅助模型	4～6
第6章 什么是面向对象设计	明确面向对象分析与面向对象设计的关系 掌握面向对象设计模型和过程模型	1～2
第7章 问题域部分的设计	掌握对典型问题的处理方法	4
第8章 人机交互部分的设计	掌握分析与设计人机交互部分的技术	2
第9章 控制驱动部分的设计	理解什么是控制流 掌握控制驱动部分的设计技术 掌握进程间和线程间的通信以及控制流间的同步技术	2～4
第10章 数据管理部分的设计	掌握针对关系数据库的数据存取设计 了解针对面向对象数据库的数据存取设计和针对文件的数据存取设计	3～4
第11章 构件及部署部分的设计	掌握构件、连接件、端口和接口等概念以及它们之间的关系 掌握基于上述面向对象设计模型对系统的构件以及构件之间的关系建模的技术 掌握对构件的客观建模的技术 了解如何使用部署图对系统的部署进行设计	3～4
第12章 若干典型的设计模式	领会设计模式中强调的原则 掌握典型的设计模式 具备学习其他设计模式的能力	2
第13章 OOD的评价准则	了解如何从耦合、内聚和复用等方面评价面向对象的设计模型	1～2

（续）

教学章节	教学要求	课时
第 14 章 系统与模型	掌握系统、子系统、模型和视图等概念以及相关概念间的关系 掌握运用这些概念划分系统和对系统建模的技术	2～3
第 15 章 案例：教学管理系统	体会用面向对象方法进行系统建模的整个环节以及一些图的具体用法	4～6
总课时	第 1～15 章建议课时	45～59
	综合练习建议课时	20～30

说明：

1）若学时数少，可不讲或选讲通信图、活动图、构件及部署部分的设计、若干典型的设计模式、OOD 的评价准则以及系统与模型。

2）可随着课程的进度按相关章节的内容分开讲解第 15 章的内容。对于该章给出的综合性习题，建议学生在学完第 3 章后，根据所选择的习题的难易程度组成 2～4 人的小组，随着课程的进展在 20～30 学时内逐步完成综合练习。

3）本书各章都附有习题，任课教师可以根据情况留课外作业。建议安排 1～2 次习题课，其中重点讲解作业中存在的带有普遍性的问题。也可以安排 1～2 次课堂综合性习题讨论课。

目　录

第三部分 面向对象设计

第四部分 系统与模型

第五部分 建模实例

附录

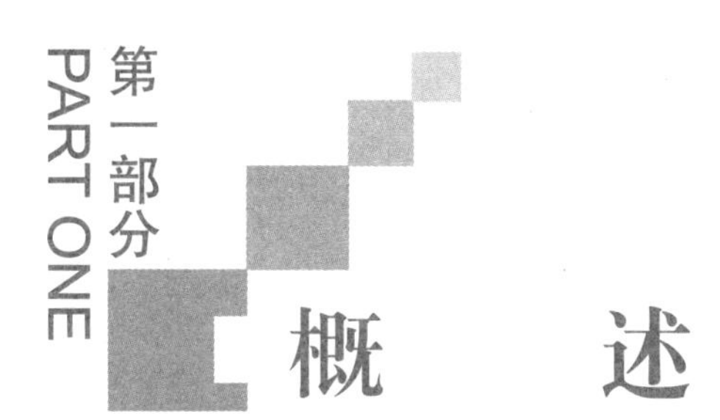

概　述

CHAPTER 1

第1章

面向对象方法概论

本章首先简要地回顾传统软件开发方法中存在的问题，然后重点讨论面向对象的基本思想、主要概念和基本原则，论述面向对象方法的主要优点，并对面向对象方法的发展史和现状以及统一建模语言（Unified Modeling Language，UML）进行简介。

通过对本章的学习，读者要了解面向对象方法的主要内容，掌握基本知识，为进一步学习与应用面向对象分析和设计方法打下基础。

1.1 传统软件开发方法中存在的问题

20世纪60年代以前，软件开发者构造的软件系统的规模大多较小，且构造相对简单。那时所使用的编程语言和编程环境也相对简单，常见的编程语言有汇编语言以及随后出现的一些高级编程语言（如FORTRAN和COBOL等）。当时人们认为软件开发是一项强烈依赖个人技巧和技术能力的艺术性劳动，崇尚程序员的个人技能，没有认识到需要使用什么方法。那时产生的代码，按现在的人们所形容的，是意大利细面条式的，那是因为代码中含有较多的GOTO语句。

随着软件复杂性的增长，那种随心所欲的做法会带来问题，一个典型的问题是代码难以维护。一些高级编程语言试图解决所出现的问题，但这些语言并不能充分解决问题，因为软件开发也需要方法。

随后出现了多种软件开发方法，这些开发方法都能解决一些问题，但也都有一定的局限性。下面对三种典型的开发方法进行简要分析，以找出其中存在的主要问题。

1. **功能分解法**

早期的一种开发方法称为功能分解法，它是以系统需要提供的功能为中心来开发系统的。它的基本思想为：首先定义顶层功能，然后把功能分解为子功能，同时定义功能之间的接口。对较大的子功能进一步分解，直到可给出明确的定义，进而根据功能/子功能设计数据结构和算法。

在那时，人们都认为功能分解法非常自然，因为它以系统需要提供的功能为中心来组织系统。此外，功能分解法也较好地运用了过程抽象原则。当时，计算机的应用还不是很普及，只有特定的用户有着软件需求，而且要求规模并不是很大。功能分解法的发明，在很大程度上解决了以前存在的问题，开发效率也有了很大的提高。特别是提出了模块化思想，并与模块化编程相结合，使得软件维护更加有效。这些是功能分解法在当时大受欢迎的主要原因。

使用这种以功能为中心的方法开发软件系统，一个显著特点是开始容易深入难。因为一开始按照功能需求进行自顶向下的功能分解是很直接的，但功能和功能接口这些系统成分却不能直接地映射到问题域中的事物，这导致所建立的功能模型难以准确而深入地描述问题域，而且也难以检验所建立的模型的正确性。特别是，该方法对需求变化性的适应能力差：需求的变化必定导致功能模块发生变化，一个功能模块的变化往往引起其接口发生变化，这又致使其他模块发生变化，最终的结果经常是局部的变化导致全局性的影响。

2. **结构化方法**

结构化方法包括结构化需求分析、设计、编程和测试方法等。结构化需求分析使用数据流图、加工说明和数据字典来构造系统的需求分析模型。结构化需求分析方法比较严谨，使用它可避免很多错误和疏漏。此外，该方法也运用了逐步求精的原则，把加工逐步细化。结构化设计在需求分析的基础上，要针对给定的问题给出软件解决方案。结构化设计中的总体设计部分要给出被建系统的模块结构，详细设计部分要为各模块提供关于算法的详细描述。

结构化方法比功能分解法更强调对问题域的分析，但所使用的建模概念仍然不能直接地映射到问题域中的事物。需求的变化往往会引起相应的加工和数据流的变化，进而影响与之相关的其他加工和数据流的变化。系统复杂时也不能检验分析模型的正确性。此外，结构化需求分析与后续的结构化设计所采用的概念与表示法是不一致的（基于不同的概念体系），且转换规则不严格、具体，仅是指导性的，这致使从需求分析模型过渡到设计模型较为困难。

人们用功能分解法和结构化方法已经开发了很多软件系统，但是同时由于上述原因，对系统的开发与维护问题也日益显现出来。对于功能稳定的应用领域，如某些科学计算，上述方法是适用的。但对于众多的领域而言，它们的需求是易变的，如企业管理和商业管理领域就是如此。因为随着市场的变化，要对这些领域的管理模式不断地进行调整。对于较为复杂的系统，用上述方法进行软件开发，容易导致模块的低内聚和模块间的高耦合，从而使得系统缺乏良好的灵活性和可维护性。加上当时团队的开发与管理方法的不足，这些因素使得在 20 世纪 70 年代的软件危机情况更加严重。为了解决软件危机，人们对开发技术进行了一定的改进，对编程语言也进行了革新，如产生了用于软件开发的 4GL、CASE 工具、原型技术和代码生成器。这些努力取得了一定的成就，但没有从根本上解决问题。

3. **信息建模方法**

信息建模方法是在实体联系模型（entity relationship model）的基础上发展起来的。该方法以称为实体的数据集合作为系统的构造块，即以数据结构为中心来开发软件。因为有相当多的人认为实体是稳定的，并且实体联系模型有相当好的理论基础，所以当时该方法为很多开发团队所采用。

对于数据及其关系比较复杂的系统来说，信息建模方法很有用。但它也存在弱点，即它仅对问题域中事物的数据方面进行了建模，而对功能行为在模型中没有体现。这也是信息建模方法常常与其他开发方法相结合使用的一个原因。

包括上述方法在内的几乎所有的传统方法都只注重于系统的一个或少数几个方面，对系统的其他方面建模的能力都很弱。典型地，功能分解法集中于将功能作为系统的构造块，对数据组织的功能较弱，即使是在结构化方法中，对数据组织的支持也不是很强；在信息建模方法中的构造块是实体，强调对数据的组织，但在该方法中忽略了系统功能。此外，上述方法都没有较强的描述系统的动态行为的能力。

软件学术界和产业界尝试了数十年，一直在寻找有效的开发复杂软件系统的方法。经过坚持不懈的努力，形成了面向对象方法。

面向对象方法是在传统方法的基础上发展起来的，例如仍使用抽象和模块化等概念。然而，面向对象方法与传统方法相比发生了根本性的变化，主要在于面向对象方法具有从多维度把所建立的模型与问题域进行直接映射的能力，在整个开发过程中均采用一致的概念和表示法，采用诸如封装、继承和消息等机制使得问题域的复杂性在模型上得以控制。

1.2 面向对象的基本思想

面向对象方法已深入到计算机软件领域的几乎所有分支。它不仅是一些具体的软件开发技术与策略，而且是一整套关于如何看待软件系统与现实世界的关系，用什么观点来研究问题并进行问题求解，以及如何进行软件系统构造的软件方法学。因而，面向对象方法有着自己的基本思想。

面向对象方法解决问题的思路是从现实世界中的客观对象（如人和事物）入手，尽量运用人类的自然思维方式从不同的抽象层次和方面来构造软件系统，这与传统开发方法构造系统的思想是不一样的。特别是，面向对象方法把一切都看成是对象。下面以开发一个开发票的软件为例来说明这种观点。发票的样本如图 1-1 所示。

编号	名称	规格	单位	数量	单价	金额
合计						

图 1-1 发票样本

按非面向对象思路，要定义数据结构（如 C 中的结构或 Pascal 中的记录）以及编写根据数据结构进行计算的函数或过程。而按面向对象思路，先把发票看成一个对象，其中有若干属性，如编号、名称和规格等，还有若干操作，如计算一种商品金额的操作“单项金额计算”和计算金额合计的操作“发票金额合计”，然后再根据具体编程语言考虑怎样实现这个对象。

人们已经形成共识：面向对象方法是一种运用对象、类、继承、聚合、关联、消息和封装等概念和原则来构造软件系统的开发方法。下面具体地阐述面向对象方法的基本思想：

1）客观世界中的事物都是对象（object），对象间存在一定的关系。面向对象方法要求从现实世界中客观存在的事物出发来建立软件系统，强调直接以问题域（现实世界）中的事物以及事物间的联系为中心来思考问题和认识问题，并根据这些事物的本质特征和系统责任，把它们抽象地表示为系统中的对象，作为系统的基本构成单位。这可以使系统直接映射到问题域，保持问题域中的事物及其相互关系的本来面貌。

2）用对象的属性（attribute）表示事物的数据特征；用对象的操作（operation）表示事物的行为特征。

3）对象把它的属性与操作结合在一起，成为一个独立的、不可分的实体，并对外屏蔽它的内部细节。

4）通过抽象对事物进行分类。把具有相同属性和相同操作的对象归为一类，类（class）是这些对象的抽象描述，每个对象是它的类的一个实例。

5）复杂的对象可以用简单的对象作为构成部分。

6）通过在不同程度上运用抽象原则，可以得到较一般的类和较特殊的类。特殊类继承一般类的属性与操作。

7）对象之间通过消息进行通信，以实现对象之间的动态联系。

8）通过关联表达类之间的静态关系。

图 1-2 为上述部分思想的一个示意图。

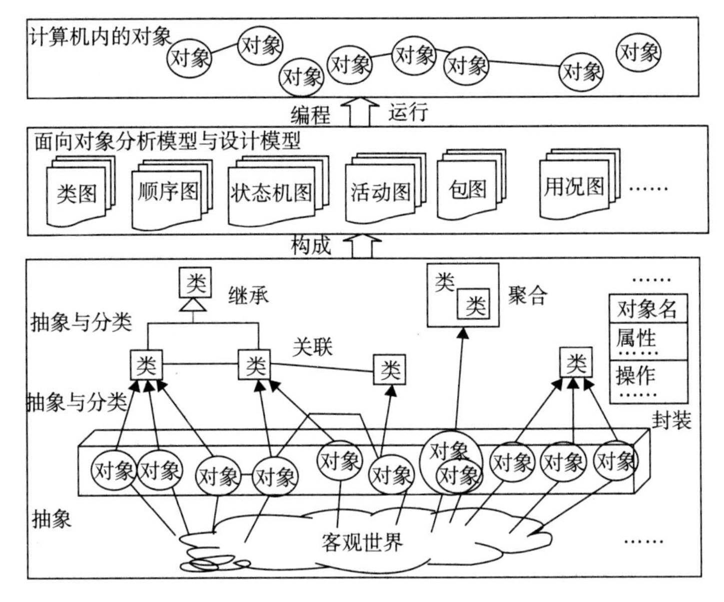

图 1-2 面向对象基本思想（部分）的示意图

利用抽象原则从客观世界中发现对象以及对象间的关系，其中包括整体对象和部分对象，进而再把对象抽象成类，把对象间的关系抽象为类之间的关系。通过继续运用抽象原则，确定类之间存在的继承关系。上述简略地说明了建立系统的静态结构模型的思想，系统其他模型的建立原则也与此类似，这些内容将是本书讲述的重点。通过以图形的方式作为建模的主要方式之一，分别建立系统的分析与设计模型，进而得到可运行的程序。正是通过面向对象建模，对所要解决的问题有了深刻且完整的认识，进而把其转换成可运行的程序，使得程序所处理的对象是对现实世界中对象的抽象。

从上述可以看出，面向对象方法强调充分运用人类在日常逻辑思维中经常采用的思想方法与原则，如抽象、聚合、封装和关联等。这使得软件开发者能更有效地思考问题，并以其他人也能看得懂的方式把自己的认识表达出来。为了更全面和清楚地表达认识，面向对象方法要用多种图来详述模型，即从多方面来刻画模型。像一些开发方法一样，面向对象方法也要求从分析、设计和实现等不同抽象层次（开发阶段）来开发复杂的软件系统。

面向对象方法也是多种多样的，尽管各种面向对象方法不同，但都是以上述基本思想为基础的。还要指出的是，一种方法要包含一组概念和相应的表示法以及用其构造系统的过程指导，面向对象方法也不例外。贯穿于本书的面向对象概念及表示法均取自 UML 2.4；至于过程指导，国内外尚无统一标准，本书给出的是基于特定活动而组织的，其特点是易学易用，且不失应用的普遍性。

1.3　面向对象的基本原则

面向对象的基本原则主要有抽象、分类、封装、消息通信、多态性、行为分析和复杂性控制。

（1）抽象

抽象（abstraction）是指从事物中舍弃个别的、非本质的特征，而抽取共同的、本质特征的思维方式。在面向对象方法中，可从几个方面来理解抽象：

1）编程语言的发展呈现抽象层次提高的趋势。例如，用 C++编程，不用考虑 CPU 寄存器和堆栈中存放的内容，因为大多数编程语言都是从这些细节中抽象出来的。对于一个完成确定功能的语句序列，其使用者都可把它看作单一的实体（如函数），这种抽象就是过程抽象。在面向对象编程语言中，存在着过程抽象和数据抽象。在类的范围内，使用过程抽象来形成操作。数据抽象是指把数据类型和施加在其上的操作结合在一起，形成一种新的数据类型。类就是一种数据抽象，栈也是一种数据抽象。

2）在面向对象方法中，对象是对现实世界中事物的抽象，类是对对象的抽象，一般类是对特殊类的抽象。有的抽象是根据开发需要进行的。例如，就对象是对现实世界中的事物的抽象而言，高校中的学籍管理系统和伙食管理系统中所使用的学生的信息就是不一样的；再如，一个现实事物可能要担任很多角色，只有与问题域有关的角色，在系统中才予以考虑。

3）在面向对象的不同开发阶段需要进行不同程度的抽象。典型地，在面向对象分析阶段，先定义类的属性和操作，而与实现有关的因素在设计阶段再考虑。例如，对自动售货机建模，在分析阶段先定义一个类“自动售货机”，根据其收钱和发货的职责定义其属性和操作，其中对外提供的操作为收钱口、选择按钮和发货口（三者形成一个接口），而对于如何根据实现条件来设计它的内部细节是设计阶段的任务。这与现实生活中一样，我们可以在较高的抽象层次上分析与解决问题，然后再逐步地在较低抽象层次上予以落实。

从上述自动售货机的例子中能看到，使用抽象至少有如下好处：一是便于访问，外部对象只需知道有限的几个操作（作为接口）即可使用自动售货机对象；二是便于维护，如自动售货机的某部分有变化而其接口没有发生变化，只需在机器内部对该部分进行修改。甚至可用更优的具有相同接口的售货机对其进行替换，而不影响使用者的使用方式。

（2）分类

分类（classification）的作用是按照某种原则划分出事物的类别，以有助于认识复杂世界。

在 OO 中，分类就是把具有相同属性和相同操作的对象划分为一类，用类作为这些对象的抽象描述。如果一个对象是分类（类）的一个实例，它将符合该分类的模式。分类实际上是把抽象原则运用于对象描述时的一种表现形式。在 OO 中，进一步地还可以运用分类原则，通过不同程度的抽象，形成一般/特殊结构。

运用分类原则，清楚地表示了对象与类的关系，以及特殊类与一般类的关系。

（3）封装

封装（encapsulation）有两个含义：①把描述一个事物的性质和行为结合在一起，对外形成该事物的一个界限。面向对象方法中的封装就是用对象把属性和操纵这些属性的操作包装起来，形成一个独立的单元。封装原则使对象能够集中而完整地对应并描述具体的事物，体现了事物的相对独立性。②信息隐蔽，即外界不能直接存取对象的内部信息（属性）以及隐藏起来的内部操作，外界也不用知道对象对外操作的内部实现细节。在原则上，对象对外界仅定义其什么操作可被其他对象访问，而其他的对象不知道所要访问的对象的内部属性和隐藏起来的内部操作以及它是如何提供操作的。

通过封装，使得在对象的外部不能随意访问对象的内部数据和操作，而只允许通过由对象提供的外部可用的操作来访问其内部，这就降低了对象间的耦合度，还可以避免外部错误对它的“交叉感染”。另外，这样对象的内部修改对外部的影响变小，减少了修改引起的“波动效应”。图 1-3 所示的是封装的原理图，其中的一部分操作是外部可用的。

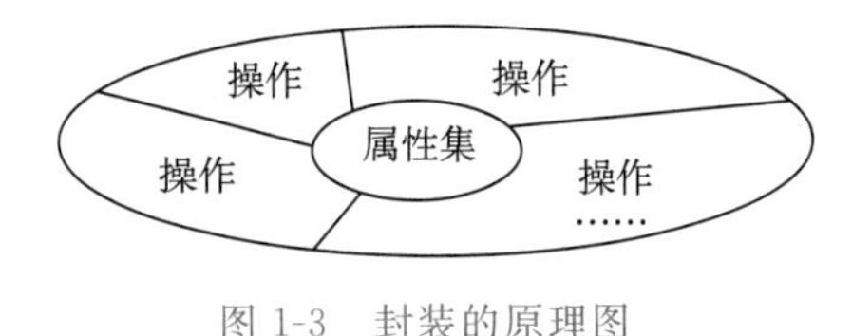

图 1-3　封装的原理图

严格的封装也会带来问题，如编程麻烦，有损执行效率。有些语言不强调严格的封装和信息隐蔽，而实行可见性控制，以此来解决问题。例如，C++和 Java 就是这样的语言，通过定义对象的属性和操作的可见性，对外规定了其他对象对其属性和操作的可访问性；另外，一个对象也可以提供仅局限于特定对象的属性和操作，这可以通过把相应的可见性指定为受保护的或私有的来做到。

（4）消息通信

原则上，对象之间只能通过消息（message）进行通信，而不允许在对象之外直接地访问它内部的属性，这是由封装原则引起的。

消息必须直接发给特定的对象，消息中包含所请求服务的必要信息，且遵守所规定的通信规格说明。一条消息的规格说明至少包括：消息名、入口参数和可能的返回参数。一个对象可以是消息的发送者，也可以是消息的接收者，还可以作为消息中的参数。

（5）多态性

多态性（polymorphism）是指一般类和特殊类可以有相同格式的属性或操作，但这些属性或操作具有不同的含义，即具有不同的数据类型或表现出不同的行为。这样，针对同一个消息，不同的对象可对其进行响应，但所体现出来的行为是不同的。

（6）行为分析

关系机制提供了用关联、继承和聚合等组织类的方法。很多面向对象学者把系统模型的这部分结构称作静态模型，也有的称其为结构模型。通常，对系统还需要进行行为分析。

对于一个对象，由于其内的属性值在不断地发生着变化，按一定的规则根据属性值可把对象划分为不同的状态。在请求对象操作时，可能会使对象的状态发生改变，而对象的当前状态对随后的执行是有影响的。通过状态机图可以分析对象的状态变迁情况。

系统中的对象是相互协作的，通过发消息共同完成某项功能。这种协作的交互性可以用交互图来描述。

很多系统具有并发行为。从事物的并发行为的起因上看，事物的每个并发行为是主动发生的。体现在对象上，就是有一种对象是主动的，每个对象代表着一个进程或线程。在交互图上也能体现出对象间的并发行为。

（7）复杂性控制

为了控制系统模型的复杂性，引入了包（package）的概念。使用包可以把模型元素组织成不同粒度的系统单位，也可以根据需要用包来组织包。例如，用分析包和设计包来分别组织分析模型和设计模型，以显式地描述不同抽象层次的模型；对复杂类图也可以按类之间关系的紧密程度用包来组织类。

1.4　面向对象方法的主要优点

本节从认识论的角度和软件工程方法的角度看一下面向对象方法带来的益处，并把面向对象方法与传统方法进行比较，看面向对象方法有什么优点。

1. 从认识论的角度面向对象方法改变了开发软件的方式

面向对象方法从对象出发认识问题域，对象对应着问题域中的事物，其属性与操作分别刻画了事物的性质和行为，对象的类之间的继承、关联和依赖关系能够刻画问题域中事物之间实际存在的各种关系。因此，无论是系统的构成成分，还是通过这些成分之间的关系而体现的系统结构，都可直接地映射到问题域。这使得运用面向对象方法有利于正确理解问题域及系统责任。

2. 面向对象语言使得从客观世界到计算机的语言鸿沟变窄

图 1-4 为一个示意图，说明了面向对象语言如何使得从客观世界到计算机的语言鸿沟变窄。

机器语言是由二进制的“0”和“1”构成的，离机器最近，能够直接执行，却没有丝毫的形象意义，离人类的思维最远。汇编语言以易理解的符号表示指令、数据以及寄存器、地址等物理概念，稍稍适合人类的形象思维，但仍然相差很远，因为其抽象层次太低，仍需考虑大量的机器细节。非 OO 的高级语言隐蔽了机器细节，使用有形象意义的数据命名和表达式，这可以把程序与所描述的具体事物联系起来。特别是结构化编程语言更便于体现客观事物的结构和逻辑含义，与人类的自然语言更接近，但仍有不少差距。面向对象编程语言能比较直接地反映客观世界的本来面目，并使软件开发人员能够运用人类认识事物所采用的一般思维方法来进行软件开发，从而缩短了从客观世界到计算机实现的语言鸿沟。

3. 面向对象方法使分析与设计之间的鸿沟变窄

本书所讲的传统软件工程方法是指面向对象方法出现之前的各种软件工程方法，此处主要讨论结构化的软件工程方法。图 1-5 是结构化的软件工程方法的示意图。

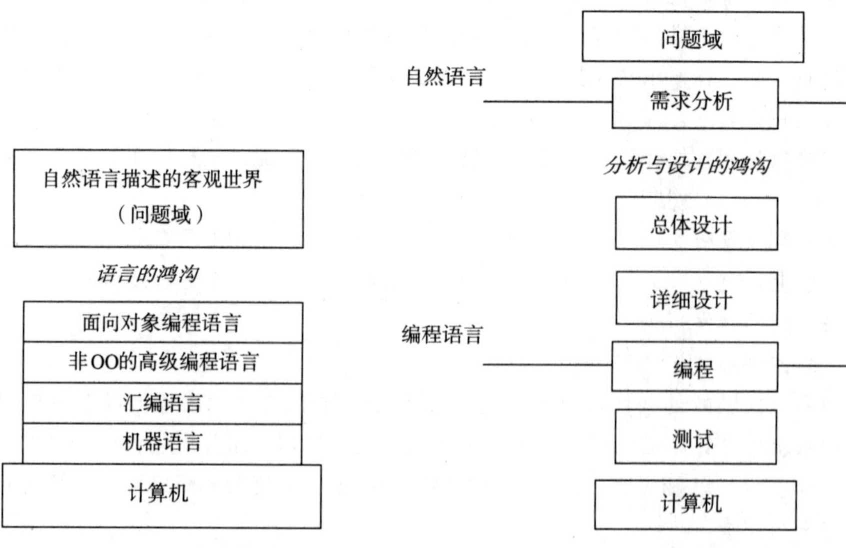

图 1-4　语言的发展使鸿沟变窄　　　　图 1-5　结构化的软件工程方法示意图

在结构化方法中，对问题域的认识与描述并不以问题域中的固有事物作为基本单位，并保持它们的原貌，而是打破了各项事物间的界限，在全局的范围内以功能、数据或数据流为中心来进行分析。所以运用该方法得到的分析结果不能直接地映射到问题域，而是经过了不同程度的转化和重新组合。这样就容易隐藏一些对问题域理解的偏差。此外，由于分析与设计的表示体系不一致，导致了设计文档与分析文档很难对应，在图 1-5 中表现为分析与设计的鸿沟。实际上并不存在可靠的从分析到设计的转换规则，这样的转换有一定的人为因素，从而往往因理解上的错误而埋下隐患。正是由于这些隐患，使得编程人员经常需要对分析文档和设计文档进行重新认识，以产生自己的理解再进行工作，而不维护文档，这样使得分析文档、设计文档和程序代码之间不能较好地衔接。由于程序与问题域和前面的各个阶段产生的文档不能较好地对应，对于维护阶段发现的问题的每一步回溯都存在着很多理解上的障碍。

图 1-6 是面向对象的软件工程方法的示意图。

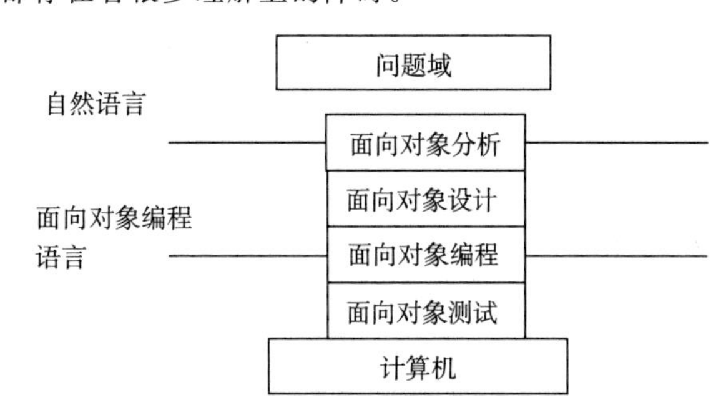

图 1-6　面向对象的软件工程方法示意图

面向对象开发过程的各个阶段都使用了一致的概念与表示法，而且这些概念与问题域的事物是一致的，这对整个软件生命周期的各种开发和管理活动都具有重要的意义。首先是分析与设计之间不存在鸿沟，从而可减少人员的理解错误并避免文档衔接得不好的问题。从设计到编程，模型与程序的主要成分是严格对应的，这不仅有利于设计与编程的衔接，而且还可以利用工具自动生成程序的框架和（部分）代码。对于测试而言，面向对象的测试工具不但可以依据类、继承和封装等概念与原则提高程序测试的效率与质量，而且可以测试程序与面向对象分析和设计模型不一致的错误。这种一致性也为软件维护提供了从问题域到模型再到程序的良好对应。

4. **面向对象方法有助于软件的维护与复用**

需求是不断变化的（尽管可阶段性地“冻结”），这是因为业务需求、竞争形式、技术发展和社会的规章制度等因素都不断地在发生变化。这就要求系统对变化要有弹性。

在结构化方法中，所有的软件都按功能（可用过程或函数实现）来划分其主要构造块，最终的系统设计往往如图 1-7 所示。

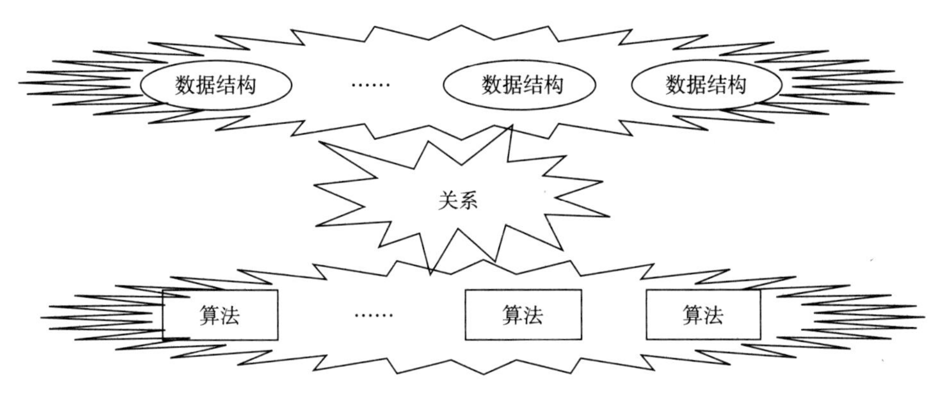

图 1-7　结构方法中的数据结构、算法及其间的关系

从图 1-7 中能够看出，数据结构与算法是分别组织的，对一处修改，可能会引起连锁反应。这种建模的缺点是模型脆弱，难以适应不可避免的错误修改以及需求变动，以至于系统维护困难。算法和数据的分离，是造成这种状况的根本原因。算法和数据间的可能的紧密耦合，也使得复用难以实现。

在面向对象方法中，把数据和对数据的处理作为一个整体，即对象。该方法以对象及交互模式为中心，如图 1-8 所示。

图 1-8　面向对象方法中的数据结构、算法及其间的关系

通过与结构化方法的比较，能够看出，面向对象方法还具有如下的主要优点：

1）把易变的数据结构和部分算法封装在对象内并加以隐藏，仅供对象自己使用，这保证了对它们的修改并不会影响其他的对象。这样对需求的变化有较强的适应性，有利于维护。对象的接口（供其他对象访问的那些操作）的变化会影响其他的对象，若在设计模型时遵循了一定的原则，这种影响可局限在一定的范围之内。此外，由于将操作与实现的细节进行了分离，这样若接口中的操作仅在实现上发生了变化，也不会影响其他对象。对象本身来自客观事物，是较少发生变化的。

2）封装性和继承性有利于复用对象。把对象的属性和操作捆绑在一起，提高了对象（作为模块）的内聚性，减少了与其他对象的耦合，这为复用对象提供了可能性和方便性。在继承结构中，特殊类对一般类的继承，本身就是对一般类的属性和操作的复用。

5. 面向对象方法有助于提高软件的质量和生产率

按照现今的质量观点，不仅仅要在编程后通过测试排除错误，而是要着眼于软件开发过程的每个环节开展质量保证活动，包括分析和设计阶段。系统的高质量不是仅指系统没有错误，而是系统要达到好用、易用、可移植和易维护等，让用户由衷地感到满意。采用 OO 方法进行软件开发，相对而言更容易做到这些。

有很多数据表明，使用 OO 技术从分析到编程阶段能大幅度地提高开发效率，在维护阶段提高得就更多。这主要体现在如下几方面：

- OO 方法使系统更易于建模与理解。
- 需求变化引起的全局性修改较少。
- 分析文档、设计文档、源代码对应良好。
- 有利于复用。

1.5 面向对象方法的发展史及现状简介

在这里把面向对象方法的发展分为三个阶段：雏形阶段、完善阶段和繁荣阶段。

（1）雏形阶段

20世纪60年代挪威计算中心开发的Simula 67，首先引入了类的概念和继承机制，它是面向对象语言的先驱。该语言的诞生是面向对象发展史上的第一个里程碑。随后20世纪70年代的CLU、并发Pascal、Ada和Modula-2等语言对抽象数据类型理论的发展起到了重要作用，它们支持数据与操作的封装。犹他大学的博士生Alan Kay设计出了一个实验性的语言Flex，该语言从Simula 67中借鉴了许多概念，如类、对象和继承等。1972年Palo Alno研究中心（PARC）发布了Smalltalk-72，其中正式使用了“面向对象”这个术语。Smalltalk的问世标志着面向对象程序设计方法的正式形成，但是这个时期的Smalltalk语言还不够完善。

（2）完善阶段

PARC先后发布了Smalltalk-72、76和78等版本，直至1981年推出该语言完善的版本Smalltalk-80。Smalltalk-80的问世被认为是面向对象语言发展史上最重要的里程碑。迄今绝大部分面向对象的基本概念及其支持机制在Smalltalk-80中都已具备。它是第一个完善的、能够实际应用的面向对象语言。但是随后的Smalltalk的应用尚不够广泛，其原因是：

1）追求纯OO的宗旨使得许多软件开发人员感到不便。

2）一种新的软件开发方法被广泛地接受需要一定的时间。

3）针对该语言的商品化软件开发工作到1987年才开始进行。

（3）繁荣阶段

从20世纪80年代中期到90年代，是面向对象语言走向繁荣的阶段。其主要表现是大批比较实用的面向对象编程语言的涌现，例如C++、Objective-C、Object Pascal、CLOS（Common Lisp Object System）、Eiffel和Actor等。这些面向对象的编程语言分为纯OO型语言和混合型OO语言。混合型语言是在传统的过程式语言基础上增加了OO语言成分形成的，在实用性方面具有更大的优势。此时的纯OO型语言也比较重视实用性。现在，在面向对象编程方面，普遍采用语言、类库和可视化编程环境相结合的方式，如Visual C++、JBuilder和Delphi等。面向对象方法也从编程发展到设计、分析，进而发展到整个软件生命周期。

到20世纪90年代，面向对象的分析与设计方法已多达数十种，这些方法都各有所长。目前，统一建模语言（Unified Modeling Language，UML）[9]已经成为世界性的建模语言，适用于多种开发方法。把UML作为面向对象的建模语言，不但在软件产业界获得了普遍支持，在学术界影响也很大。在面向对象的过程指导方面，目前还没有国际规范发布。当前较为流行的用于面向对象软件开发的过程指导有“统一软件开发过程”[6]（也有人称为RUP）和国内的青鸟面向对象软件开发过程指导等。

当前，面向对象方法几乎覆盖了计算机软件领域的所有分支。例如，已经出现了面向对象的编程语言、面向对象的分析、面向对象的设计、面向对象的测试、面向对象的维护、面向对象的图形用户界面、面向对象的数据库、面向对象的数据结构、面向对象的智能程序设计、面向对象的软件开发环境和面向对象的体系结构等。此外，许多新领域都以面向对象理论为基础或作为主要技术，如面向对象的软件体系结构、领域工程、智能代理（Agent）、基于构件的软件工程和面向服务的软件开发等。

1.6　关于统一建模语言 UML

UML 最初是在多种面向对象分析与设计方法相互融合的基础上形成的，后来发展成为也可以用于业务建模以及其他非软件系统建模的语言。它于 1997 年 11 月被对象管理组织（Object Management Group）采纳为建模语言规范，随后被产业界和学术界广泛接受。

UML 定义了建立系统模型所需要的概念并给出了表示法，但它并不涉及如何进行系统建模。因此它只是一种建模语言，而不是一种建模方法。UML 是独立于开发过程的，也就是说它可以适用于不同的开发过程。

UML 2.4 规范由四个部分组成：基础结构（infrastructure）、上层结构（superstructure）、对象约束语言（object constraint language）和图交换（diagram interchange）。简言之，基础结构给出了用于定义建模语言的核心构造物，上层结构定义了建模语言——UML，对象约束语言用于以精确的方式描述基础结构、上层结构以及用户建立的模型中的查询表达式和约束，图交换规定了如何定义用于数据交换的 XML 文件的格式。

可见 UML 2.4 不仅仅适用于软件系统建模，其中还包含了大量的用于定义自身的元素。关心如何构造建模语言以及开发建模工具的读者要掌握上述的四个部分；关心对应用系统建模的读者应该掌握上层结构部分，至少要掌握主要建模元素的定义，如果需要在模型中精确地定义查询表达式和约束，还要掌握对象约束语言。

尽管 UML 已经得到了广泛应用，但它还存在不少缺点。对于以前的 UML 1.x，来自学术界的主要批评是其语法和语义不够严格；来自产业界的主要批评是它的内容过于庞大，概念过于复杂。至今 UML 已经开始了版本 2.x 的发展，目前的 UML 2.4 就比以前的版本有了显著的改进和提高，然而仍有不少问题没有得到令人满意的解决。特别是，它的复杂性不但没有如人们的期望那样得到控制，反而比以往更为庞大和复杂。对于 UML 存在的问题以及解决方法的深入讨论，请参阅文献 [17] 和 [18]。

针对庞大且复杂的 UML，本书的原则是采用其中的在面向对象建模中常用的概念和表示法，并梳理出清楚的语义。

下面就 UML 2.4 对面向对象建模的支持而言，对 UML 2.4 支持的 14 种模型图予以简介，见图 1-9。

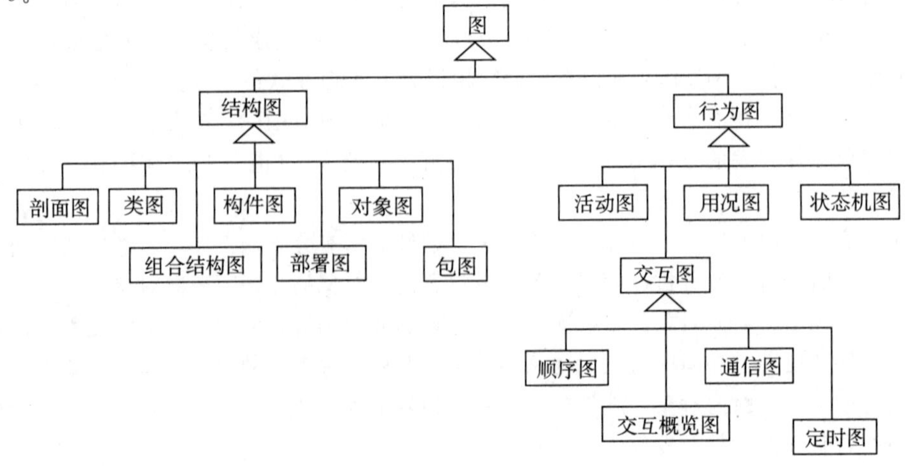

图 1-9　UML 2.4 中的图的种类以及其间的关系

UML 2.4 支持的模型图在逻辑上分为两大类：结构图（structure diagram）和行为图（behavior diagram）。

结构图用于对系统的静态方面建模。结构图分为：

- 类图（class diagram）。它是描述系统中各个对象的类型以及其间存在的各种关系的图。
- 组合结构图（composite structure diagram）。它是描述类和构件的内部结构的图，其中包括与系统其他部分的交互点。
- 构件图（component diagram）。它是描述构件的组织结构和相互关系的图，用于表达如何在实现时把系统元素组织成构件，从而支持以构件为单位进行软件制品的实现和发布。
- 部署图（deployment diagram）。它是描述节点、节点间的关系以及构件和节点间的部署关系的图。
- 对象图（object diagram）。它是描述在某一时刻一组对象以及它们之间的关系的图。
- 包图（package diagram）。它是描绘模型元素分组（包）以及分组之间依赖的图。
- 剖面图（profile diagram）。它是在 UML 2.4 的基础上定义新建模元素的图，用以增加新的建模能力。

行为图用于对系统的动态方面建模。行为图分为：

- 活动图（activity diagram）。它是描述活动、活动的执行顺序以及活动的输入与输出的图。
- 用况图（use case diagram）。它是描述一组用况和参与者以及它们之间的关系的图。
- 状态机图（state machine diagram）。它是描述一个对象或其他实体在其生命周期内所经历的各种状态以及状态变迁的图。
- 交互图（interaction diagram）。它是顺序图、交互概览图、通信图和定时图的统称。
- 顺序图（sequence diagram）。它是描述一组角色和由扮演这些角色的实例发送和接收的消息的图。
- 交互概览图（interaction overview diagram）。它是以一种活动图的变种来描述交互的图，它关注于对控制流的概览，其中控制流的每个节点都可以是一个交互图。
- 通信图（communication diagram）。它是描述一组角色、这些角色间的连接件以及由扮演这些角色的实例所收发的消息的图。
- 定时图（timing diagram）。它是描述在线性时间上对象的状态或条件变化的图。

习题

1. 与传统软件开发方法相比，面向对象方法有什么优点？
2. 查阅资料，进一步讨论 UML 与面向对象方法的关系。
3. 封装的目的是什么？在面向对象方法中封装的目的是如何达到的？
4. 针对你过去使用传统开发方法所构造的系统的不足，总结一下问题的原因。考虑如果使用面向对象方法，在哪些方面可能会获益。
5. 面向对象方法的一个主要原则是抽象。思考一下在工作和学习中你经常在什么场合下运用抽象原则。

第二部分
PART TWO

面向对象分析

CHAPTER 2

第 2 章 什么是面向对象分析

面向对象分析（Object-Oriented Analysis，OOA），就是运用面向对象方法进行系统分析。它是软件生命周期的一个阶段，具有一般分析方法所共同具有的内容、目标及策略。但是OOA强调运用面向对象方法，对问题域和系统责任进行分析与理解，找出描述问题域和系统责任所需要的对象，定义对象的属性、操作以及对象之间的关系，目标是建立一个符合问题域、满足用户需求的OOA模型。

OOA对问题域的观察、分析和认识是很直接的，对问题域的描述也是很直接的。它所采用的概念与问题域中的事物保持了最大程度的一致，不存在语言上的鸿沟。问题域中有哪些值得考虑的事物，OOA模型中就有哪些对象，而且对象、对象的属性与操作的命名都强调与客观事物一致。另外，OOA模型也保留了问题域中事物之间关系的原貌。

面向对象分析与面向对象设计（Object-Oriented Design，OOD）的职责是不同的。在OOA阶段要用面向对象的建模语言对系统要实现的需求进行建模。OOA不考虑与系统的具体实现有关的因素（例如采用什么编程语言、图形用户界面和数据库等），从而使OOA模型独立于具体的实现环境。OOD则是针对系统的一组具体的实现条件，继续运用面向对象的建模语言进行系统设计。其中包括两方面的工作，一是根据实现条件对OOA模型做某些必要的修改和调整，作为OOD模型的一个部分；二是针对具体实现条件，建立人机界面、数据存储和控制驱动等模型。

2.1 分析面临的主要问题

自从软件工程学问世以来，先后出现过多种分析方法。各种分析方法从不同的观点提出了认识问题域并建立系统模型的理论与技术，使软件开发走上了工程化和规范化的轨道。然而，分析工作仍然面临着许多难题。随着时代的发展和科技的进步，人们对软件的要求越来越高，分析所面临的问题也越来越突出。主要的问题包括：对问题域和系统责任的正确理解、人与人之间的正确交流、如何应对需求的不断变化以及软件复用对分析的要求。

1. 问题域和系统责任

在过去的几十年中，人们都认为大规模的软件开发是一项冒险的活动。人们之所以这么认为，其根本原因在于软件的复杂性，而且这种复杂性还在不断地增长。

软件的复杂性首先源于问题域（problem domain）和系统责任（system responsibility）的复杂性。

问题域：被开发系统的应用领域，即在现实世界中这个系统所涉及的业务范围。

系统责任：被开发系统应该具备的职能。

这两个术语的含义在很大部分上是重合的，但不一定完全相同。例如，要为银行开发一个金融业务处理系统，银行就是这个系统的问题域。银行的日常业务（如金融业务、个人储蓄、国债发行和投资管理等）、内部管理及与此有关的人和物都属于问题域。尽管银行内部的人事管理属于问题域，但是在当前的这个系统中它并不属于系统责任。像对计算机信息的定期备份这样的功能属于系统责任，但不属于问题域。图 2-1 是对本例的一个图示。

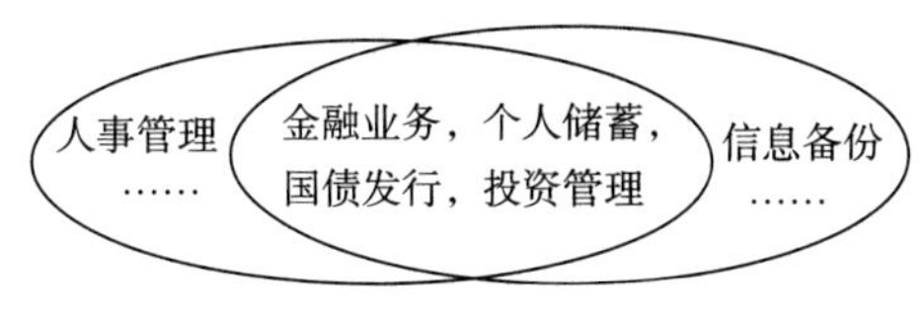

图 2-1　问题域与系统责任示例

图 2-1 中，左边的椭圆所示的范围为问题域部分，右边的椭圆所示的范围为系统责任部分，二者之间有很大的交集。

对问题域和系统责任进行深入的调查研究，产生准确透彻的理解是成功地开发一个系统的首要前提，也是开发工作中的第一个难点。这项工作之所以困难是由于以下原因：

- 软件开发人员要迅速、准确、深入地掌握领域知识。

俗话讲，隔行如隔山。要开发出正确而完整的系统，就要求软件开发人员必须迅速地了解领域知识，而不能要求领域专家懂得全部的软件开发知识。这对软件开发人员来说是一个挑战。不但如此，分析员对问题域的理解往往需要比这个领域的工作人员更加深入和准确。许多领域的工作人员长期从事某一领域的业务，却很少考虑他们司空见惯的事物所包含的信息和行为，以及它们如何构成一个有机的系统。系统分析员则必须透彻地了解这些。此外，软件开发人员还要考虑如何充分发挥计算机处理的优势，对现实业务系统的运作方式进行改造，这需要系统分析员具有比领域专家更高明的见解。这是因为许多系统的开发并不局限于简单地模拟问题域中的业务处理并用计算机代替人工操作，还要在计算机的支持下，对现行系统的业务处理方式做必要的改进。

- 现今的系统所面临的问题域比以往更为广阔和复杂，系统比以往更为庞大。

随着计算机硬件性能的提高和价格的下降，以及软件技术的发展使得开发效率的不断提高，人们把越来越多、越来越复杂的问题交给计算机解决。相对而言，问题域和系统责任的复杂化对需求分析的压力比其他开发阶段更为巨大。

OOA 强调从问题域中的实际事物以及与系统责任有关的概念出发来构造系统模型。这使得系统中的对象、对象的分类、对象的内部结构以及对象之间的关系能良好地与问题域中的事物相对应。因此，OOA 非常有利于对问题域和系统责任的正确理解。

2. **交流问题**

如果分析阶段所产生的文档使得分析员以外的其他人员都难以读懂，那就不利于交流，随之而来的是各方对问题的理解会产生歧义。这会使彼此的思想不易沟通，并容易隐藏许多错误。对软件系统建模涉及如下人员之间的交流：

- 开发人员与用户及领域专家间的交流。为了准确地掌握系统需求，双方需要采用共同的语言来理解和描述问题域。以往多采用自然语言描述需求，效果并不理想。
- 开发人员之间的交流。分析人员在系统建模时经常需要分工协作，对问题要进行磋商，并要考虑系统内各部分的衔接问题。分析人员与设计人员之间也存在着工作交接问题，这种交接主要通过分析文档来表达，也不排除口头的说明和相互讨论。这些要求所采用的建模语言和开发方法应该一致，且不要过于复杂。
- 开发人员与管理人员之间的交流。管理人员要对开发人员的工作进行审核、确认、进度检查和计划调整等。这就需要有一套便于交流的共同语言。这里“语言”是广义的，它包括术语、表示符号、系统模型和文档书写格式等。

OOA 充分运用人类日常活动中采用的思维方法和构造策略来认识和描述问题域，构造系统模型，并且在模型中采用了直接来自问题域的概念。因此，OOA 为改进各类人员之间的交流提供了最基本的条件——共同的思维方式和共同的概念。

3. 需求的不断变化

社会的发展是迅速的，这就要求软件系统也要不断地随之变化。此外，客户的主客观因素、市场竞争因素、经费与技术因素，都会影响需求的变化。显然，软件开发者必须以合作的态度满足用户需求。于是系统的应变能力的强弱，便是衡量一种分析方法优劣的重要标准。那么，系统中哪些因素是容易变化的？哪些因素是比较稳定的？人们在实践中发现：当需求发生变化时，系统中最容易变化的部分是功能部分（对 OO 方法而言则是对象的操作或操作的协作部分）；其次是对外的接口部分；第三是描述问题域事物的数据（对 OO 方法而言即对象的属性）；相对稳定的部分是对象。

OOA 之所以对变化比较有弹性，主要是获益于封装和信息隐蔽原则。它以相对稳定的成分（对象）作为构成系统的基本单位，而把容易变化的成分（属性及部分操作）封装并隐藏在对象之中，它们的变化主要影响到对象内部。对象只通过接口对外部产生有限的影响。这样就有效地限制了一处修改处处受牵连的“波动效应”。从整体范围看，OOA 以对象作为系统的基本构成单位，对象的稳定性和相对独立性使系统具有一种宏观的稳定效果。即使需要增加或减少某些对象，其余的对象仍能保持相对稳定。

4. 软件复用的要求

软件复用是提高软件开发效率、改善软件质量的重要途径。20 世纪 80 年代中期以前的软件复用，主要着眼于程序（包括源程序和可执行程序）的复用。到 20 世纪 80 年代末期，人们已开始提出对软件复用的广义理解，注意到分析结果和设计结果的复用将产生更显著的效果。分析结果的复用是指把分析模型中的可复用部分用于多个系统的开发，并要求一个分析模型可在多组条件下予以设计与实现。此外，还可以在把一个老系统改造为基于新的软硬件支持的新系统时，尽量地复用旧的分析结果。

OO 方法的继承本身就是一种支持复用的机制，它使特殊类中不必重复定义一般类中已经定义的属性与操作。无论是在分析、设计，还是编程阶段，继承对复用带来的贡献都是显而易见的。

由于 OOA 模型中的一个类完整地描述了问题域中的一类客观事物，并且它是独立的封装实体，它很适合作为一个可复用成分。由一组关系密切的类（如具有一般—特殊结构、整体—部分结构或一组相互关联的类）可以构成一个粒度更大的可复用成分。在 OO 开发中，先在 OOA 阶段建立的是一个符合问题域、满足用户需求的 OOA 模型，然后再根据具体实现条件进行系统设计，这样针对一个分析模型可有多个实现，使得 OOA 结果能够通过复用而扩展为一个系统族。

2.2　面向对象分析综述

系统分析就是研究问题域，产生一个满足用户需求的系统分析模型。这个模型应能正确地描述问题域和系统责任，使后续开发阶段的有关人员能根据这个模型继续进行工作。

自软件工程学问世以来，已出现过多种分析方法，其中有影响的是功能分解法、数据流法、信息建模法和 20 世纪 80 年代后期兴起的面向对象方法。前三种分析方法在历史上发挥过应有的作用，用它们也建立过许多成功的系统，直到今天仍然被一些开发者所采用。我们在谈到这些方法的缺点时不是要否定它们，而是针对具体问题进行讨论。应该指出，面向对象的分析正是在许多方面借鉴了以往的分析方法。

面向对象的分析，强调用对象的概念对问题域中的事物进行完整的描述，刻画事物的性质和行为，同时也要如实地反映问题域中的事物之间的各种关系，包括分类关系、组装关系等静态关系以及动态关系。

自 20 世纪 80 年代后期以来，相继出现了多种流派的 OOA 及 OOD 方法。各种方法的共同点是，都基于面向对象的基本概念与原则，但是在概念与表示法、系统模型和开发过程等方面又各有差别。统一建模语言 UML 的出现，使面向对象建模概念及表示法趋于统一。我国的软件行业标准“面向对象的软件建模规范——概念与表示法”就是参照 UML 制定的。下面分别阐述在 OOA 阶段本书所使用的概念与表示法、OOA 模型及过程指导。

1. **概念与表示法**

在 OOA 阶段所使用的概念包括对象、属性、操作、类、继承、聚合和关联等，这些概念属于 UML 的核心内容，且表示法也是相一致的。

2. **OOA 模型**

OOA 模型就是通过面向对象的分析所建立的系统分析模型，表达了在 OOA 阶段所认识到的系统成分及彼此之间的关系。在可视化方面，用建模概念所对应的表示法绘制相应种类的图。

目前的各种 OOA 方法所产生的 OOA 模型从整体形态、结构框架到具体内容都有较大的差异。OOA 模型的差异集中地体现在各种方法所强调的重点和主要特色方面。一般来说，各种方法只把它认为最重要的信息放在模型中表示，其他信息则放到详细说明中，作为对模型的补充描述和后续开发阶段的实施细则。

图 2-2 所示的 OOA 模型是按照图加相关文档这种方式组织的。在第 14 章要对模型和图进行详细阐述。

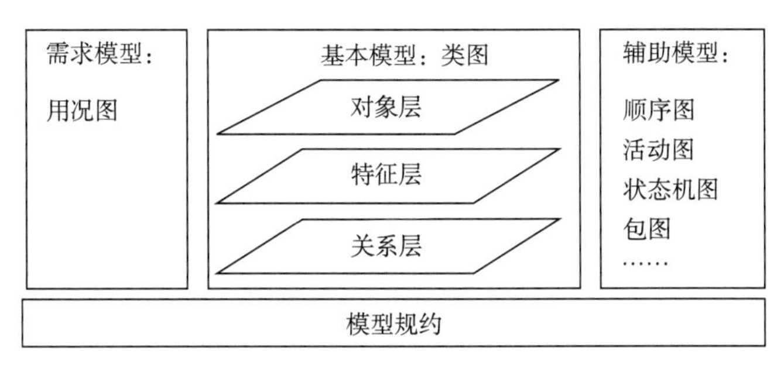

图 2-2 OOA 模型

使用用况图来捕获与描述用户的要求，即系统的需求，从而建立系统的需求模型（用况模型）。尽管有关建立用况模型的内容并不是面向对象的，但在 UML 中详细地规定了这方面的内容，且用况模型已经被人们普遍地接受，因而本书把建立用况模型的有关知识和技术放在 OOA 中讲述。按照某些做法，也可以在 OOA 之前利用用况模型对系统的需求进行捕获与描述。在开发系统时，上述两种做法是不矛盾的，这只是一个阶段划分问题。

用类图构建的模型是系统的基本模型，主要是因为类图为面向对象编程提供了最直接的依据。基本模型为系统的静态模型，它描述系统的结构特征。类图的主要构成成分是：类、属性、操作、泛化、关联和依赖。这些成分所表达的模型信息可以从以下三个层次来看待：

- 对象层：给出系统中所有反映问题域与系统责任的对象。用类符号表达属于一个类的对象的集合。类作为对象的抽象描述，是构成系统的基本单位。
- 特征层：给出每一个类（及其所代表的对象）的内部特征，即给出每个类的属性与操作。该层要以分析阶段所能达到的程度为限给出类的内部特征的细节。
- 关系层：给出各个类（及其所代表的对象）彼此之间的关系。这些关系包括泛化、关联和依赖。该层描述了对象与外部的联系。

概括地讲，OOA 基本模型的三个层次分别描述了：1）系统中应设立哪几类对象；2）每类对象的内部构成；3）每类对象与外部的关系。三个层次的信息（包括图形符号和文字）叠加在一起，形成完整的类图。

按照 UML 的做法，可以建立对象图，以作为类图的补充。

为建立系统的行为模型，需要建立交互图、活动图或状态机图。交互图主要有两种形式：顺序图和通信图，每种形式强调了同一个交互的不同方面。顺序图表示按时间顺序排列的交互，通信图表示围绕着角色所组织的交互以及角色之间的链。与顺序图不同，通信图着重表示扮演不同角色的对象之间的连接。活动图展示从活动到活动的控制流和数据流，通常用于对业务过程和操作的算法建模。状态机图展示对象在其生命周期内由于响应事件而经历的一系列状态，以及对这些事件做出的反应。

包图用于组织系统的模型，其中的包是在模型之上附加的控制复杂性的机制。通过对关系密切的元素进行打包，有助于理解和组织系统模型。

相对基本模型来说，系统的行为模型和用包图建立的系统组织模型，都作为系统的辅助模型。

以图的方式建立模型是不够的。对各种图中的建模元素，还要按一定的要求进行规约（即详细描述）。通过用图表示的模型加上模型规约的方式，构成完整的模型。有关模型规约的具体格式，参见附录 B。

3. OOA 过程

各种 OOA 方法一般都要规定一些进行实际分析工作的具体步骤，指出每个步骤应该做什么以及如何做，并给出一些启发策略，用以告诉使用者对各种情况应该怎样处理以及从哪些方面去思考能有助于实现自己的目标。

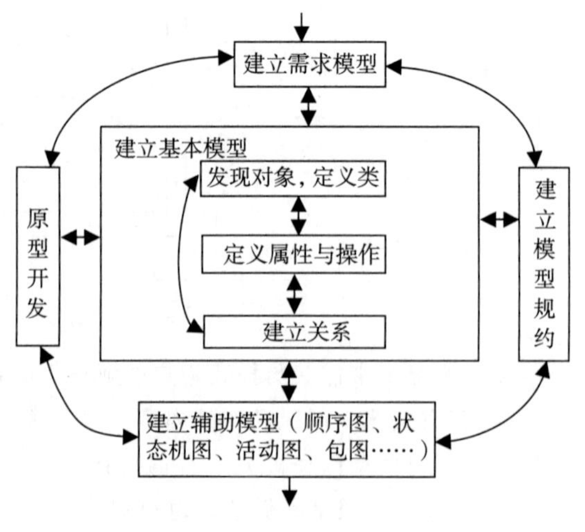

图 2-3　OOA 过程模型

现在还没有关于面向对象的软件建模过程指导方面的国际规范，各种 OOA 方法在建立模型的过程方面都有差别，且详简也有所不同。本书所使用的建模过程指导，是从由数十家高校、科研院所和软件企业参加的国家重点科技攻关计划“青鸟工程”所研发的面向对象软件开发规范中总结出来的，图 2-3

给出了其具体内容。

图 2-3 给出的是 OOA 过程模型，其中只给出了过程中的活动，而没有展示过程角色和资源等因素。图中的箭头表明建模活动是可以回溯的，也可以交替进行。例如，在发现了一些（并非全部）对象之后，就可以开始定义它们的属性与操作；此时若认识到某些关系，可以及时建立这些关系；在建立关系时得到某种启发，联想到其他对象，又可及时转到发现对象的活动。在 CASE 工具的支持下，各种活动之间的切换可以相当灵活。有些软件开发组织习惯于规定一个基本的活动次序，使 OOA 过程按这种次序一步一步地执行，这也是可以的。其实各软件开发组织应该依据或参照经过检验的开发过程，建立适合自己需要的开发过程。

以下是对实施 OOA 过程的几点建议：

1）把建立需求模型放在分析工作的开始。通过定义用况和建立用况图来对用户需求进行规范化描述。

2）把建立基本模型的三个活动安排得比较接近，根据需要随时从一个活动切换到另一个活动。

3）建立交互图、状态机图或活动图的活动可以安排在基本模型建立之后，但也可以与基本模型的活动同时进行，即在认识清楚了若干对象后，就开始绘制反映系统动态行为的模型图。

4）建立模型规约的活动应该分散地进行，结合在其他活动之中。最后做一次集中的审查与补充。

5）原型开发可反复地进行。在认识了基本模型中一些主要的对象之后就可以做一个最初的原型，随着分析工作的深入不断地进行增量式的原型开发。原型开发的工作还可以提前到建立需求模型的阶段进行。在开发的早期阶段建立的原型，主要用于捕获与证实用户的需求。

6）在分析较小的系统时可以省略划分包的活动，或把该活动放在基本模型建立之后进行。在分析大中型系统时，可以按需求先划分包，根据包进行分工，然后开始通常的分析；在分析的过程中，若需要仍可以用包来组织模型元素。

习题

1. 简述 OOA 模型及 OOA 过程。
2. 为什么要进行 OOA?
3. 简述问题域与系统责任间的关系。
4. OOA 是如何应对需求变化性的?
5. 为什么把用类图构建的模型称为基本模型?
6. 你对本章讲述的分析面临的主要问题有过什么实际感受? 请举例说明。

CHAPTER 3

第3章

建立需求模型——用况图

用户需求就是用户对所要开发的系统提出的各种要求和期望，其中包括系统的功能、性能、保密要求和交互方式等技术性要求以及成本、交付时间和资源使用限制等非技术性要求。对分析员而言，功能需求是分析阶段要考虑的核心部分。

要进行软件开发，首先要准确地描述用户需求中的功能需求，形成功能规格说明。按照以往的做法，可采用多种方式描述需求。例如，可使用流程图、伪码和Aris模型[1]描述需求，也可以使用自己定义的语言描述需求。当前的一种主流做法是使用用况图来描述系统需求。

用况图用于对系统的功能以及与系统进行交互的外部事物建模。通过找出与系统交互的外部事物，并说明它们如何与系统交互，易于对系统进行探讨和理解。这样，用户能够理解未来的系统，开发者也能够正确地理解需求并实现系统。所产生的用况图是对所捕获的需求的规范化描述㊀，是进行OOA的基础。对OOD阶段的人机交互设计和系统测试来说，用况也是非常重要的。

在建立需求模型时，先要确定系统边界，找出在系统边界以外与系统交互的事物，然后从这些事物与系统进行交互的角度，通过用况来描述这些事物怎样使用系统，以及系统向它们提供什么功能。

3.1 系统边界

在系统尚未存在时，如何描绘用户需要一个什么样的系统？如何规范地定义用户需求？

我们可以首先把系统看作一个黑箱，看它对外部的现实世界发挥什么作用，描述它的外部可见的行为。这里所说的系统是指被开发的计算机软件系统，而不是泛指问题域中的全部事物所构成的现实系统。用OO方法所开发的系统是通过对现实世界的抽象而产生的。问题域中的某些事物（如使用系统的一些人员）位于系统边界之外，作为系统的外部实体处理，而系统内的成分（简称系统成分）是指在OOA和OOD中定义的那些系统元素。

系统边界是一个系统所包含的所有系统成分与系统以外各种事物的分界线。如图3-1所示，系统是由一条边界包围起来的未知空间，系统只通过边界上的有限个接口与外部的系统使用者（人员、设备或外系统）进行交互。

把系统内外的交互情况描述清楚了，就确切地定义了系统的功能需求。若最终实现的系统就具有这样的功能，那这个系统也就是用户所需要的，即用户就是通过这样的交互使用系统。

现实世界中的事物与系统的关系包括如下几种情况：

㊀ 此处的规范化描述并不是系统的需求规格说明。OOA最终的结果才是系统的需求规格说明。

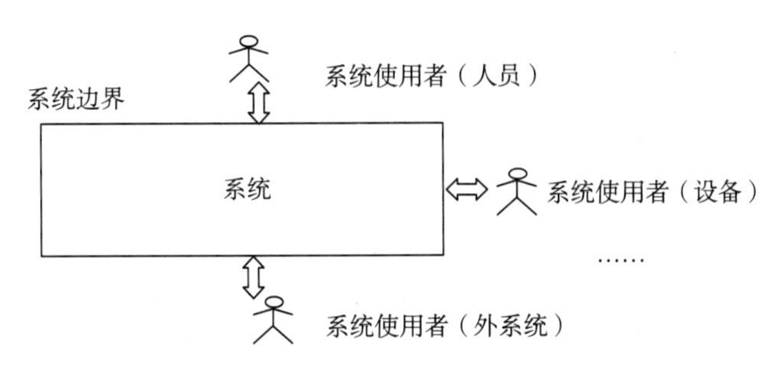

图 3-1　系统的使用者、系统边界和系统

1）某些事物位于系统边界内，作为系统成分。如超市中的商品，抽象为超市商品销售管理系统内的类“商品”。

2）某些事物将是与系统进行交互的参与者，系统中没有相应的成分作为它们的抽象表示，它们位于系统边界以外。如商场中的收款员，可以作为位于系统边界外与系统进行交互的参与者（若系统内设置了“收款机”对象），而不在系统中设立相应的“收款员”对象，这意味着系统并不关注收款员本身的信息和功能，而只关注销售与收款。

3）某些事物可能既有一个对象作为其抽象描述，而本身（作为现实世界中的事物）又在系统边界以外与系统进行交互。还是以超市中的收款员为例，他本身是现实中的人，作为系统的使用者；在系统边界内，又可有一个相应的“收款员”对象来模拟其行为或管理其信息，作为系统成分。这种做法注重收款员本身的信息和功能。

4）某些事物即使属于问题域，也与系统责任没有什么关系。如超市中的保安员，在现实中与超市有关系，但与所开发的系统“超市商品销售管理系统”没有关系。这样的事物既不位于系统边界内，也与系统无关。

认识清楚了上述事物之间的关系，也就确定出了系统边界。

3.2　参与者

对于每个有意义的系统，都存在着一些与系统打交道的事物，这些事物为了某些目的而与系统进行交互。这些事物还能预料到系统的运行方式，为达到某种目的事物间也可能要通过系统进行协作。

3.2.1　概念与表示法

一个参与者（actor）定义了一组在功能上密切相关的角色，当一个事物与系统交互时，该事物要扮演这样的角色。

例如，超市里的每个具体的收款员的首要职责为收款，他还要负责检验购物篮中商品的数量以及验证顾客的信誉卡以给予优惠。这样，每个收款员就要扮演三种在功能上紧密相关的角色。把这组角色定义为一个参与者，对其命名为“收款员”。该参与者的一个实例就是扮演上述角色的一个具体人。这个具体的人，可能还扮演其他参与者（例如“商品供货员”）的角色，这说明一个系统的用户可以扮演不同的参与者中的角色。此外，一个参与者也可以由一组用户来扮演，如参与者“收款员”往往代表着一组具体的人。

一个参与者可以发出请求，要求系统提供服务；系统以某种方式对其做出响应，把响应的结果返回给该参与者或者给其他的参与者。系统也可以向参与者发出请求，参与者对此做出响应。为了完成某项功能，一组参与者和系统之间请求与响应的对话可能是复杂的。

尽管在模型中使用了参与者，但参与者实际上并不是系统的一部分，它们位于系统之外，是在系统之外的与系统进行交互的任何事物。

参与者的标准图符是一个“人型符号”，参与者的名字放在图符的下方，如图 3-2 所示。

如果一些参与者与系统的交互有一部分是相同的，这时不是显式地将相同的交互与每一个参与者相关联，而是引入包含这些共同的交互的一般参与者，并对这些参与者进行特殊化处理，特殊参与者从一般参与者中继承执行这些交互的能力，见图 3-3。

图 3-2　参与者“顾客”的表示法

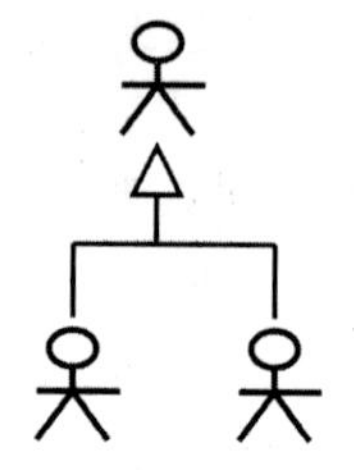

图 3-3　参与者之间继承关系示例

从特殊参与者到一般参与者之间的继承关系，意味着特殊参与者的实例能够同与一般参与者的实例进行交互的用况实例进行通信。

3.2.2　识别参与者

上节讲到，参与者是在系统之外与系统进行交互的任何事物。具体地讲，参与者分为三类：人员、外部系统或设备。下面讲述如何从这三个方面识别参与者。

（1）人员

从直接使用系统的人员中发现参与者。这里强调的是直接使用，而不是间接使用。这样的人可能要启动、维护和关闭系统，更多的可能是这样的人要从系统中获得什么信息或向系统提供什么信息。

特定的人在系统中可扮演不同参与者中的角色。例如，添加数据、使用数据及产生分析报告的那个人就扮演了三种不同的角色，这些角色可能要分别属于三种不同的参与者。再如，对于使用银行系统的一个具体的人来讲，他扮演的角色可为前台职员、经理或顾客等。

（2）外部系统

所有与本系统交互的外部系统都是参与者。相对于当前正在开发的系统而言，外部系统可以是其他子系统、下级系统或上级系统，即任何与它进行协作的系统，但对这样的系统的开发并不是开发本系统的人员的责任，无论它们是已存在的，还是正在开发的。

要指出的是，如果一个大系统在任务分解时被划分成几个子系统，则每个子系统的开发者都把与之相关的其他子系统看作是外部系统，子系统的边界以内只包括它的开发者所负责的那部分功能。

（3）设备

识别如下的所有与系统交互的设备：这样的设备与系统相连，向系统提供外界信息；也可能系统要向设备提供信息，设备在系统的控制下运行。这样的设备是系统的参与者。通常，像监视器、键盘、鼠标这样的标准用户接口设备（操作系统管理它们）不包括在内，而像外部传感器和受控马达这样的与系统交互的设备很可能是参与者，因为所开发的系统往往要直接对它们进行处理。

下面是一些识别与组织参与者的指导策略：

1）首先将精力集中于启动系统的参与者。这些是最容易识别的参与者，从中可以找出其他参与者。

2）从用户的角度考虑怎样使用这个系统，从设备和外部系统的角度考虑它们如何与系统交互。

3）对识别出来的参与者，记录它们的责任。

4）通过识别继承关系，组织参与者。

5）若有必要，在参与者间建立继承关系。

3.3　用况

本节要讲述用况的含义、用况与参与者之间的关系、用况间的关系以及如何使用它们描述系统功能。

3.3.1　概念与表示法

一个用况（use case）是描述系统的一项功能的一组动作序列，这样的动作序列表示参与者与系统间的交互，系统执行该动作序列要为参与者产生结果。

把用况表示成一个包含用况名字的椭圆，见图 3-4。

用况名

图 3-4　用况的表示法

除了用图符表示用况外，对用况还要描述其活动序列。对用况的描述，可使用自然语言、活动图（见 5.3 节）和伪码，也可以使用用户自己定义的语言。无论用什么形式，所描述的动作序列都应该足够清晰，使得其他人员易于理解。书写动作序列时，应该反映出用况何时开始和结束，参与者何时与用况交互，交换什么内容，以及用况中的基本动作序列和可选动作序列等。

以超市销售管理系统为例，图 3-5 给出了实现系统收款功能的用况“收款”的描述。

```
收款
输入开始本次收款的命令；
    做好收款准备，应收款总数置为 0，输出提示信息；
for  顾客选购的每种商品  do
输入商品编号；
    if  此种商品多于一件  then
        输入商品数量
    end if；
    检索商品名称及单价；
    货架商品数减去售出数；
    if  货架商品数低于下限  then
        通知供货员，请求上货
    end if；
    计算本种商品总价并显示编号、名称、数量、单价、总价；
    总价累加到应收款总数；
end for；
```

图 3-5　用况“收款”的描述

> 显示应收款总数；
> 输入顾客交来的款数；
> 计算应找回的款数；
> 显示以上两个数目，打印收款明细、所交款和回找款；
> 收款数计入账册。

图 3-5　（续）

上面的示例描述的是通常的收款情况，对于用信用卡付款和给予优惠等的描述可使用3.3.3节中讲述的用况之间的关系。

图3-5中，采用缩进文字的方式描述系统的行为，使得参与者与系统的行为容易区分。

还有一种常见的描述用况的方式，即区分用况的交互序列的基本流和可选流。例如，在一个图书馆借书系统中，有一个用况为"确认图书证"。其基本动作序列（基本流）为：工作人员可以用扫描仪识别借书证，也可以用键盘输入借书证信息；随后系统检查输入的数据是否合法；如果合法，系统显示该客户的借书情况。可选的动作序列（可选流）有多个：例如，1）如果输入的数据不合法，系统就要求重新输入；2）如果该用户借书过多，则停止他再借书。

有的做法是把基本动作序列和可选的动作序列分开来写。下面以ATM系统为例，采用基本流和可选流的方式，给出实现验证用户功能的用况"验证用户"的描述，见图3-6。

> 验证用户
> 基本流：系统提示顾客输入密码，顾客按键输入密码。顾客按"确认"按钮进行登录。系统确认是否有效。如果有效，系统承认这次登录，该用况结束。
> 可选流：顾客可以在按"确认"按钮之前的任何时刻清除密码，重新输入新密码。
> 可选流：如果顾客输入了一个无效的密码，用况重新开始。如果连续3次无效，系统将取消整个登录事务，并在60秒内阻止该顾客与ATM进行交易。

图 3-6　用况"验证用户"的描述

在运用用况时要注意以下几点：

1）用况是一种类型，它是要被实例化执行的。当参与者实例使用由一个用况描述的一项系统功能时，该用况所描述的功能的全部或部分才发挥作用，其中经历的动作序列是该用况的一个实例，即一个场景（scenario）。

2）用况描述中的一个动作应该描述参与者或系统要完成的一个交互步骤。

3）执行用况的一个动作序列要为参与者产生可观察的结果，是指系统对参与者的动作要做出响应。例如，参与者向系统发一个命令，要求它做某件事；系统经过判断，要求参与者提供进一步的信息；参与者输入信息；系统进行处理，把结果报告给参与者。

4）用况描述的是参与者所使用的一项系统功能，该项功能应该相对完整，即应该保证用况是某一项功能的完整说明，而不能只是其中的一个片段。这就要求一个用况描述的功能，既不能过大以至于包含过多的内容，也不能过小以至于仅包含完成一项功能的几个小步骤。特别是，不能因为用况的功能过大，就像结构化分析方法把大的加工细分成下层的若干较小的加工那样，把用况也细分成下层的若干较小的用况，因为用况是不分层的，不能说上层的用况是由下层的较小用况组成的。

5）对用况的描述只强调用用况描述参与者和系统彼此为对方直接地做了些什么事，不描述怎么做，也不描述间接地做了些什么。例如，对于一个成绩管理系统的"成绩统计"功能，可以在某个用况中做这样的描述："指定专业和年级，计算每个学生的各科成绩，并以成绩的高低为序打印成绩表。”该功能包含很多计算细节，如要进行数据检索、计算和排序等，但是这些细节并不在用况中描述。实际上，定义用况是在捕获需求，此时分析员还没有完全了解系统，还不能确定应该设立哪些成分以及成分之间的行为依赖关系，他们只能从系统的最高层次（即最接近参与者的层次）来观察和描述系统功能。对于参与者也只描述它对系统的直接动作（例如“输入某某数据”），不描述为了完成这个动作所进行的准备工作（例如为获得输入数据进行的调查、统计和计算）。

6）使用用况来可视化、详述、构造和文档化所希望的系统行为。尽管用况中描述的行为是系统级的，但在用况内所描述的交互中的动作应该是详细的，准则是对用况的理解不产生歧义即可。若描述得过于综合，则不易认识清楚系统的功能。

7）在用况描述中，由参与者首先发起交互的可能性较大，但有些交互也可能是由系统首先发起的。例如，系统在发现某些异常情况时主动要求操作员干预，或者系统主动地向设备发出操作指令。对于这样的情况，参与者和系统之间的交互就是由系统首先发起的。

8）在描述一个用况时，要求用况应该描述出可能出现的各种情况，并进行概括，不要顾此失彼；描述应力求准确、清晰，但不要把双方的行为混在一起。

3.3.2 用况与参与者之间的关系

一个参与者可以使用系统的多项功能，系统的一项功能也可以供多个参与者使用。在用况图中，体现为一个参与者可以同多个用况交互，一个用况也可以同多个参与者交互。对于前一种情况，参与者根据与其交互的各用况分别扮演了不同的角色。

在 UML 中，把参与者与用况间的这种交互关系称为关联。若没做具体的规定，交互是双向的，即参与者能够对系统进行请求，系统也能够要求参与者采取某些动作。

把参与者和用况之间的关联表示成参与者和用况之间的一条实线。若要明确地指出参与者和用况之间的通信是单向的，就在接收通信的那端的关联线上加一个箭头，用以指示方向。图 3-7 给出了一个参与者和用况之间的关联示例。

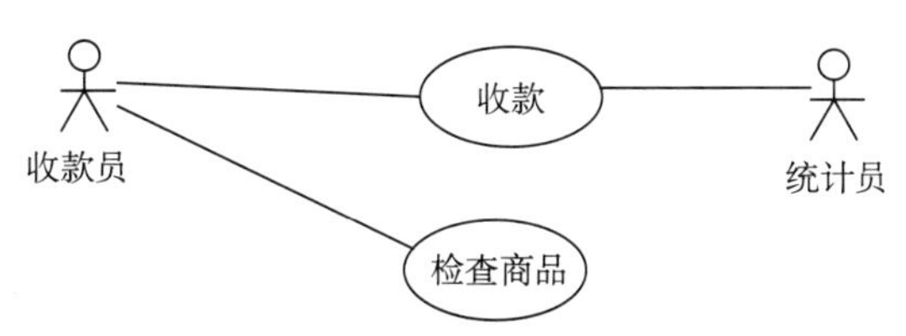

图 3-7 参与者和用况之间的关联示例

图 3-7 中的参与者“收款员”分别与用况“收款”和“检查商品”间存在着关联，参与者“统计员”与用况“收款”间存在着关联。这意味着“收款员”的实例与“收款”和“检查商品”的实例进行交互，“统计员”的实例与“收款”的实例进行交互。

3.3.3 用况之间的关系

不但在参与者和用况之间存在着关联关系，在用况之间也可存在一定的关系。例如，在下述情况下，就需要考虑产生新的用况，并在用况间建立关系：

- 在一个用况中存在着几处重复使用的动作序列。
- 在几个用况中存在着重复使用的动作序列。
- 一个用况中的主要动作序列或分支动作序列过于冗长或复杂，而且分离它们有助于对需求进行管理和理解。

UML把用况之间存在的关系分为三种：包含、扩展和继承。

1. **包含**

在一个或几个用况中经常存在着重复的交互行为。为了避免重复，可把重复的交互行为放在一个用况中，原有的用况（基用况）再引入该用况（供应者用况），这样就在用况间建立了包含关系（include relationship）。原来用况中剩下的部分通常是不完整的，依赖于被包含部分才有意义，即供应者用况是包含它的基用况的功能的一部分。进一步地讲，从基用况到供应者用况的包含关系表明：基用况在它内部说明的某一（些）位置上显式地使用供应者用况的行为的结果。

可以把包含关系想象为基用况调用供应者用况（类似于子程序调用），基用况仅仅依赖供应者用况执行的结果，而不依赖供应者用况内部的结构。

建立包含关系的方法很简单，即从具有共同活动序列的几个用况中抽取出公共动作序列，或者在一个用况中抽取重复出现的公共动作序列，形成一个在几处都要使用的附加用况。这样，可以避免多次描述同一动作序列；当这个共同的序列发生变化时，这样做就显现出优势，即只需要在一个地方改动即可。

用一个敞开的带箭头的虚线（简称为虚箭线）表示用况之间的包含关系，该虚箭线从基用况指向被包含的用况（供应者用况），并在虚箭线上用≪include≫标记，见图3-8。

具有包含关系的用况间并不一定是一对一的。实际上，一个用况可以包含多个用况，一个用况也可以被多个用况包含，甚至一个供应者用况还可以包含其他用况。

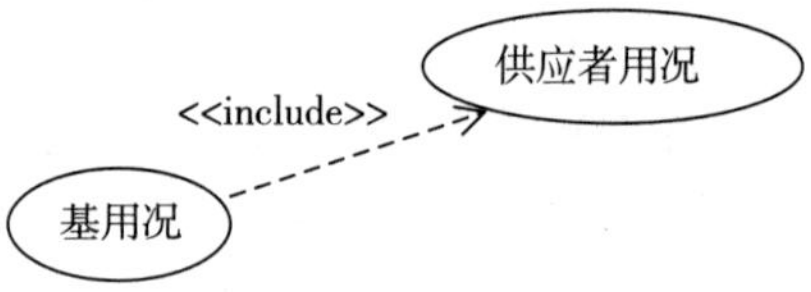

图3-8　用况间的包含关系的表示法

2. **扩展**

在一个或几个用况的描述中，有时存在着可选的描述交互行为的片段。在这种情况下，可以从用况中把可选的交互行为描述部分抽取出来，放在另一个用况（扩展用况）中，原来的用况（基用况）再用其进行扩展，以此来解决候选路径的复杂性。这样在描述基本动作序列的基用况和描述可选动作序列的扩展用况之间就建立了扩展关系（extend relationship）。进一步地讲，从基用况到扩展用况的扩展关系表明：按基用况中指定的扩展条件，把扩展用况的动作序列插入到由基用况中的扩展点定义的位置。

基用况是可单独存在的，但是在一定的条件下，它的行为可以被另一个用况的行为扩展。扩展用况定义一组行为增量，扩展用况定义的行为离开基用况可能是无意义的。注意，扩展用况中定义的各行为增量是可以单独插入到基用况中的，这与包括关系中的供应者用况要作为一个整体被包含是不同的。

用虚箭线表示用况之间的扩展关系。该箭头从扩展用况指向基用况（方向与包含关系相反），并用≪extend≫标记虚箭线，还可在≪extend≫附近写上扩展条件，见图3-9。

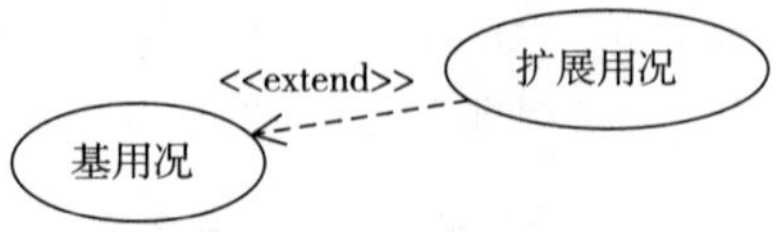

图3-9　用况间的扩展关系的表示法

一个扩展点是用况中的一个位置，在这样的位置上，如果扩展条件为真，就要插入扩展用况中描述的全部动作序列或其中的一部分，并予以执行。执行完后，基用况继续执行扩展点下面的行为。如果扩展条件为假，扩展不会发生。

在一个用况中，各扩展点的名字是唯一的。可以把扩展点列在用况中的一个题头为“扩展点”的分栏中，并以一种适当的方式（通常采用普通的文本）给出扩展点的描述（作为基用况中的标号）。图 3-10 给出了一个示例。

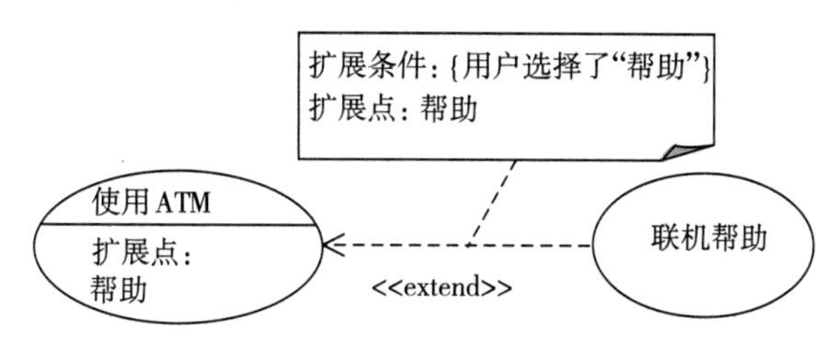

图 3-10　扩展点的表示法示例

在图 3-10 中，用况“使用 ATM”有一个扩展点“帮助”。当用况“使用 ATM”的实例执行到达扩展点“帮助”所标识的位置，且用户选择了帮助（即扩展条件｛用户选择了“帮助”｝为真）时，该用况就借助这个扩展点用用况“联机帮助”来扩展自己。图中的带虚线的折角矩形用于表示注释。

一个扩展用况可以扩展多个基用况，一个基用况也可以被多个用况扩展，甚至一个扩展用况自身也可以被其他扩展用况来扩展。

若要在基用况中表述可选的交互行为，就可以使用扩展关系。用这种方式把可选行为分离出来，通过扩展关系在扩展点使用它们。在对例外行为处理建模时或对系统的可配置的功能建模时，也可使用扩展关系。

3. 继承

用况之间的继承关系的含义如同类之间或参与者之间的继承关系一样。特殊用况不但继承一般用况的行为，还可以增加行为或覆盖一般用况的行为。一般用况和特殊用况均有具体的实例，特殊用况的实例可以出现在一般用况的实例出现的任何位置。

用一个指向一般用况的带有封闭的空心箭头的实线来表示用况之间的继承关系，见图 3-11。

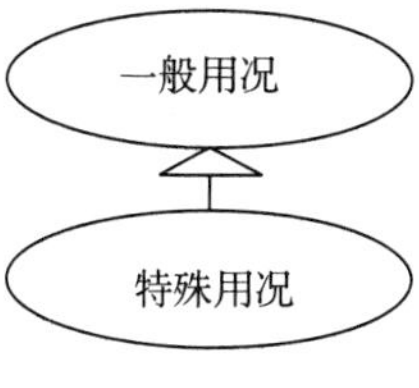

在本小节的最后要强调的是，尽管用况间的三种关系都有助于复用，但从上面的讲述中可以看出，它们之间是有区别的。

图 3-11　用况间的继承关系的表示法

3.3.4　捕获用况

可以从如下几个方面来捕获用况。

1. 从参与者的角度捕获用况

用况用于描述参与者和系统之间的一系列交互。参与者[㊀]通常作为交互的发起者，使用系统来完成某种任务。识别参与者的责任是寻找参与者与系统交互理由的良好基础。对所有的参与者，提出下列问题：

- 每个参与者的主要任务是什么？
- 是什么事件引发了任务，从而开始了参与者与系统进行交互？
- 在交互过程中，参与者是怎样使用系统的服务来完成它们的任务的？例如，参与者是否将读、写或删除系统的什么信息？参与者是否该把系统外部的变化通知给系统？参与者是否希望系统把内部的变化通知给自己？参与者是否希望系统把预料之外的变化

㊀ 用况通常是由参与者启动的，有时也需要在系统内部启动的用况。

通知自己？

- 参与者参加了什么本质上不同的交互过程？有些交互过程实际上是相同的或相似的，如果出现这些情况，需要合并用况或在用况间建立前述关系。

能完成特定功能的每一项活动明确地是一个用况。这些参与者参与的活动，通常会导致其他活动，进而可识别出其他用况。

2. **从系统功能的角度捕获用况**

欲达到某种目的的一组动作序列要完成一项功能，这样的动作序列要描述在一个用况中。通常，以用况中的交互动作为线索能发现其他用况。如下是一些指导：

- 全面地认识和定义每一个用况，要点是以穷举的方式考虑每一个参与者与系统的交互情况，看看每个参与者要求系统提供什么功能，以及参与者的每一项输入信息将要求系统做出什么反应，进行什么处理。
- 以穷举的方式检查系统的功能需求是否能在各个用况中体现出来。
- 一个用况描述一项功能，但这项功能不能过大。例如，把一个企业管理信息系统粗略分为生产管理、供销管理、财务管理和人事管理等几大方面的功能，并分别把它们各作为一个用况，粒度就太大了。对于这种情况，应该把系统先划分成子系统（见 14.1 节），再针对子系统建立用况模型。
- 一个用况应该完成一项完整的任务，通常应该在一个相对短的时间段内完成。如果一个用况的各部分被分配在不同的时间段，尤其还被不同的参与者执行，最好还是将各部分作为单独的用况对待。
- 针对用况描述的基本流，要详尽地考虑各种其他的情况。
- 考虑对例外情况的处理。

3. **利用场景捕获用况**

如果不能顺利地确定一个用况的描述，可尽早使用人们熟知的“角色扮演”技术。该技术要求建模人员深入到现场，通过观察业务人员的现场工作（就好像自己是业务人员一样），深入地理解业务人员的工作，将具体的工作流程记录下来，形成一个用来说明完成特定功能的动作序列，即一个场景。一个场景应该仅关注一次具体的业务活动，尽量要详细。要确定出谁是扮演者，他们做了什么事，他们做这些事的用意是什么，或者是什么原因要求他们做这些事。在描述一个场景时，还要指出其前驱和后继场景，并要考虑可能发生的错误以及对错误的处理措施。通过建模人员的角色扮演活动，找出各具体的场景；然后再把本质上相同的场景抽象为一个用况，如图 3-12 所示。

图 3-12 用况是对多个场景的抽象

从另一个方面看，用况的一次执行也形成了一个场景。用况的一次执行所经历的动作序列可能为用况描述中的一部分。例如，在图 3-5 所示的例子中，若某顾客在一次购物中购买的商品只是一件，就不执行“输入商品数量”这个动作，也不需要多次执行 for 循环的循环体。

通过从上述三个方面捕获到的用况，有些是简单的，只有一个动作序列，有些要复杂一些，具有一些可选择的交互路径和多种例外的情况。一般而言，用况中含有一个在通常的情况下发生的基本动作序列，其余的为可选的动作序列。

3.3.5　用况模板

对于所捕获的用况，需要按一定的格式对其进行描述，形成用况规约。按照国家电子信息行业标准《面向对象的软件系统建模规范第三部分：文档编制》[14]的要求，图 3-13 给出了用于描述用况的模板。

用况名：通常用一个表示用况意图的动词或动宾结构对用况进行命名。

简述：对该用况的简单描述，可以是一句话或几句话。

参与者：列举参与用况的所有参与者。

包含：如果有的话，列举该用况所包含的用况和包含它的用况。

扩展：如果有的话，列举该用况可以扩展的用况和扩展它的用况。

继承：如果有的话，列举该用况的一般用况和特殊用况。

前置条件：描述启动该用况所必须具备的条件。例如，用户必须登录成功。

细节：细节部分要详细地描述交互序列。细节要描述参与者与用况的一步一步地交互，每一步要提供充分的内容，用以说明涉及哪些实体、针对每个实体做了什么事以及这一步的结果。若用况较为复杂，要区分出基本流程和可选流程。

后置条件：描述在用况结束时确保成立的条件。执行用况的目的是要产生一些预计的值或状态，用后置条件明确地标识执行该用况后的预期结果。

例外：描述在该用况的执行过程中可能出现的意外情况。在用况中执行的每一个行为都可能出错。例如，由于没有查找出所期望的数据而导致了计算意外终止，或由于某种原因丢失了连接。对于每一个例外，应该知道它所发生的环境和应该采取的措施。

限制：描述执行用况的限制。例如，为用况分配的资源或为不同的步骤分配的资源，可能就受到一定的限制。还有一种情况，要求用况始终必须保持某种条件为真，也就是说不变的条件必须在操作的开始和操作的结束都成立，违反这些条件就会引起错误，例如，公司职员的数量要为正数就属于这种情况。有的文献建议把非功能需求写在此处，那也是一种可选的做法。

注释：提供该用况的附加信息。

图 3-13　用况模板

在描述用况时，并不要求把用况模板中的每一项都写出来，而是可以根据需要进行相应的取舍。根据用况图，功能良好的建模工具能够把参与者以及包含、扩展和继承关系中的用况提取到用况规约中。

3.4　用况图

用况图是一幅由参与者、用况以及这些元素之间的关系组成的图。这些关系是参与者和用况之间的关联、参与者之间的继承，以及用况之间的包含、扩展和继承。根据需要，用况图也可以有注释（见图 3-15 中的卷角矩形）。

可以选择把用况用一个矩形围起来，用来表示系统或子系统的边界。图 3-14 为一个订单处理系统的用况图。

在图 3-14 中，用大方框把用况围起来，而把参与者放在外边，以此来表示系统边界。也可以不画系统边界，因为参与者位于系统边界以外而用况位于系统边界以内本身就体现出了系统边界的含义。

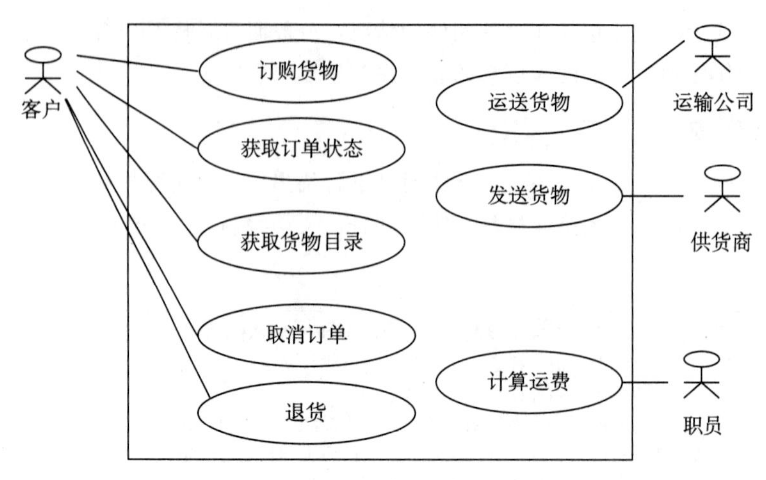

图 3-14　订单处理系统的用况图

图 3-15 所示的是一个银行取款系统的用况图片段。

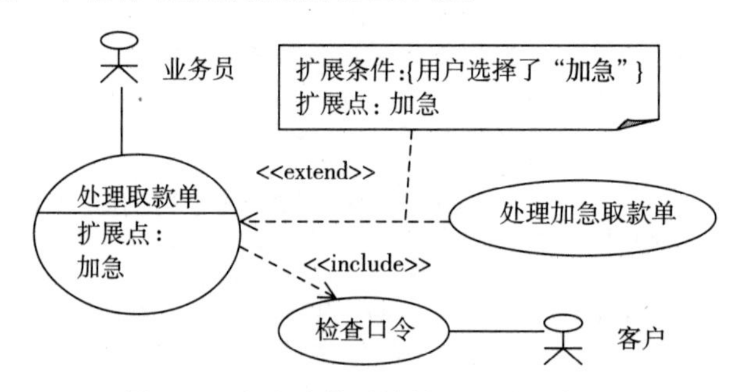

图 3-15　银行取款系统的用况图（片段）

图 3-15 中用到了用况间的两种关系。图 3-16 和图 3-17 给出了其中两个用况的文字描述片段。

处理取款单
业务员输入处理取款命令
　　include 检查口令
　　收集客户的取款单上的信息；
　　加急（扩展点）{如果客户选择了加急} extend 处理加急取款单
……

图 3-16　“处理存款单”用况的文字描述片段

图 3-16 中的包含与扩展的写法是建议性的，UML 对此没有做出规定。

检查口令

基本流：系统提示客户输入密码。客户按键输入密码，并按“输入”按钮确认。系统校验这个密码，如果有效，系统承认这次登录。

可选流：客户可以在确认之前的任何时刻清除密码，然后重新输入密码。

可选流：如果客户输入了一个无效的密码，用况重新开始。如果连续 3 次无效，系统将禁止用户再次输入口令。

图 3-17　用况“检查口令”的文字描述片段

图 3-17 所示用况的书写方式强调基本流和可选流。

图 3-15 所示的用况图仅是整个银行取款系统的用况模型中的一部分，只是说明了有限的功能。如果系统比较复杂，就要绘制多幅用况图，每幅用况图只注重于系统功能的一个方面。

使用用况图描述系统需求有如下益处：

1）由于系统可能会很复杂，分析员借助于用况模型可正确而全面地理解需求。

2）分析员能够得到的反映用户需求的材料常常是不够规范或不够准确的。通过全面、细致地定义用况，可把用户对系统的功能需求比较准确地在用况模型中表达出来，并且在形式上是较为规范的。

3）为领域专家、用户和开发者提供一种相互交流的手段，以使各方对需求的理解达成共识。

4）用况可以作为人机界面的设计基础，也可用做黑盒测试的测试用例。

3.5　检查与调整

对于各用况图应该综合考虑，进行检查与调整。下面针对参与者和用况给出一些需要注意的检查与调整原则。

1. 参与者

1）确定系统环境中的所有角色，并都归入了相应的参与者。

2）每个参与者都至少与一个用况相关联。

3）若一个参与者是另一个参与者的一部分，或扮演了类似的角色，考虑把它们合并或在它们之间建立继承关系。

2. 用况

1）每个用况都至少与一个参与者相关联。

2）若两个用况有相同或相似的序列，可能需要合并它们，或抽取出一个新用况，在它们之间建立包含、扩展或继承关系。

3）若用况过于复杂，为了易于理解和开发，考虑进行分解；若一个用况中有着完全不相关的动作序列，最好把它分解成不同的用况。

在对系统的功能需求进行捕获和描述时，还需要注意以下几点：

1）对所有用况的描述应该尽可能完整、准确。

2）在后续的开发过程中，很可能发现需求有了新的变化，或发现原先的理解有偏差，这时有必要修改已有的用况模型，以保证系统模型的正确性和一致性。

3）在用用况描述需求时，讲的是系统做什么，而不是如何做。也就是说，仅描述系统内外交互的情况，不应该包含系统内部的实现信息。若使用第 5 章要讲述的活动图描述用况，注意不要描述系统的内部功能。

4）用况的大小要适中，原则是不但要捕获需求，还要便于实施后续的分析、设计与测试。若发现用况过大，就要通过进一步的分析对它进行分解。若发现用况过小，就要考虑是否把它作为其他用况的一部分。

5）用况描述的是系统内外交互的情况，但不能按人机界面来建立用况图，而应该按功能来描述系统内外的交互。注意，界面不是用况，用况也不是界面，一个用况可能包含所要建造的系统的多个界面，一个界面也可能由多个用况使用。

6）尽量不要使用多层的包含、扩展或继承关系，因为这样做有可能要走上功能分解的道路。

本书强调以用况图为基础，针对问题域和系统责任进行面向对象的分析和设计，而没有进一步说明以用况为驱动的开发方法。若要使用这样的方法，就要充分考虑开发各用况的优先级和风险，并要对用况做高层与低层、主要与次要、本质与具体的区分[6]。

3.6　用况模型与 OOA 模型

在本书中用况模型是 OOA 模型的一部分，是进一步实施 OOA 的基础，具体内容如图 3-18 所示。

用况模型	进一步的 OOA 模型
1. 简易的规约语言（客户的语言）	1. OO 建模语言
2. 系统的内外交互视图	2. 全面的系统视图
3. 使用参与者、用况以及其间关系描述系统需求	3. 使用类以及其间关系等建模元素构造系统
4. 客户与开发人员商讨做什么，不做什么	4. 开发人员进一步分析需求，理解如何构造系统
5. 定义用况	5. 基于用况做进一步分析
6. 描述系统功能	6. 深入分析系统功能

图 3-18　用况模型与 OOA 模型的关系

3.7　例题

很多软件系统在一开始都需要登录，若用户登录成功，则可进入系统。如下以一个研究生学籍管理系统为例，描述四种登录方案。

出于简化和能够说明与解决问题起见，此处仅描述了登录、选课和查看学分这三项功能。

1. 方案一

由于选课和查看学分都需要登录，故专门设立一个“登录”用况。若登录成功，则可以进行选课，也可以查看学分，见图 3-19。

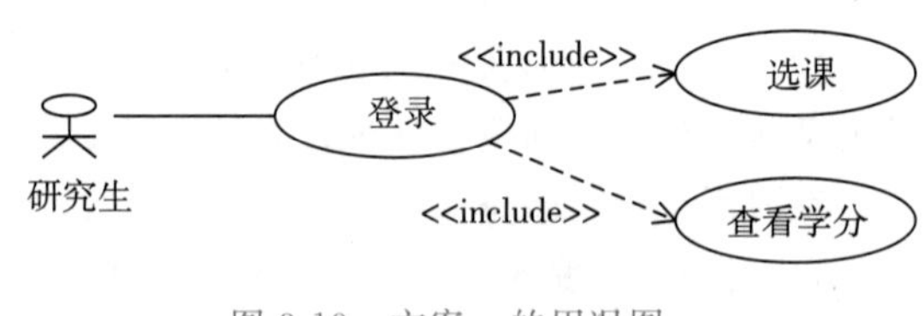

图 3-19　方案一的用况图

如下为对用况“登录”的描述：

```
研究生启动系统；
                系统提示研究生输入研究生证号和密码；
研究生输入研究生证号和密码；
                系统进行验证，若通过则给出主界面，否则显示输入错误；
若通过且该生选择选课，
                系统执行用况“选课”；
若通过且该生选择查看学分，
                系统执行用况“查看学分”；
```

该方案的缺点是，必须要了解系统的其他模块才能描述清楚用况“登录”。向系统增减功能时，也要修改用况“登录”。从维护的角度看，可能会忘记对用况“登录”进行修改。

从概念上讲，选课与查看学分并不是登录的组成部分，用况“登录”的文字描述中的后半部分实际上是与登录无关的。这表明，该用况的功能不单一。

2. 方案二

用用况“选课”和“查看学分”扩展用况“登录”，见图 3-20。

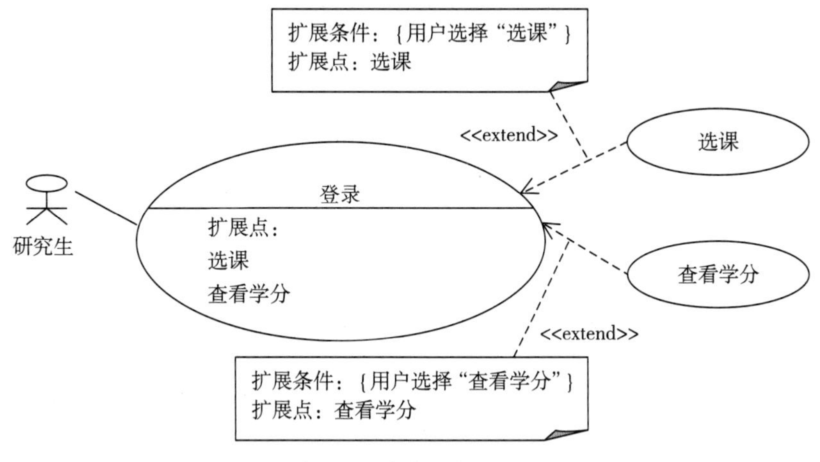

图 3-20　方案二的用况图

如下为对用况“登录”的描述：

研究生启动系统；
　　系统提示研究生输入研究生证号和密码；
研究生输入研究生证号和密码；
　　系统进行验证，若通过则给出主界面，否则显示输入错误；
若通过且该生选择选课，
　　系统在扩展点“选课”处执行用况“选课”；
若通过且该生选择查看学分，
　　系统在扩展点“查看学分”处执行用况“查看学分”；

该方案与方案一相比，除了在图上对“登录”用况的描述要清楚一些外，仍未解决方案一中存在的问题。

3. 方案三

让所有的相关用况都包含用况“登录”，见图 3-21。

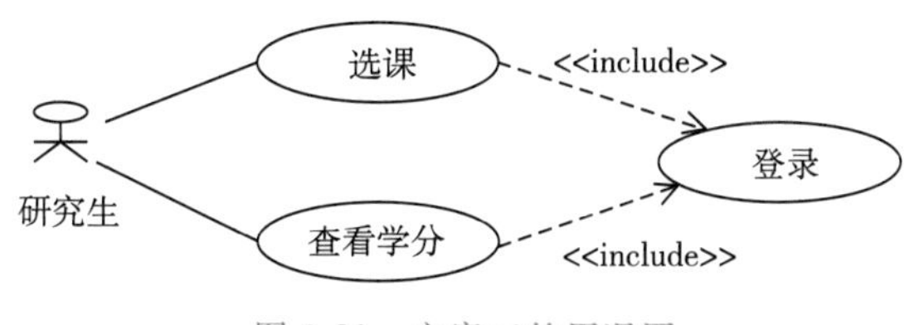

图 3-21　方案三的用况图

如下为对用况“登录”的描述：

```
研究生启动系统；
              系统提示研究生输入研究生证号和密码；
研究生输入研究生证号和密码；
              系统进行验证，若通过则给出主界面，否则显示输入错误；
```

如下为对用况“选课”的简化描述：

```
研究生启动系统且调用用况“登录”，
    若通过，系统执行用况“选课”的其余部分；
```

如下为对用况“查看学分”的简化描述：

```
研究生启动系统且调用用况“登录”，
        若通过，系统执行用况“查看学分”的其余部分；
```

这个方案中的用况“登录”仅描述有关登录的信息。研究生执行系统的其他功能都要先登录，这导致该方案有缺点：研究生可能要进行多次登录，且用况“登录”和“选课”的功能不单一。

4. 方案四

用况“登录”完全独立于其他用况，见图 3-22。

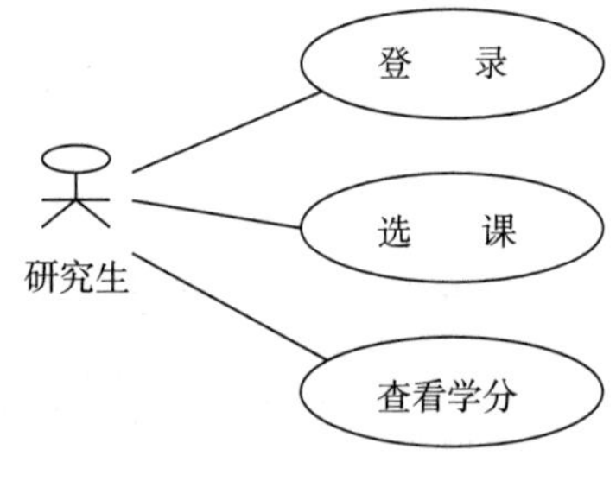

图 3-22　方案四的用况图

对用况“登录”的描述同方案三。如下为对用况“选课”的简化描述：

```
若研究生通过了登录且选择了选课；
        系统开始执行用况“选课”；
```

对用况“查看学分”的描述也与此类似。

若使用该方案，必须要在用况“选课”和“查看学分”中指定前置条件：只有在登录成功后才能执行自己的其他交互。该方案较为简洁，但在图上不能直接看出用况之间的关系。

习题

1. 用况之间的关系可为包含关系、扩展关系或继承关系，三种关系之间有相同之处吗？它们之间的区别又在哪里？
2. 论述用况图在面向对象方法中的地位。
3. 怎样理解把系统内外的交互情况描述清楚了，就明确了系统边界？
4. 对于 3.3.1 节中的收款用况，补充使用信用卡付款和使用优惠卡的描述。
5. 自动售货机会按用户的要求进行自动售货，供货员会巡查向其内供货，取款员会定时取款。针对上述要求，请建立用况图，并描述各个用况。
6. 现要开发一个购书积分系统，其中至少要具有申请积分卡、增加积分、查看积分和按积分奖励功能。请建立用况图，并描述各个用况。

CHAPTER 4

第 4 章

建立基本模型——类图

类图描述了系统中各类对象以及它们之间的各种关系。在面向对象的建模中，建立类图是最基本的任务，也是最需要花费精力和时间的技术活动。

一张类图应该注重表达系统静态结构的一个方面。这意味着，若系统较为复杂，可能要绘制多张类图。尽管在面向对象分析与设计阶段都使用类图，但在分析阶段建立的类图与设计阶段建立的类图的抽象层次是不一样的。

4.1 对象与类

4.1.1 概念与表示法

1. 对象与类的概念

现在从两个角度来理解对象。一个角度是现实世界，另一个角度是我们所建立的系统。在现实世界中客观存在的任何事物都可以被看作是对象。这样的对象可以是有形的，比如一辆汽车；它也可以是无形的，比如一项计划或一个抽象的概念。无论从哪个方面看，对象都是一个独立单位，它具有自己的性质和行为。对于所要建立的特定系统模型来说，现实世界中的有些对象是有待于抽象的事物。

在开发系统时，先要对现实世界中的对象进行分析与归纳，以此为基础来定义系统中的对象。

对象（object）是具有明确语义边界并封装了状态和行为的实体，由一组属性和作用在这组属性上的一组操作构成，它是构成软件系统的一个基本单位。

系统中的一部分对象是对现实世界中的对象的抽象，但其内容不是全盘的照搬，这些对象只包含与所解决的现实问题有关的那些内容；系统中的另一部分对象是为了构建系统而设立的。

按照面向对象的封装和信息隐蔽原则，一个对象的属性和操作是紧密结合的，对象的属性应该只由这个对象的操作存取，但也允许对对象的属性和操作实行可见性控制（见 4.2 节）。

类（class）是对具有相同属性和操作的一组对象的统一抽象描述，对象是类的实例。这里的相同属性和操作（统称为特征）不仅在表达上相同，在约束和语义上也要相同。

类的作用是它为属于该类的全部对象提供统一的抽象描述，进而用来创建对象，即类的实例。例如，在一个学生管理系统中，“学生”是一个类。类“学生”具有“姓名”“性别”“学号”和“年龄”等属性，还具有“注册”和“选课”等操作。一个具体的学生就是“学生”这个类的一个实例。

在面向对象方法中，通过对具有相同属性和操作的对象的抽象构造出类，进而使用类构造出系统模型；在系统运行时，又由类创建出对象。正是所创建出的这些对象在计算机中的运行，完成了用户所要求的功能。

同一个类所产生的对象之间一般有着不同点，因为每个对象的属性值可能是不同的，即一个类的所有对象具有相同的属性，是指所有对象的属性的个数、名称、数据类型和含义都相同，各个对象的属性值则可以互不相同，并且随着程序的执行而变化。

至于操作，对于一个类的所有对象都是一样的，即所有的对象都拥有其类定义中给出的操作。然而，一个类所创建的对象，在不同的语境下所表现出来的行为有所不同。例如，一个对象与一组对象协作时要表现出一种行为，与另一组对象协作时可能就表现出另一种行为。

按照一个对象在特定的语境下展现出来的行为，给对象定义了角色（role）。当一个对象扮演一个具体角色时，它对与其交互的对象就会展现出一定的行为，而与它协作的对象就按照它的角色来与它交互。当它的角色发生转换时，它所展现出来的行为也会发生变化。例如，类“人”的某个对象扮演“服务员”这个角色，与其扮演“顾客”这个角色相比，就会展现出一组不同的行为。在OO中，一个对象扮演一个角色时对外呈现一组可访问的操作，扮演另一个角色时对外呈现另一组可访问的操作，这两组操作可以有重叠。

进一步地，可给类定义角色。一个类的一个角色是在特定的语境下该类的对象所呈现的行为。一个类可能有多个角色，扮演一个角色的对象可能有多个，一个对象在不同的语境中也可以扮演不同的角色。例如，为类“人”可定义角色“首长”“顾客”“飞行员”和“歌手”；类“人”创建一个对象“李方”，在一种语境下，“李方”角色扮演“首长”，在另一种语境下，又扮演角色“飞行员”；类“人”创建的其他对象也可以扮演上述的一个或几个角色。

2. 对象与类的表示法

通常用一个由水平线划分成三个分栏的实线矩形表示类。在最上面的那个分栏放类名，中间的分栏放属性列表，最下面的分栏放操作列表，每个属性和操作都各占一行。图4-1a给出的是表示类的符号。由于对象是类的实例，一个类的各对象所拥有的操作都是相同的，故对于对象只需描述对象名、属性和属性值。UML中给出的表示对象的符号如图4-1b所示。

若不想展示出类的属性或操作，或不想展示出对象的属性和属性值，可不展示相应的分栏。然而，这并不意味着类没有属性和操作以及对象没有属性，只是把它们隐藏起来了，不予以展示。省略了对象名的对象（即仅给出了“：类名”的对象）为匿名对象。

若要指明类或对象的角色，就在类名或对象名后面加上“[角色名]”。图4-2给出了一个示例。

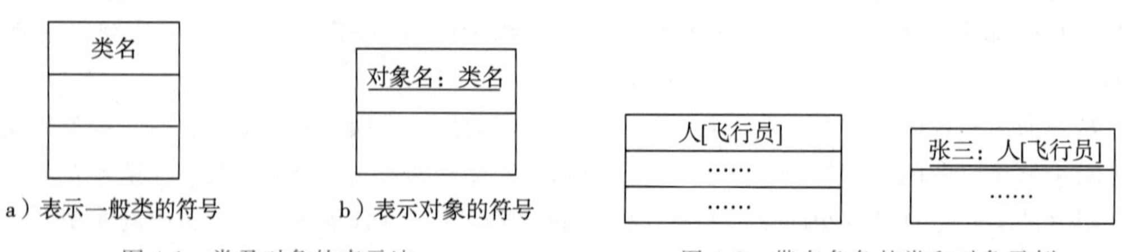

图4-1　类及对象的表示法　　图4-2　带有角色的类和对象示例

4.1.2　识别对象与类

识别对象与类是面向对象开发中最重要且最困难的一步。说识别它们是最重要的，是因为分析、设计和编码将用它们作为主要元素，在识别对象时所做的不良决策不但会影响到后续的开发，而且对软件的可扩展性和可维护性也会产生影响。说识别它们是最困难的，是因为识别对象需要有关面向对象的深入知识和技术，以及将其应用到所要开发的系统的能力。但这并不意味着它们是不可识别的，只是在所有的建模工作中说识别它们是最困难的。

其实，我们在生活中的每一天都在处理对象和类。例如，玩具警车或布娃娃是现实世界中的警车或人的模型。警车具有不变的属性（例如，高度、宽度和颜色）或可变的属性（例如，电池的电量和新旧状态）以及操作（例如，向前、向后运动或打开警笛）。我们说某个商店在卖玩具警车，是指在卖一类玩具（类）；而说我买了一辆玩具警车，是指买了该类玩具中的具体一个（对象）。OO 模型中的很多对象与类是现实事物的对应物。

在使用用况模型完成了捕获与描述需求后，已经对问题域和系统责任进行了分析，把用户的需求落实到了各个用况之中。由于用况模型仅描述了系统内外的交互情况，从其中识别出来的对象与类肯定是不够全面的。在识别对象与类时，问题域和系统责任仍是工作的基础。因为二者从不同的角度告诉分析员应该设立哪些对象。如 2.1 节所述，二者的范畴有很大部分是重叠的，但又不完全一致。分析员需要时时考虑这两个方面。如果只考虑问题域，而不考虑系统责任，则不容易正确地进行抽象（不知道哪些事物以及它们的哪些特征是该舍弃的，哪些是该提取的），还可能使某些功能需求得不到落实。反之，如果只考虑系统责任，则容易使分析的思路受某些面向功能的分析方法影响，使系统中的对象不能真正地映射问题域，失去面向对象方法的根本特色与优势。因而，要在用况模型的基础上，针对问题域和系统责任识别对象与类。

如下是一些识别对象与类的方法。

1. 考虑系统边界

考虑系统边界，可启发分析员发现一些通过接口与系统边界以外的参与者进行交互的对象。分析员针对三种参与者：人员、设备和外系统，从不同的角度去识别对象。

可以把人员和设备看作问题域范畴以内的事物，系统中的对象是对它们的抽象描述。也可以从另一个角度去看：当计算机应用系统建立之后，人员和设备是在系统边界之外与系统进行交互的参与者，系统中需要设立相应的对象处理系统与这些实际的人和设备进行交互。两种观点都有道理，但产生的结果会有风格上的差异：前一种观点侧重于以系统中的对象模拟现实中的人和设备；后一种观点侧重于以系统中的对象处理现实中的人和设备与系统的交互。例如，在一个超市商品销售系统中，收款机可作为系统的一个类，作为参与者的收款员与之交互；收款机也可作为参与者，在系统内部设置一个类来与收款机交互，但此时的收款员是通过收款机间接使用系统的人员，不再是参与者。哪种效果更好，要看系统的具体情况。

至于外系统，不能直接把它作为本系统中的对象，它只能作为参与者。通过在本系统中设立对象来负责本系统与外系统的交互，而不能说用对象去抽象外系统。

2. 考虑问题域

考虑问题域，侧重于客观事物与系统中对象的映射。问题域中的很多事物可启发分析员发现对象，例如问题域中的人员、组织机构、物品、设备、事件（如索赔、上访、交易）、表格、日志、报告和事物的结构等。其中事物的结构可能是多种多样的，例如，在概念类别上，汽车之上有车辆，之下可细分为客车和轿车，左右有摩托车和拖拉机，之内有发动机。

3. 考虑系统责任

考虑系统责任，侧重于系统责任范围内的每一项职责都应落实到某个（些）对象来完成，即对照系统责任所要求的每一项功能，查看是否可以由现有的对象完成这些功能。如果发现某些功能在现有的任何对象中都不能提供，则可启发我们发现某些遗漏的对象。

通过对用况模型中的动作序列的模拟执行，能够发现遗漏的对象或类。

4. **利用名词、代词和名词短语**

既然从名词、代词和名词短语到对象或类通常都有映射，作为一种可选的方法，可利用需求中的名词、代词和名词短语来识别对象和类。例如，用单个的专有名词（他、她、Jim、号码为5的职员、我的工作站、我的家）以及直接引用的名词（第六个参赛者、第一百万次购买）识别对象，用复数名词（人们、顾客、开发商、用户职员）以及普通名词（参赛者、顾客、职员、计算机）识别类。

4.1.3 审查与筛选

对已经找出来的候选对象和类，要逐个进行审查，看它们是不是OOA模型所真正需要的。首先要丢弃那些无用的对象，然后要精简、合并一些对象，并区分哪些对象是应该推迟到OOD阶段考虑的。

1. **舍弃无用的对象**

1）通过对象需要记录的信息（属性值）判断：这个对象是否将记录对用户或者对系统有用的信息？换个角度说，这个对象所对应的事物是否确实有信息需要在系统中进行保存和处理？

2）通过对象所能提供的功能（操作）判断：这个对象是否将提供对用户或对系统有用的操作？换个角度说，这个对象所对应的事物是否有些行为需要在系统中模拟，并在系统中发挥作用？

实际上，任何对象都不是单独存在的，除非系统仅由一个对象组成。对象之间应该通过协作来完成一定的任务。一个对象往往为其他对象提供信息或功能，一个对象也往往需要请求使用其他对象所具有的信息或功能。

按照上述1）和2）所进行的判断，只要符合其中一条，就可认为一个对象是有用的。

这是否意味着系统中可以出现一些只有属性而没有操作，或者只有操作而没有属性的对象？这种对象在概念上是否与封装原则相违背？对此问题应该这么看：尽管现实中的事物几乎都有数据和行为这两方面的特征，但系统中的对象只是对它们的抽象，如果该对象某一方面的特征全都与系统的目标无关，则可以全部忽略。例如，物资管理系统中的物资对象和人事档案管理系统中的人员对象，系统可能只需要它们的属性信息而不设置描述其行为的操作。从严格的封装和信息隐蔽要求出发，这样的对象至少应该有一些读写其属性的操作，否则外部无法得到其属性信息；但是这种操作是由于封装和信息隐蔽机制引起的，不是对象固有的行为描述。如果按设计决策不采用严格的封装，那么相应的读写操作就不需要了。只有操作而没有属性的对象也可能存在，例如系统可能需要一个提供若干公共操作的对象，它可能只包含一组操作（如在用C++实现时，这样的类中只有一组成员函数）而没有自己的属性。一般而言，一个对象应该具有多个属性和操作，但也允许无属性、有操作或有属性、无操作的对象存在。

在发现对象的OOA活动中并没有要求把每个对象的属性和操作全部都找出来，因为OOA并不主张在各个活动之间规定严格的次序。在进行上述思考时，若认识到了对象的一些属性和操作，就应该把它们填写到对象的类符号中。

2. 精简对象

（1）只有一个属性的对象

如果对象只有一个属性而没有操作，应考虑它是被哪些别的对象使用，看看能否把它合并到这些对象中。例如，工厂车间管理系统中有对象“车间主任”，它只有一个属性“姓名”，而这个对象是被对象“车间”使用的。此时完全可以把它合并到对象“车间”中，只在对象“车间”中增加一个属性“车间主任姓名”。

（2）只有一个操作的对象

如果一个对象只有一个操作而没有属性，并且系统中只有另一个对象请求这个操作，可以考虑把该对象合并到它的请求者对象中去。例如，对象“格式转换器”只有一个操作“文件格式转换”。系统中只有对象“输出设备”使用这个操作，此时可把它合并到对象“输出设备”中，把操作“文件格式转换”作为合并之后的对象的操作。

3. 推迟到 OOD 考虑的对象

系统责任要求的某些功能可能与实现环境（如图形用户界面系统、数据库系统）有关。应该把这样的功能推迟到设计阶段考虑，因为 OOA 模型应该独立于具体的实现环境。

除了上述讨论的几种情况外，在其他情况下可能还有精简的余地。在 4.1.4 节讨论对象的归类时，还要讲述如何精简对象。

4.1.4　抽象出类并进行调整

从认识对象到定义它们的类，是一个从特殊个体上升为一般概念的抽象过程。从单个对象着眼所认识的对象特征，是否正好可作为整个类的特征，这还有待于核实。此外，把各种对象放在一起构成一个系统，也需要从全局的观点对它们进行一番考查，必要时做出修改或调整。

1. 对象分类

使用问题域知识，依据对象和类的定义，概括属性和操作都相同的两个或多个对象，形成类。

2. 对类进行调整

（1）类的属性或操作不适合该类的全部对象

如果一个类的属性或操作只能适合该类的一部分对象，对另一些对象则不适合，说明类的设置有问题。例如，“汽车”这个类如果有“乘客限量”这个属性，它往往只适合于轿车和公共汽车等，而不能适合诸如吊车和铲车这样的生产用车，因为尽管生产用车有实际的座位数，但软件系统不需要计算这样的数据。此时需要重新分类，并考虑建立继承（详见 4.3.1 节）。

（2）抽象后属性及操作相同的类

对于现实世界中不同的两种事物，我们可能在 OOA 开始时把它们看作是两种不同的对象。经过以系统责任为目标的抽象，保留下来的属性和操作可能是完全相同的。例如，“计算机软件”和“吸尘器”的差别不可谓不大，但是当它们在系统中仅仅作为商店销售的商品时，它们的属性和操作就可能完全相同。对这种情况考虑把它们归并为一个类（例如把“计算机软件”和“吸尘器”归并为“商品”类）。

（3）属性和操作相似的类

识别具有一些相同特征的类，用这些共同特征来形成一般类，之后所有共享这些特征的类再从中继承。例如"轿车"和"货车"有许多属性相同，可考虑增加"汽车"作为一般类以形成继承。也可能要使用整体–部分结构来简化类的定义。例如，"机床"和"抽风机"两个类都有一组属性和操作，用以描述其中的电动机，可考虑把这些共同的属性与操作分离出来设立一个"电动机"类，与原有的两个类构成整体–部分结构。

（4）对同一事物的重复描述

问题域中的某些事物实际上是另一种事物的附属品，并在一定意义上进行了抽象。例如，工作证与职员、车辆执照与车辆、图书索引卡片与图书都是这样的关系。对于这样的情况，可在系统中选择其一作为类即可。如果需要，也可以用一个类的属性来描述另一个类的原有信息。例如，类"工作证"中除了属性"编号"外，其余的属性都与类"职员"相同，此时应考虑取消类"工作证"，而在类"职员"中增加属性"工作证号码"。

（5）分解与合并类

从功能上判断：若一个类承担了过多或过大的职责，考虑对它进行分解；若一个类承担了过少或过小的职责，考虑把它与其他类进行合并。依据编程经验也能预测到对一个类编写的代码规模是否过大或过小；若过大或过小，应考虑是否分解与合并类。

通过上述工作，系统中所有的对象都应该有了类的归属，而每个类应该适合于由它所定义的全部对象。

4.1.5　认识对象的主动行为并识别主动对象

现实世界中有些事物具有主动的行为，即这样的事物会主动地发起活动。如果把这样的事物抽象到系统模型中，与它们对应的对象就可能也具有主动的行为。在进行面向对象分析时，需要把具有主动行为的对象识别出来；在进行面向对象设计时，每一个主动对象可能要对应着一个进程或线程。

主动对象（active object）是具有主动行为的对象，在设计阶段是拥有线程或进程并启动控制活动的对象。该定义意味着主动对象是线程或进程中最先开始执行的对象。

主动对象的作用是用于描述问题域中具有主动行为的事物以及在系统设计时识别的控制流。相比之下，一个被动对象不能启动控制活动，它属于某个（些）线程或进程但不能拥有任何线程或进程，当然也不能对线程或进程进行初始化。除此之外，在其他方面被动对象与主动对象没有什么不同。

主动类（active class）是其实例为主动对象的类。

主动类的符号与普通类的符号的区别是，主动类的类框使用的是粗线，或者使用普通的类框，但在类名前加一个标记：{active}，还可以使用侧边为双线的类框来表示主动类。主动对象与主动类的表示法相同，只是对象名要加下划线，且无操作栏。图 4-3 所示为主动类的表示法。

图 4-3　主动类的表示法

以下为识别主动对象的四个策略：

1）从问题域和系统责任考虑，哪些对象将在系统中呈现主动行为？即哪些对象具有某种不需要其他对象请求就主动表现的行为？凡是在系统中呈现主动行为的对象都应该被定义为主动对象。

2）重点考虑与系统边界以外的参与者直接进行交互的对象，这些对象最有可能成为主动对象。这是因为，参与者往往触发系统的功能，因此系统中直接处理这种交互的对象就可能具有了主动行为。

3）根据系统责任观察系统功能的构成层次，重点考虑完成最外层功能的对象是否应定义为主动对象。因为按过程抽象的原则，一般是执行外层功能的系统成分要使用内层的系统成分，外层与内层是请求与被请求的关系，所以完成最外层功能的对象可能是主动对象。

4）进行操作执行路线的逆向追踪。考虑每个操作是被其他哪些对象的哪些操作请求的，按请求的相反方向跟踪上去，直到发现某个操作不被其他成分所请求，则它所属于的对象是主动对象。

按以上策略，在 OOA 阶段识别的主动对象不一定是最终的，因为在 OOD 阶段可能要增加一些新的主动对象，还可能为提高或降低系统的并发度而人为地增加或减少主动对象。

4.1.6　类的命名

类的命名应遵循以下原则：

1）采用名词或带有定语的名词（如“线装书”）对类命名。此外，要使用问题域专家及用户惯常使用的词汇对类命名，特别要避免使用毫无实际意义的字符和数字作为类名（如 x、a1、b2 等）。

2）类的名字应该反映每个对象个体，而不是整个群体。例如，用“书”而不用“书籍”，用“学生”而不用“学生们”进行命名。一个明显的例子是，应该说“Jam 是个学生”，而不应该说“Jam 是个学生们”。这是因为类在软件系统中的作用是用于定义每个对象。

3）类的名字应恰好符合这个类以及它的特殊类（如果有的话）的每一个对象。例如，一个类和它的特殊类的对象如果既有汽车又有摩托车，则可用“机动车”作为一般的类名；如果还包括马车，则可用“车辆”作一般类的类名。

4）考虑使用适当种类的语言文字对类命名。中国的软件开发者大多为国内用户开发软件，在 OOA 与 OOD 文档中往往使用中文，这无疑会有利于表达和交流，但使用英文对类、属性和操作进行命名则有利于命名与程序代码的对应。可采用同时支持两种文字的软件工具建模，或在 OOA 与 OOD 文档使用中文并同时建立一个中英文命名对照表。

4.1.7　建立类图的对象层

根据已经找到并进行了确认的类，建立类图的对象层。

1）用类符号表示每个类，建议使用建模工具把它们绘制出来，形成 OOA 的基本模型（即类图）中的对象层。

2）在类规约中填写关于每个类的详细信息（详见附录 B）。

3）在发现对象的活动中能够认识到的属性和操作均可随时加入类符号中；能够认识到的关系也均可随时在类符号之间画出。

上述第 2 步和第 3 步所涉及的工作也可推迟到以后几节讲述的活动中进行。

4.2 属性与操作

本节讲述如何根据事物的性质和行为定义类的属性和操作。

4.2.1 属性

抽象为类的事物往往具有一定的性质。这就要求在与事物所对应的类中要用属性来描述相应的性质。

1. **概念**

属性是用来描述对象性质的一个数据项。

对属性的抽象与问题域和系统责任是高度相关的。我们都能从概念上对“人”想出大量的性质。针对特定的问题域和系统责任对“人”进行抽象，就减少了属性的数量。例如，在体检时，用身高、体重、视力和脉搏数等指标来描述每个人的健康情况。在一个体检系统中，这些指标应该是类“体检者”的属性，而像“学习成绩”和“领导才能”这样的性质就不应该作为类“体检者”的属性。

属性除了具有名称外，还可以具有可见性、类型或初始值。定义属性的基本格式为：

```
[可见性] 属性名[:类型][ = 初始值] ⊖
```

可见性（visibility）分为公有的、受保护的、私有的或包范围的。属性的可见性为公有的，意味着该属性可由拥有它的对象和其他对象访问；属性的可见性为受保护的，意味着该属性可由拥有它的对象以及该对象所属的类的子类所产生的对象访问；属性的可见性为私有的，意味着该属性仅能由拥有它的对象访问；属性的可见性为包范围的，意味着只有在同一个包中声明的元素才能够使用它。

在类和对象中，必须给每一个属性一个唯一的名字。由于每一个属性要从一个值集中取值，也应该指明允许一个属性取值的合法范围，故常常要指明属性的类型。属性的类型可以是常见的基本数据类型，也可以是用户定义的复杂类型。

从分析的角度看，属性是从客观事物中抽象出来的。在编程实现时，一个属性是一个变量(用于记录数据或状态信息)，在包括它的每一个对象中它均具有自己的值。

OO方法中有“实例属性”和“类属性”的概念之分。上面谈到的都是实例属性，在不引起歧义的情况下，通常简称它为属性。

若类的一个属性对于该类的任何对象，它的值都是相同的，则称该属性为类属性。例如，C++中冠以 static 的成员变量和 Smalltalk 中冠以 class attribute 的变量都是类属性。若一个类拥有一个类属性，那么对它的全部运行时对象而言，都只使用一个共同的数据空间来存放这个属性的值，所以对于一个类的任何对象而言，它们的每一个类属性的值都是相同的。

实例属性和类属性各有不同的用途。例如在仪表测试系统中，把每种型号的仪表作为一个类，这种仪表的输入电压、功率及规定的质量指标等对具体每一台仪表都是共同的，应该把这样的属性作为类属性。但每台仪表的编号、精度以及它实际达到的性能值则是各不相同的，应

⊖ 加了方括号的内容是可选的。

该把它们都作为实例属性。

在软件开发中遇到的大部分属性都是实例属性，但在一些情况下需要使用类属性，这就要求在 OOA 模型中表明属性的类型。

2. 表示法

按照定义属性的格式，把对实例属性的描述直接放在类符号的属性栏即可。类属性的表示与实例属性的表示仅有一点不同：对类属性名要加下划线。

例如，在图 4-4 中，“属性 1”为类属性，“属性 2”为实例属性。

类名
<u>属性1</u> 属性 2
……

图 4-4　类属性和实例属性的表示法

按定义属性的格式，属性名是必有的，属性的可见性、类型、初始值和约束是可选的。若要显式地指出可选的部分，就要与相应的属性名一起在属性栏中作为一行。属性的可见性的表示法可为+（公有的）、#（受保护的）、-（私有的）或~（包范围的）。

3. 识别属性

问题域和系统责任以及现实世界的有关知识是识别属性的基础。如果能找到针对相同或相似的问题域已开发的 OOA 模型，应尽可能地复用其中的类及其属性的定义。

如下是识别属性的启发性策略。

（1）按一般常识这个对象应该有哪些属性

对象的某些属性往往是很直观的，按照一般常识就可以知道它应该由哪些属性来描述。例如，在人事管理系统中，对于类“职员”来讲，要具有“姓名”“职业”和“性别”等属性。

（2）在当前的问题域中，这个对象应该有哪些属性

对象的有些属性只有在认真地研究当前问题域后才能得到。例如商品的条形码，平常人们并不注意它，但考虑商品销售超市这种问题域时则会发现它是必须设置的属性。

（3）根据系统责任的要求，这个对象应具有哪些属性

考虑类的职责，通过分析它的对象为了保存和管理哪些信息来决定需要设立哪些属性。例如，对于商场管理系统中的类“商品”，考虑系统需要计算和保存的有关商品信息，可设立相应的属性。

考虑在对象的操作中实现特定功能，能够决定需要设立哪些属性。例如，实时监控系统中的类“传感器”，为了实现其定时采集信号的功能，需要设立属性“采集时间”，为了实现其报警功能，需要设立属性“临界范围”。

对象的有些属性只有具体地考虑了系统责任才能决定是否需要它们。例如，有的国家为保护个人隐私，不允许记录信用卡的使用地点。在一个信用卡管理系统中，类“信用卡”是否要有属性“使用地点”，就要依据相应的规定而定。

（4）分析对象有哪些需要区别的状态，决定是否需增加一个属性来记录这些状态

例如，设备在“关闭”“待命”和“工作”等不同状态下的行为是不同的，需要在“设备”对象中设立一个“状态”属性，用它的不同属性值表示实际设备的不同状态。

（5）寻找在用户给出的需求说明中做定语用的词汇

例如，红色的汽车、年老的人、良好的成绩，这样的描述中的做定语用的词汇有可能是相应对象的属性。

上面列出的策略，从不同的角度启发分析员发现对象的属性。有些属性可能在不同策略的启发下都能得到。这种导致相同结果的重复思考并不是坏事，因为我们的目标是尽可能全面地

发现属性，宁可多费些事也不要遗漏所需要的属性。

4. **审查与筛选**

对于初步发现的属性，要进行审查和筛选。为此对每个属性考虑以下问题：

1）该属性是否提供了系统中用得着的信息？对现实世界中的事物，如果脱离一定的目标去找它的特征可以找出许多，OOA 应该只注意与系统责任有关的特征。例如一本书有长、宽、高和重量，但是在图书馆管理系统中，这些属性有用吗？没有用就应该丢弃。

2）一个对象中的属性要描述这个对象本身的特征，而不要把其他对象或关系的属性错放在这个对象中。例如，在教学管理系统中，在“课程”这个对象中，设“教师”这个属性是应该的，但是把教师的住址、电话号码作为课程对象的属性就不合适了，尽管这样做可能是想从“课程”对象得知如何跟教师联系。正确的做法应该是把“住址”和“电话号码”作为对象“教师”的属性。这样才能与问题域形成良好的对应，并避免因一个教师主讲多门课程而出现信息冗余。再如，如果将计算机说明为一个由显示器、键盘、鼠标和 CPU 等对象组成的对象，屏幕的尺寸就是显示器的属性，而不是计算机的属性。该例说明，整体对象的属性不应该描述部分对象的性质。

3）一个属性所对应的一个事物性质的粒度要适当。例如人的通信地址，包括国家、省、城市、街道、门牌号码等内容，这些内容在通信地址这个概念上是不可分的。在定义“人员”对象的属性时，应该使用一个属性“通信地址”，而不应把有关通信地址的各项内容拆散开用多个属性来描述。这样，在对象中所定义的属性，既可能是简单的数据项（例如人的性别、身份证号码等），也可能是由多个数据项组成的较为复杂的数据结构（例如通信地址、健康情况等）。

4）若不使用多态机制，凡是在一般类中定义了的属性，在特殊类中不要重复出现。

5）如果一个属性的值明显地可从另一个属性值直接导出，则应该考虑是否去掉它。例如，对象“人员”有了属性“身份证号码”，则属性“年龄”和“出生年月”就不必再保留。如果一个属性的值要从许多属性值经过比较复杂的计算才能得出，则考虑予以保留。

6）与实现条件有关的问题均推迟到 OOD 阶段考虑。

5. **属性的定位**

把属性放置到由它直接描述的那个对象所属的类的符号中。此外，在继承结构中通用的属性应放在一般类中，专用的属性应放在特殊类中，并要注意：一个类的属性必须适合这个类和它的全部特殊类的所有对象。

6. **描述属性**

描述属性包括对属性的命名和对属性的详细描述。

属性的命名在词汇使用方面和类的命名原则相同：使用名词或带定语的名词，使用规范的、问题域通用的词汇，避免使用无意义的字符和数字。

除了把每个属性都填写到相应的类符号中外，还要在相应的类规约中进行详细说明，其中包括属性的解释、数据类型和具体限制等，有关的详细内容请参见附录 B。

4.2.2　操作

抽象为类的事物往往具有一定的行为。这就要求在与事物所对应的类中要用操作来描述相应的行为。

1. 概念

操作是类的对象被要求提供的服务的规约。

操作除了要具有名称外，还可具有可见性、参数列表或返回类型。定义操作的基本格式为：

```
[可见性] 操作名[(参数列表)][:返回类型]
```

可见性分为公有的、受保护的、私有的或包范围的。操作的可见性为公有的，意味着该操作可由拥有它的对象和其他对象访问；操作的可见性为受保护的，意味着该操作可由拥有它的对象以及该对象所属的类的子类所产生的对象访问；操作的可见性为私有的，意味着该操作仅能由拥有它的对象访问；操作的可见性为包范围的，意味着只有在同一个包中声明的元素可以访问它。

在 UML 中，有时把操作的基本格式称作特征标记（signature）。

从定义中可以看出，用操作描述对象的动态特征，对象中的操作要为其他对象或自己提供服务。对象的操作可分为内部操作和外部操作。内部操作只供对象内部的其他操作使用，不对外提供；外部操作是指当其他对象用消息请求它时，它进行响应。把一个对象的所有外部操作看作是该对象向外提供的接口，对象通过接口接收外部的消息并为之提供操作。在一个对象的内部也可以使用自己的外部操作。

仅用于操纵类属性的操作，叫作类操作，其余的操作叫作实例操作（通常简称为操作）。例如 C++中的前面冠以 static 的成员函数就是类操作。

2. 表示法

把操作的可见性表示为＋（公有的）、＃（受保护的）、－（私有的）或～（包范围的）。

通过在操作下画下划线表示类操作。实例操作是默认的，对其不用标记。例如，在图 4-5 中，“操作 1”为类操作，“操作 2”为实例操作。

图 4-5　类操作和实例操作的表示法

3. 识别操作

如果能找到针对相同或相似的问题域已开发的 OOA 模型，应尽可能地复用其中的类及其操作的定义。

为了明确在 OOA 阶段应该定义类的哪些操作，有必要区分系统行为和对象自身行为。对象自身行为又分为在算法上是简单的和在算法上是复杂的。

与对象有关的某些行为实际上不是对象自身的行为，而是系统把对象看作一个整体来处理时施加于对象的行为，这样的行为是系统行为，例如，对象的创建、复制、存储到外存、从外存恢复、删除等。对于这样的行为，除非有特别的要求，在 OOA 阶段一般不必为其定义相应的操作。

对象的有些自身行为在算法上是简单的。例如，读或写对象的属性、将一个对象与另一个对象连接或断开之类的操作，都属于在算法上是简单的行为。在 OOA 阶段也不必考虑这样的行为，应该在 OOD 阶段设立操作来描述这样的行为。

对象的有些行为在算法上是复杂的，它们描述了对象所映射的事物的固有行为，其算法不是简单地读或写一个属性值，而是要进行某些计算。例如，对某些属性的值进行计算得到某种结果，对数据进行加工处理，对设备或外系统进行监控并处理输入信息等。在 OOA 中应该努力发现这样的行为，把其定义为操作。

定义类的操作，应研究问题域和系统责任，以明确各个类应该设立哪些操作以及如何定义这些操作。以下为发现操作的启发策略。

1）考虑系统责任。在 OOA 模型中，对象的操作是最直接地体现系统责任并实现用户需求的成分，因此定义操作的活动比其他 OOA 活动更强调对系统责任的考察。要逐项审查用户需求中提出的每一项功能要求，看它应该由哪些对象来提供，从而在对象中设立相应的操作。典型地要考虑：设置这个对象的目的是什么？如果说是为了完成某项（些）功能，那么应该由什么操作来完成这项（些）功能？如果说是为了保持某些信息，那么系统怎样运用这些信息？是否需要由这个对象的操作进行某种计算或加工，然后向对象外部提供？

2）考虑问题域。对象在问题域中具有哪些行为？其中哪些行为与系统责任有关？应该设立何种操作来模拟这些行为？

通过按上述两条策略的考虑，应该识别出诸如计算、监控和查询之类的操作。

3）分析对象的状态。状态机图是启发分析员认识对象操作的重要工具。找出对象生命历程中所经历的（或者说可能呈现的）每一种状态，绘制出状态机图。与此同时提出下述问题：①在每一种状态下对象可以发生什么行为？②对象从一种状态转换到另一种状态是由什么行为引起的？在转换时还发生了什么行为？根据这些行为来为对象设置操作。关于如何建立状态机图，请看第 5 章。

4）分析对象的属性。对对象的每一个属性，考察需要哪些操作对它进行计算，从而发现操作。

5）可通过在需求中查找诸如支付、收集、阅读、请求之类的动词或动词短语，来识别操作。这是一种简单但不太准确的方法。

6）追踪操作的执行路线。模拟操作的执行并追踪其执行路线，可以帮助发现遗漏的操作。可以绘制交互图来进行此项工作。关于如何使用交互图，请看第 5 章。

如果想要在 OOA 阶段记录某些关键操作的具体实现，可用具体文字或某种规定的语言描述其算法，把它们放在类规约中，如有必要也可放在图上进行注释。其实，对于多数操作的算法定义应该在 OOD 阶段完成。在 UML 中把操作的实现称为方法（method），例如，对类“文件”的操作“打印”，可以用不同的方法来实现，分别用以打印图像文件和文本文件等。

4. 审查与调整

对每个对象中已经发现的操作逐个进行审查，重点检查以下两点。

首先检查每个操作是否真正有用。任何一个有用的操作，或者直接提供某种系统责任所要求的功能，或者响应其他对象操作的请求而间接地完成这种功能的某些部分。如果系统的其他部分和系统边界以外的参与者都不可能请求这种操作，则这个操作是无用的，应该删除它。

其次是检查每个操作是不是高内聚的。所谓高内聚是指一个操作只完成一项明确定义的、相对完整而单一的功能。如果在一个操作中包括了多项可独立定义的功能，则它是低内聚的，应尝试把它分解为多个操作。另一种低内聚的情况是把一个相对独立的功能分割到多个对象操作中去完成，对这种情况考虑合并，使一个操作对它的请求者体现一个相对完整的行为。即使是一个操作明确地只完成单一功能，也还要考虑该功能的可实现性，起码能预见到能用一个或几个函数实现，以免将来的实现代码规模过大。若预见到操作的实现代码规模过大，应对其进行分解。

5. 操作的定位

把操作放置在哪个对象中，应该与问题域中拥有这种行为的实际事物相一致。例如，在商场管理系统中，操作“售货”应该放在对象“售货员”而不应放在对象“货物”中，因为按问题域的实际情况和人的常识，它是售货员的行为而不是货物的行为。如果考虑到售货这种行为要引起从货物的属性“现有数量”减去被销售的数量，觉得应在对象“货物”上设置操作完成对属性的操纵，那么应该将操作命名为“售出”而不是“售货”。

在继承结构中，与属性的定位原则一样，通用的操作放在一般类中，专用的操作放在特殊类中，一般类中的操作应适合这个类以及它的所有特殊类的每一个对象实例。

6. 描述操作

描述操作包括对操作的命名和对操作的详细描述。

操作的命名应采用动词或动词加名词所组成的动宾结构。操作名应尽可能准确地反映该操作的职能。

把每个操作都填写到相应的类符号中。在类规约中，写出对操作的解释、操作的特征标记、操作要发送的消息和约束条件等。描述要发送的消息，是指要描述在执行这个操作时需要请求哪些对象的哪些操作，即接收消息的对象所属的类名以及执行这个消息的操作名。如果该操作有前置条件、后置条件以及执行时间要求等其他需要说明的事项，则在约束条件部分加以说明。若需要在此处描述实现操作的算法，可使用文字、活动图或流程图等进行描述。更多有关内容请参看附录 B。

4.3 关系

前面已经定义了类以及它的属性和操作，这一节要讲述类之间的关系，以建立 OOA 基本模型（类图）的关系层。只有定义和描述了类之间的关系，各个类才能构成一个整体的、有机的系统模型。类之间有三种重要的关系：继承、关联和依赖。

本书并不假设在建立关系层之前已经建立了完善的、不再变化的对象层和特征层，定义关系层这项 OOA 活动的意义也不只是在已有的类之间建立这些关系（虽然这是它的主要目的）。我们在前面讨论发现对象与类及其属性和操作时都曾谈到关系的影响，在本节也将指出，定义关系的活动将会进一步完善对象层和特征层，其中的工作包括：发现一些原先未曾认识的类，重新考虑某些对象的分类，对某些类进行调整（增加、删除或拆分），以及对某些类的属性和操作进行增删或调整其位置。

在定义关系时，尽量要借鉴同类问题域以往的 OOA 结果，吸取其经验，发现可复用的系统成分。

4.3.1 继承

1. 概念

如果类 A 的全部对象都是类 B 的对象，而且类 B 中存在不属于类 A 的对象，则 A 是 B 的特殊类，B 是 A 的一般类，A 与 B 之间的关系叫作继承。

或者说，如果类 A 具有类 B 的特征，而且还具有自己的一些特征，则 A 叫作 B 的特殊类，

B叫作A的一般类，A与B之间的关系叫作继承。

从集合论的观点看，特殊类的对象集合是一般类的对象集合的真子集；而一般类的特征集合则是特殊类的特征集合的真子集，如图4-6所示。

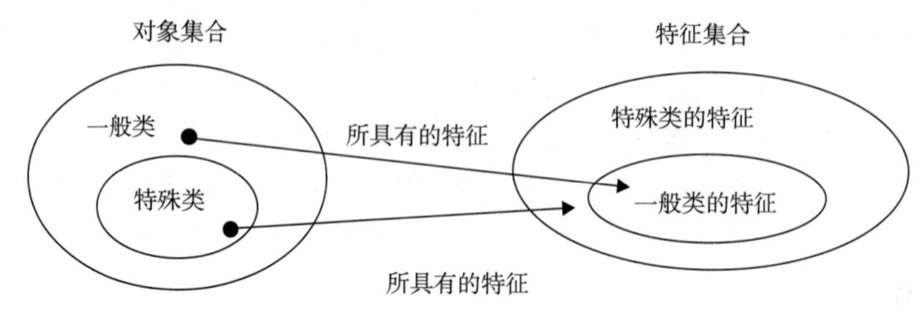

图4-6　一般类与特殊类

通常特殊类继承一般类的属性和操作。若一般类具有约束或与其他类具有关联，它的特殊类也予以继承。

继承（inheritance）是一种一般－特殊关系，在UML中把继承称为泛化（generalization）。这种关系的语义为“是一种”关系。

继承的数学性质包括如下两方面：

1）非对称性。如果类A是类B的后代，那么类B不是类A的后代。例如，“职员”是一种“人”，但反之则不然。

2）传递性。如果类A继承类B，类B继承类C，那么类A继承类C。例如，如果“销售员”是一种“职员”，“职员”是一种人，那么“销售员”也是一种“人”。

继承的传递性说明，特殊类也具有更高层次上的一般类所具有的特征。

继承进一步地可分为单继承（single inheritance）和多继承（multiple inheritance）。若一个特殊类只直接地继承一个一般类，则这种继承称为单继承。如果允许一个特殊类直接地继承两个或两个以上的一般类，则这种继承称为多继承。

若在一个类的定义中存在着没有实现也不打算在该类中给出实现的操作，则把这样的操作称为抽象操作（abstract operation）。如果在一般类中的抽象操作的特征标记出现在特殊类中，且不是抽象的，表明特殊类实现了这个操作。在一般类中定义抽象操作，而在特殊类中提供实现，是常见的实现多态的一种做法。

含有抽象操作的类是不能直接实例化的，在UML中把这种类叫作抽象类（abstract class）。抽象类的作用是为了让其特殊类继承它的属性和操作等。

下面要进一步说明对操作的继承问题。在不具有多态的继承中，一般类中的操作以及操作的实现（方法），也被特殊类继承。在具有多态的继承中，特殊类可继承一般类中的一些操作以及它们的实现，并对继承而来的一般类中的一些操作提供它们自己的实现，而不使用一般类中的这些操作的实现。也存在着在特殊类中要替换一般类的全部操作的实现的可能。

使用继承是有益的。在OOA模型中使用继承，能使系统模型与问题域中事物的分类关系的映射更加清晰。把具有继承关系的类组织在一起，可以简化对复杂系统的认识，从而增加软件的可维护性和适应变化的灵活性。此外，使用继承简化了类的定义，共同特征仅在一般类中给出，特殊类通过继承而拥有这些特征，从而不必再重复地加以定义。

2. **表示法**

把继承表示成从特殊类到一般类的一条实线，在一般类的那端有一个空心三角，如图4-7a

所示。对于一个给定的一般类和一组特殊类，还可以用树型结构表示，如图 4-7b 所示。

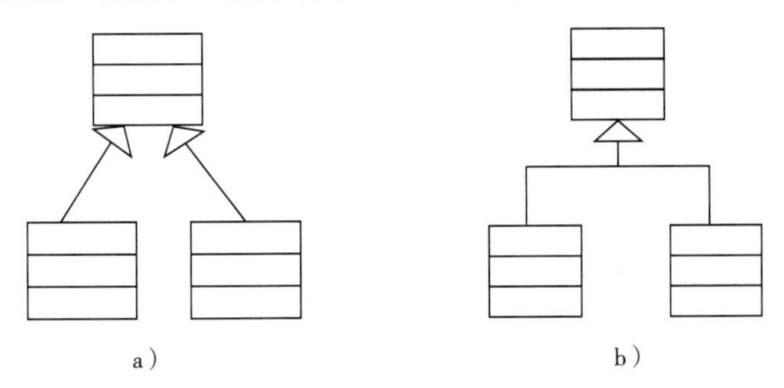

图 4-7　继承的表示法

通过把操作的特征标记写成斜体的，或者在操作后标以“{abstract}”，来表示抽象操作。

通过把类名写成斜体的，或者在类名后标以 {abstract}，来表示抽象类。

图 4-8 给出了一个多继承示例。该图的类“在职研究生”继承了类“研究生”和类“教职工”的所有特征。

在图 4-8 中，类“在职研究生”继承了类“研究生”和“教职工”的所有特征，而类“研究生”和“教职工”又都继承了类“人员”的特征，这样类“在职研究生”所继承的类“人员”的特征不就重复了吗？其实，在面向对象的实现机制中解决了这个问题，如图 4-9 所示。

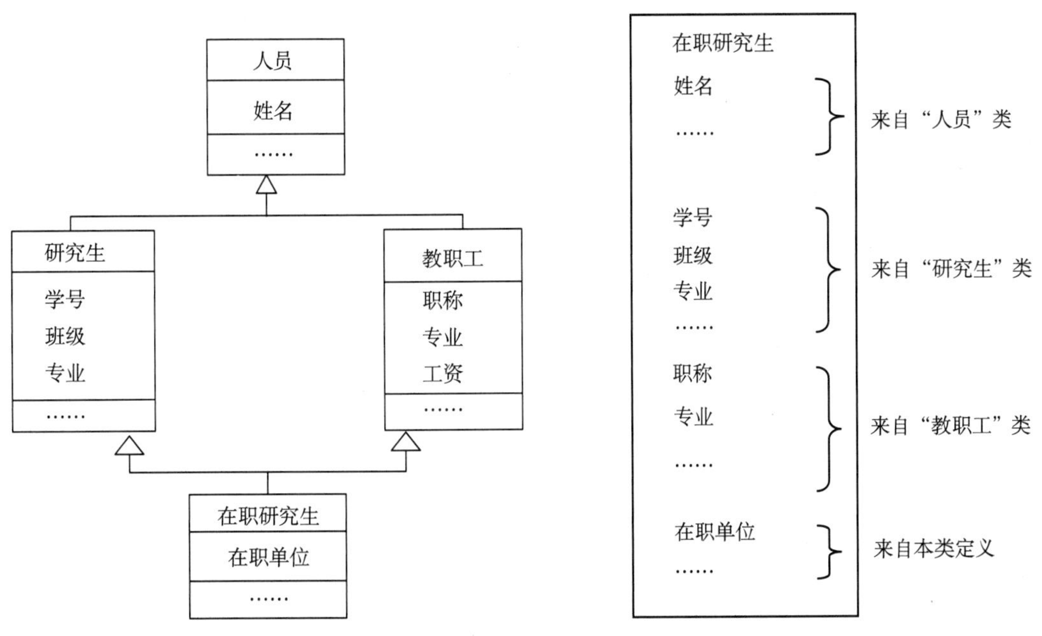

图 4-8　多继承示例

图 4-9　多继承示例中的类“在职研究生”所产生的对象在内存中的分配情况示意图

该图说明了 OO 实现机制是如何针对此类情况在内存中构造对象的。从中能够看出，并不存在数据重复的问题。

3. 识别继承

以下为识别继承关系的策略。

(1) 学习当前领域的分类学知识

因为问题域现行的分类方法（如果有）往往比较正确地反映了事物的特征、类别以及各种概念的一般性与特殊性，学习这些知识，将对认识对象及其特征、定义类、建立类间的继承关系有很大的帮助。按照一些领域已有的分类方法，可以找出一些与之对应的继承关系。

（2）按常识考虑事物的分类

如果问题域没有可供参考的现行分类方法，可以按自己的常识，从各种不同的角度考虑事物的分类，从而发现继承关系。

典型地是考察类之间的种属关系。如果类 A 与类 B 之间有着“是一种”关系，那么类 B 的所有的属性和操作是类 A 的属性和操作。例如，类“人”的属性可以是“名字”“年龄”“体重”和“身高”等，而“职员”是一种“人”。通过“是一种”关系的定义，类“人”的属性同样也是类“职员”的属性。这样“人”为一般类，而“职员”为特殊类。

（3）使用继承的定义

按照继承的定义，可引导我们从两种不同的思路去发现继承关系。一种思路是把每个类看作一个对象集合，分析这些集合之间的包含关系。如果一个类的对象集合是另一个类的对象集合的子集（例如职员是人员的子集，轿车是汽车的子集），则它们应组织到同一个继承关系中。另一种思路是看一个类是不是具有另一个类的全部特征，包括两种情况：一是在建立这些类时已经计划让某个类继承另一个类的全部特征，现在应建立继承关系来进行落实；另一种情况是起初并没有考虑要继承而建立了一个类，现在发现另一个类中定义的特征全部在这个类中重新出现，此时应考虑建立继承关系，把后者作为前者的一般类，以简化其定义。以上两种思路最终结果是相同的，但作为两种不同的手段可以互为补充。

（4）考察类的属性与操作

对系统中的每个类，从以下两方面考察它们的属性与操作。一方面是看一个类的属性与操作是否适合这个类的全部对象。如果某些属性或操作只能适合该类的一部分对象，说明应该从这个类中划分出一些特殊类，建立继承关系。例如，“公司人员”这个类，如果有“股份”和“工资”两个属性，通过审查可能发现，“股份”属性只用于公司的股东，而“工资”属性则只用于公司的职员。若属于这种情况就应在“公司人员”类之下建立“股东”和“职员”两个特殊类，并把“股份”和“工资”分别放到这两个特殊类中，如图 4-10 所示。这是一种“自上而下”地从一般类发现特殊类并形成继承的策略。

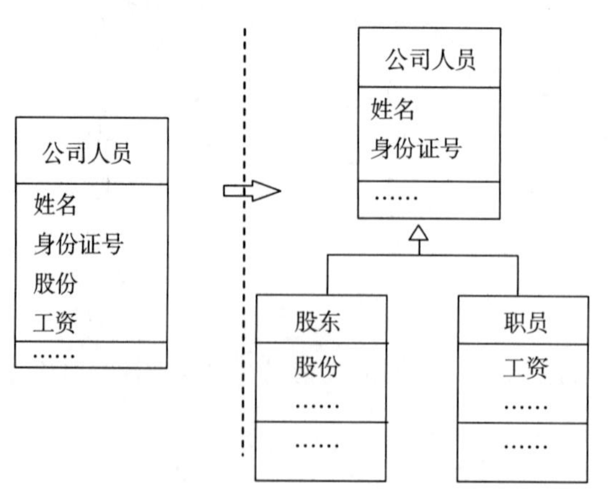

图 4-10 从一个类中划分出一些特殊类

另一方面检查是否有两个（或更多的）类含有一些共同的属性和操作。如果有，则考虑若把这些共同的属性与操作提取出来，能否构成一个在概念上包含原先那些类的一般类，并形成一个继承关系。例如，系统中原先分别定义了“股东”和“职员”两个类，它们的“姓名”“身份证号”属性是相同的，提取这些属性可以构成一个类“公司人员”，它与类“股东”及类“职员”形成继承关系，如图 4-11 所示。

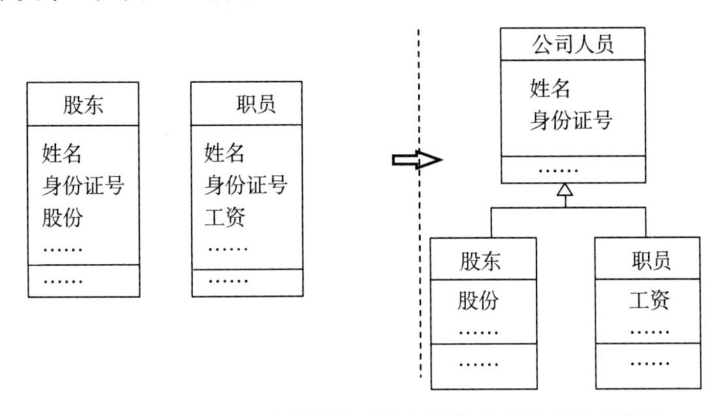

图 4-11　用基于具有共同的属性与操作的类构建继承结构

（5）运用抽象和分类原则

通过在不同程度上运用抽象和分类原则，可以得到较一般的类和较特殊的类，形成一定深度的继承结构，图 4-12 给出了一个示例。

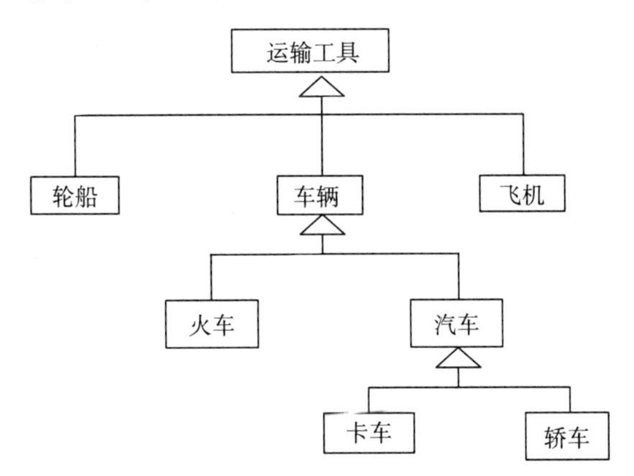

图 4-12　继承的层次

在图 4-12 中，从上向下较多地注意事物之间的差别，对类“运输工具”进行了分类，而从下向上较多地忽略事物之间的差别得到较一般的类。从图 4-12 中可以看出继承的传递性，例如，轿车具有运输工具的全部特征。需要注意的是，图 4-12 中的类没有展示属性栏和操作栏，这并不意味着类没有属性和操作，见 4.1.1 节的表示法部分。

（6）考虑系统的扩展和领域复用

运用继承可以为将来的系统扩展和领域复用提供支持。例如，现在要开发一个超市商品销售系统，其中仅使用现钞收款机，这需要定义了一个类“现钞收款机”。若要考虑以后系统还要增加其他类型的收款机，如信用卡收款机或信用卡/现金两用收款机，一种合理的考虑是根据可能种类的收款机设计一个一般类，使其具有通用的属性和操作，然后具体的收款机再继承它。可在本系统做这样的修改：建立如图 4-13 所示的继承关系。

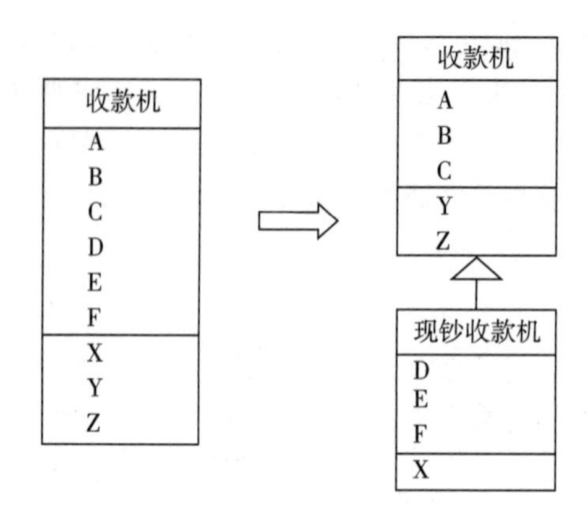

图 4-13　为扩展系统或支持复用建立继承示例

图 4-13 右图中的类“收款机”定义了可能的各种收款机的共同属性与操作，类“现钞收款机”继承收款机的属性与操作并定义自己的特殊属性与操作。这样，类“收款机”就成了一个可供复用的类；本系统要添加新类型的收款机就基于它增加特殊类。

4. **审查调整**

下面对已经找到的继承关系进行审查与调整。

(1) 问题域是否需要这样的分类

无论是按分类学的知识还是按我们的常识找到的继承关系，都不一定是当前被开发系统所真正需要的。例如，按图书分类法的知识，我们可以在“书”这个类之下建立特殊类“古书”，但若开发系统所要管理的图书馆根本就没有古书，就不必设立这个特殊类了。

(2) 系统责任是否需要这样的分类

在一个候选的继承中，一般类与特殊类以及特殊类与特殊类之间虽然从概念上讲是有所区别的，但是系统责任却未必要求作这样的区别。例如，一般类“职员”和特殊类“生产人员”及“营销人员”之间，在概念上是有所不同的。但在一个具体系统中，若系统责任对生产人员和营销人员没有特殊要求，则不要建立继承关系，只用“职员”这个类就行了。

(3) 是否符合分类学的常识

类之间的继承应该符合分类学的常识和人类的日常思维方式。例如，一个系统中先定义了“拖拉机”这个类，它有“发动机”“载重量”“运行速度”等属性和“运输”等操作。在定义“飞机”这个类时，发现它也有“拖拉机”的那些属性与操作，只是增加了“飞行高度”等属性和“自动导航”等操作。于是就建立了如图 4-14a 所示的继承关系。这个继承是违背常理的。因为特殊类与一般类之间的关系应该具有“是一种”的语义，即如果说 A 是 B 的特殊类，则“A 是一种 B”这个句子必须能讲得通才行。现在说“飞机是一种拖拉机”讲得通吗？这样的结构违背了人类的常识，将使 OOA 模型难于理解。造成这种问题的原因是在建立关系时只注意到属性与操作的继承，而没有注意与问题域的实际事物之间分类关系的对应。检查这种错误的方法是用“是一种”语义来衡量每一对一般类与特殊类。对于上例，应该修改为图 4-14b 或图 4-14c。其中图 4-14b 适应于“拖拉机”类中有一些“运输工具”类不具有的属性或服务，图 4-14c 适应于“拖拉机”类中没有比“运输工具”类特殊的属性或服务，此时它的对象均由“运输工具”类创建。

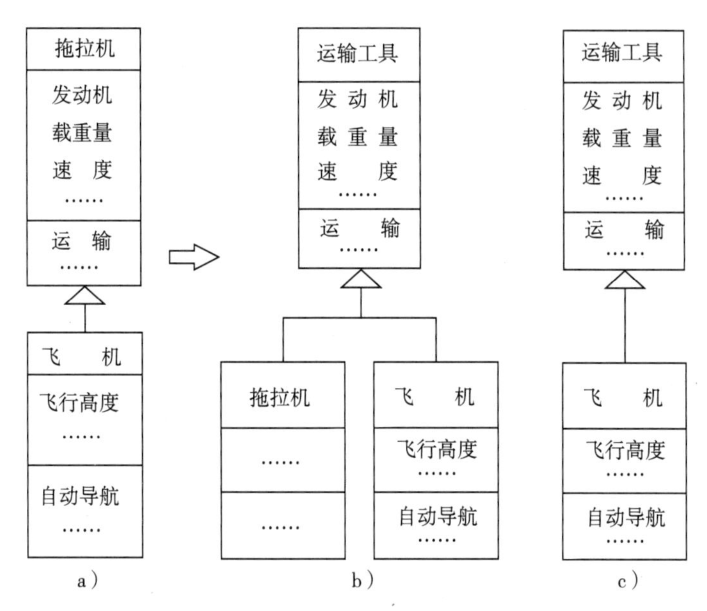

图 4-14　违反常识的继承结构及其修改示例

（4）是否构成了继承关系

虽然按常识某些类之间应该具有继承关系，但在系统中经过抽象之后所得到的类却没有什么可以继承的属性与操作。这是一种与第（3）条相反的情况。例如在航运系统中，航标船是一种特殊的船（它固定地漂浮在水面上，上有航标灯），但在系统中类“船”的大量属性和操作，它都不需要继承，它可能只需要一个属性“燃油可用日期”。这样，无法找出它和普通船只的共性并形成一个在这两种船之上的一般类，因而要保持这两个类之间互不相干，不要为之建立继承关系。

通过以上审查，取消或修改了不合适的继承关系，但这些关系不一定是简练的，下面讨论对继承进行简化。

5. **简化**

在一般类中集中地定义特殊类的共同特征，通过继承而简化了特殊类的定义，这是有益的一面。如果过多地建立继承关系，也会带来不利的影响，即需要付出一定的代价。具体地表现为两种现象：一是从一般类划分出太多的特殊类，使系统中类的设置太多，增加了系统的复杂性；二是建立过深的继承层次，增加了系统的理解难度和处理开销。因而，对继承的运用要适度。以下为要重点检查的情况：

1）特殊类没有自己特殊的属性与操作。在现实世界中，一个类如果是另一个类的特殊类，则它一定有某些一般类不具备的特征，否则它就不能成为一个与一般类有所差异的概念。例如博士生一定有比学生特殊的特征。但是在 OOA 模型中，每个类都是对现实事物的一种抽象描述，抽象意味着忽略某些特征。如果体现特殊类与一般类差别的那些特征都被忽略了，系统中的继承就出现了这种异常情况：特殊类除了从一般类继承下来的属性与服务之外，自己没有任何特殊的属性与服务。如在某问题域中，图 4-14b 中的拖拉机若没有自己的特殊特征，就要去掉拖拉机这个类，而由“运输工具”来直接创建拖拉机实例。

2）某些特殊类之间的差别可以由一般类的某个属性值来体现，而且除此之外没有更多的不同。例如，在某一系统中需要区别人员的性别和国籍，除此以外人员对象在其他方面没有什么不同。若按分类学的知识建立一个如图 4-15a 所示的继承，系统中就要增设大量的特殊类。简化的办法是取消这些特殊类，只在“人员”类中增设两个属性：“性别”和“国籍”，如图 4-15b 所示。这些属性的不同值，足以表达原先想通过继承所表达的一切。

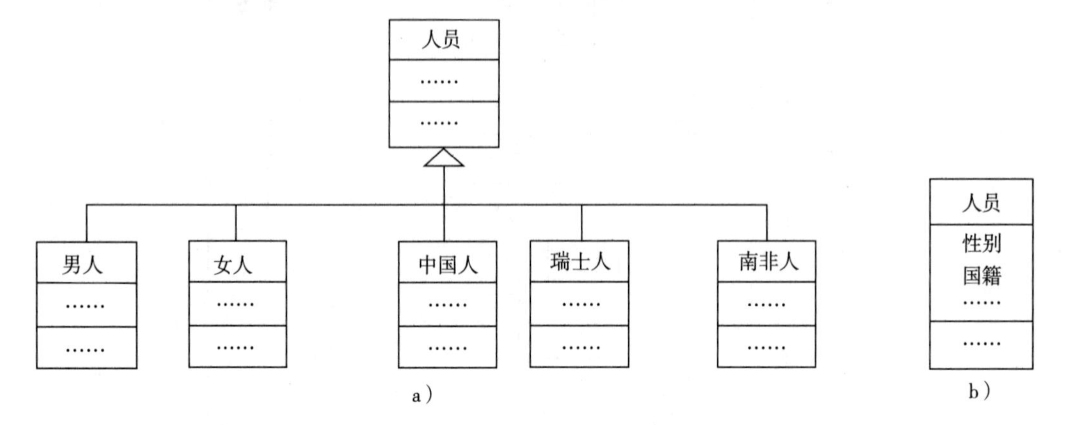

图 4-15　通过增加属性简化继承

3）一个一般类之下只有唯一的特殊类，并且这个一般类不用于创建对象，也不打算进行复用，就可以取消这个一般类，并把它的特征放到特殊类中。如图 4-16a 所示，类“电子设备”只有一个特殊类“雷达”，若系统中只有雷达对象，不需要由类“电子设备”创建其他对象，也不打算对其进行复用，则可以把类“电子设备”取消，并把它的属性与操作直接在类“雷达”中显式地定义，如图 4-16b 所示。

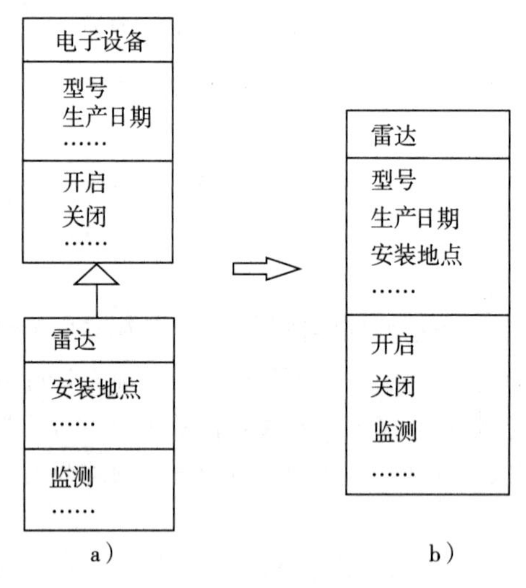

图 4-16　取消用途单一的一般类

通常，系统中的一般类应符合下述条件之一才有存在的价值：

- 它有两个或两个以上的特殊类。
- 需要用它创建对象实例。
- 它的存在有助于软件复用。

如果不符合上述任何一个条件，则应考虑简化，除非还有别的理由。例如，为了更自然地映射问题域，或者避免把过多的属性和操作都集中到一个类中，等等。

这种简化策略不但可减少类的数量，而且可有效地压缩类的继承层次。

有些经验不足的开发者会建立继承层次很深的类结构，如图 4-17a 所示的是一个多层次的继承。运用上述方法对它进行简化，一种可能的情况是得到图 4-17b 所示的结构。

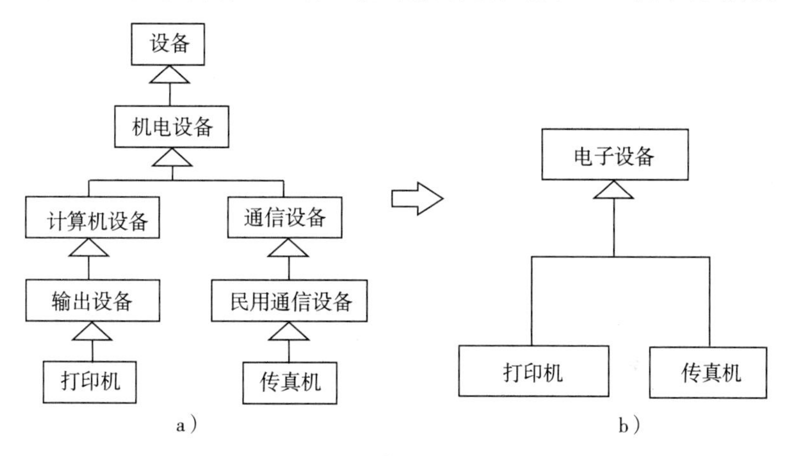

图 4-17　减少继承层次

6. **调整对象层和特征层**

定义继承的活动，将使分析员对系统中的对象和类及其特征有更深入的认识。在很多情况下，随着继承的建立，需要对类图的对象层和特征层做某些修改，包括增加、删除、合并或分开某些类，以及增、删某些属性和操作或把它们移到其他类。

4.3.2　关联

在讲述关联之前，我们先看一下对象之间的静态关系。静态关系是指一个事物通过记录另一个事物的标识以访问对方所形成的关系。这种静态关系在现实中是大量存在的，并常常与系统责任有关。例如，某教师为某学生指导毕业论文，某工作人员承担某项工作任务，某司机驾驶某辆汽车，一家公司订购另一家公司的产品，某两个城市之间有航线连通，某用户拥有对某台工作站的使用权等，都表示对象间存在静态关系。如果这些关系是系统责任要求表达的，或者为实现系统责任目标提供了某些必要的信息，则 OOA 应该把它们表示出来，用以帮助一个对象访问另一个对象。

与对象之间的静态关系形成对照的是对象之间的动态关系，即对象之间在行为（操作）上的依赖关系。在第 5 章讲述对象之间的动态联系，本节要讲述对象之间的静态联系。

对象之间的静态关系来自对象所属于的类之间的关系，在类实例化后，关系将落实到每一组具有这种关系的对象之间。例如，类“教师”和类“学生”之间存在着关系“指导论文”，这种关系所表达的信息是：类“教师”的对象和类“学生”的对象之间存在一种联系，其语义是表明某些教师为某些学生指导毕业论文。至于谁给谁指导毕业论文，要到运行时才能确定。

1. **概念与表示法**

(1) 关联

关联（association）是一个或一组类的对象集合的笛卡儿积上的一个子集合（即一个由对象偶对构成的集合），这种类间的关系用于刻画同种或异种类别事物间的关系。

例如，类“教师”和类“学生”之间存在着的关系“指导论文”可定义为：指导论文＝

{<t, s> | s∈学生，t∈教师，且 t 指导 s 的论文}。该关系用于刻画教师和学生这两类人间的关系，其中的每一个偶对由一名具体的教师和一名具体的学生构成。至于同类事物也存在着关系，如人之间就存在着多种关系。

这个关联定义并不意味着两个类之间仅有一个关联，两个类之间可以有多个关联，如类“教师”和“学生”之间还可有“授课”关系。两个类之间有两个关联，也并不意味着相同的两个对象被关联两次，而是意味着一个类（记为 A）的一组对象与另一个类（记为 B）的一组对象有某种关系，A 的另一组对象与 B 的另一组对象有着另一种关系。A 的这两组对象可能有重叠，B 也是如此。例如，一个职员管理系统中的类“管理人员”与类“职员”间可存在关联“领导”和“朋友”，其中允许一个对象偶对同属于不同的关联。

把二元关联（binary association）表示成连接两个类符号的实线。为了避免与其他图符交叉，可以把实线划成折线。表示关联的实线的两个端点可以连接到相同的类或不同的类，但是两端的端点是不同的，因为要在各个端点附近分别描述关联的性质。具体有哪些性质，下面会详细地进行阐述。在表示关联的实线上可以给出关联的名称，通常用动词或动宾词组为关联命名。图 4-18 给出了两个关联的表示法示例。

图 4-18　关联的表示法示例

从图 4-18 可以看出，关联可以连接两个类，也可以连接到一个类的自身。称连接到类自身的关联为一元关联（unary association）。

如果没有为关联指定方向，从关联的任意一端都可以访问另一端，即通过关联的访问是双向的。如果要限制关联上的访问方向，就要在关联上加一个表示方向的箭头，如图 4-19 所示。

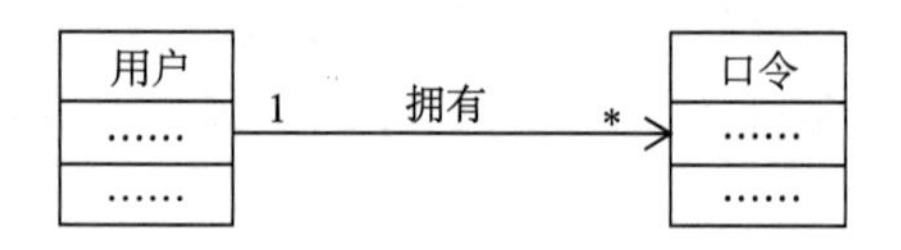

图 4-19　单向关联的表示法示例

图 4-19 中说明给定一个用户就可直接找他可能拥有的口令，但反过来给定一个口令就不需要直接去找到相应的用户。这种导航的单向性，就是通过在“口令”类那一端的关联线上加一个箭头来说明的。

导航只是说一个类的对象可以直接访问另一个类的对象。不可导航的走向未必意味着从关联的一端的类的对象永远不能得到另一端类的对象，可能会通过其他方式得到（如通过其他的对象和链）。

链（link）是关联的一个实例（即一个对象偶对），这种对象之间的关系用于刻画具体事物间的关系。

若在两个对象之间建立了链，一个对象就可以直接访问另一个对象。

在对象的生命周期内，对象之间的链是在某段时间内存在的。若有关对象均存在，可根据需要随时连接或取消它们之间的链。

像关联一样，链可以是双向的，也可以是单向的，在对象之间有多个链也是合法的。

（2）多重性

通常在关联的两端写有表示数量约束的数字或符号，把它们称为关联的多重性（multiplicity）。关联的另一端上的多重性是指，对于本端的任意一个对象，与之相关的另一端对象的数量范围。图 4-20 对多重性的含义做了进一步的解释。

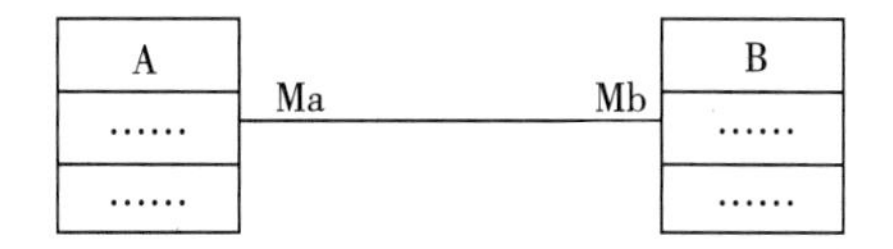

图 4-20　对多重性的解释

在图 4-20 中，多重性 Mb 是指对于 A 的任意一个对象，有多少 B 的对象可能与之相关；多重性 Ma 是指对于 B 的一个任意对象，有多少 A 的对象可能与之相关。

一个多重性描述的数量范围由一个或一组正整数区间来指明，各区间由逗号分开。区间的格式为：

```
下限..上限
```

其中的下限和上限均可为正整型值，下限也可为 0，上限也可为星号（*）。星号表示任意大的正整数值，无上限。如果多重性由单个的星号构成，它等价于 0..*。如果下限和上限的值相同，即指定单个的值作为多重性描述的数量范围，那么就仅写这个值。

在图 4-20 中，给定类 A 的任意一个对象 a，多重性 Mb 的值如果为：

- 1，表示 a 恰好与类 B 的一个对象关联。
- 0..1，表示 a 最多与类 B 的一个对象关联。
- 1..*，表示 a 与类 B 的一个或多个对象关联。
- 0..*，表示 a 与类 B 的零个或多个对象关联。

图 4-21～图 4-25 给出的是具体应用多重性的一组例子。

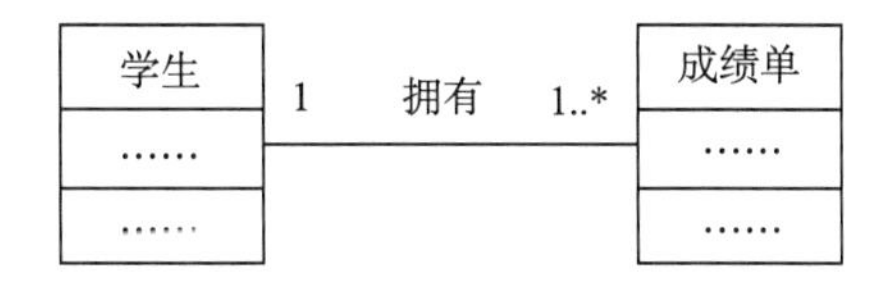

图 4-21　关联的示例 1

图 4-21 所示的例子说明，一名学生拥有一份或多份成绩单，一份成绩单只能被一名学生所拥有。

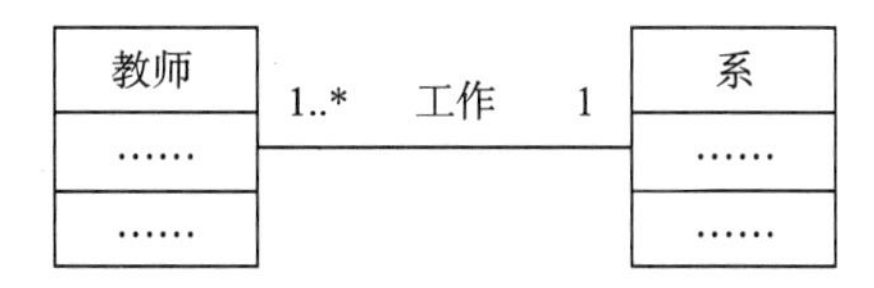

图 4-22　关联的示例 2

图 4-22 所示的例子说明，一名教师只能为一个系工作，一个系内至少有一名教师为其工作。

图 4-23 所示的例子说明，一名教师可以是一个系的系主任，也可以不是任何系的系主任；一个系只有一名教师作为其系主任。

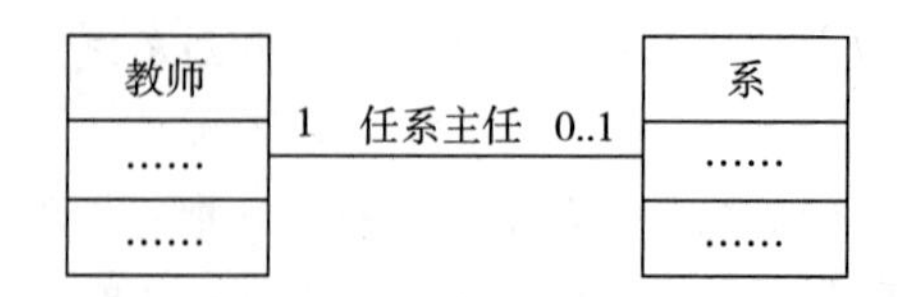

图 4-23　关联的示例 3

图 4-24 所示的例子说明，一名学生可以不选修任何课程，也可以选修多门课程；一门课程可有多名学生选修，也可能没人选修。

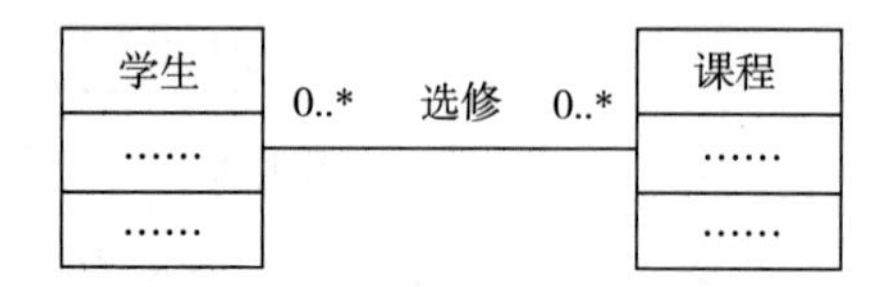

图 4-24　关联的示例 4

使用关联时可能要产生数据冗余，请看图 4-25 所示的例子。

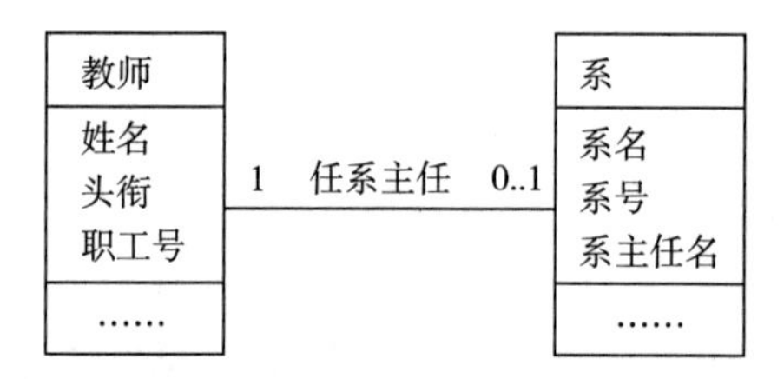

图 4-25　关联的示例 5

如果一名教师作为一个系的系主任，类“教师”所产生的对象本身有属性“姓名”，而类“系”所产生的对象也有属性“系主任名”，这两个属性的值其实是一样的，这样就产生了数据冗余问题。一种解决的方法是把类“系”中的属性“系主任名”去掉，因为通过关联创建的链能找到身为系主任的那名教师，该教师的名字就是系主任的名字。

使用关联也能解决数据冗余问题，请看下面的例子。

对于需要用序列号作区分的商品（如需要保修的大件商品），定义一个类“商品”，如图 4-26 所示。

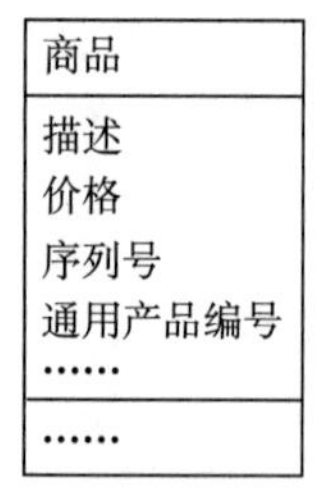

图 4-26　类“商品”

在类“商品”所创建的一部分对象（如同一批次的电视）中，属性“描述”“价格”和“通用产品编号”的值都是相同的，而属性“序列号”的值是各不相同的。这样在这些对象之间，就存在着数据冗余问题。一种改进的方法是，把该类分解成两个类，用关联把它们联系起来，如图 4-27 所示。

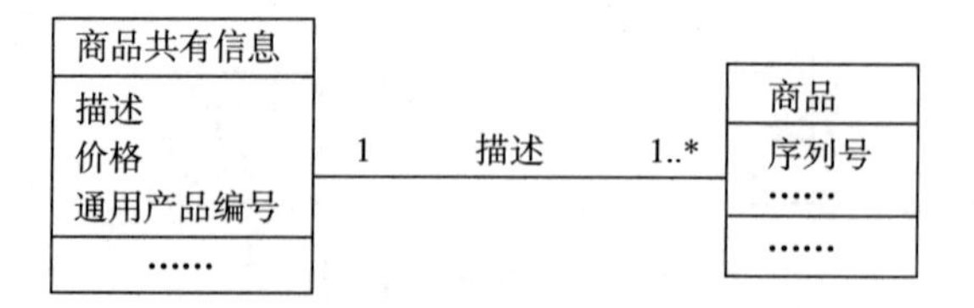

图 4-27　对原来的类“商品”的修改

在图 4-27 中，对于类“商品”的每一个对象，都有类“商品共有信息”的一个对象用于对其描述；对于类“商品共有信息”的一个对象，用于描述类“商品”的一个或多个对象。

(3) 关联角色

在关联的每一个端点上可有一个名字，用以表示与该关联的端点相连接的类所扮演的角色，把这个名字称为关联角色（association role）。通常用名词为关联的角色命名。

图 4-28 给出了一个带有角色的关联示例。该例表明，与类“口令”的对象相关的类“用户”的对象必须要拥有口令。

如果在关联中使用了角色名，就可以省略关联名。例如，图 4-29 中的角色名“管理者”和“下属”可区分参与关联的双方的身份，就不再需要对关联进行命名。

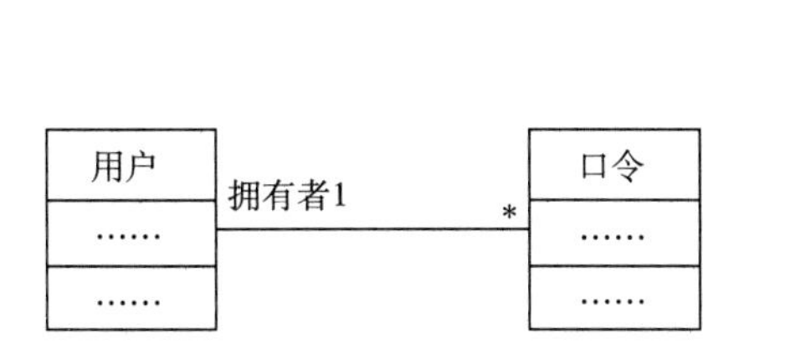

图 4-28　带有角色的关联示例

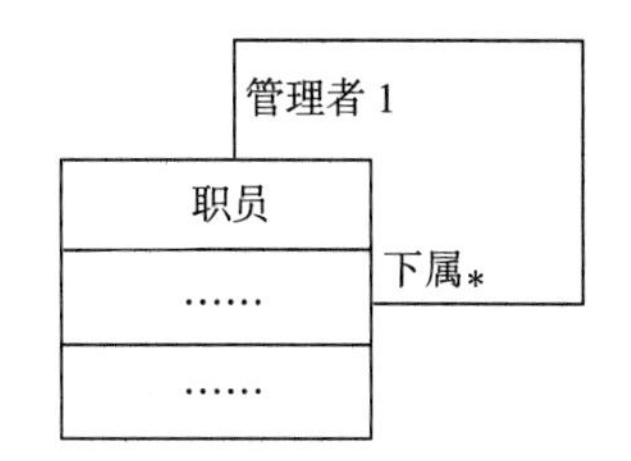

图 4-29　带有角色名的关联

若需要，可利用 UML 给出的对象图对类图进行补充说明，图 4-30 是对应于图 4-29 的一个对象图。

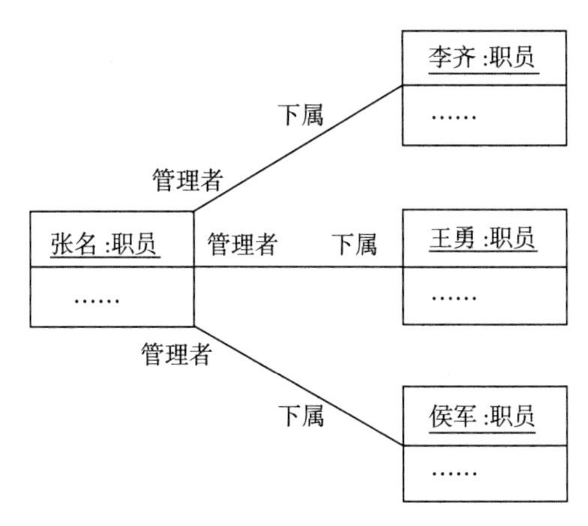

图 4-30　对应于图 4-29 的对象图

在该对象图中，通过对象“张名”与对象“李齐”“王勇”和“侯军”之间的三个链，表明了对象“张名”作为管理者有三个下属。若一个类图不易理解，可附以对象图，如上例那样。

在两个类之间有几个关联时，使用关联角色有助于理解关联。

当需要强调一个类在一个关联中的确切含义时，可以使用关联角色。有时也可以使用类的角色，表明类在关联中的作用，前提是若该类与其他的类还有关系，加上类的角色后原来的结构的含义不能改变。

图 4-31 中的类“学生”的一个关联端有一个关联角色“口令拥有者”，而另一个关联上没有关联角色，这表明凡是与类“口令”的对象相关的类“学生”的对象必须要拥有口令，而对与类“专业”的对象相关的类“学生”的对象则没有这样的要求。

若把关联角色“口令拥有者”作为类“学生”的类角色（见图 4-32），与图 4-31 中模型相比含义发生了变化。

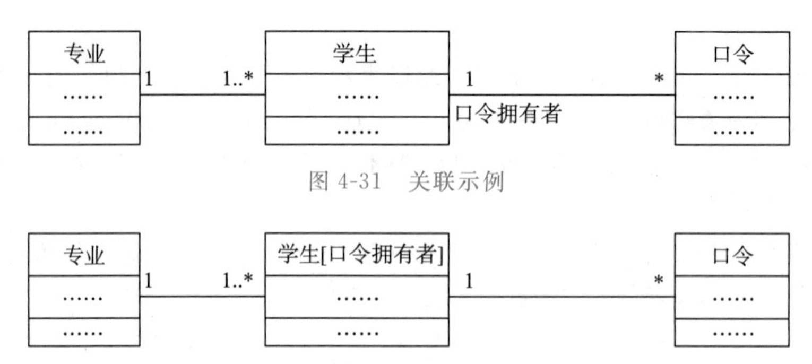

图 4-31　关联示例

专业 | 1 1..* | 学生[口令拥有者] | 1 * | 口令

图 4-32　对图 4-31 修改后的关联示例

图 4-32 表明，不但凡是与类“口令”的对象相关的类“学生”的对象必须要拥有口令，而且与类“专业”的对象相关的类“用户”的对象也必须要拥有口令，这与图 4-31 所表达的含义是不同的。

(4) 关联类

在 UML 中定义了关联类（association class）。关联类是兼有关联和类双重特征的建模元素，既可以把关联类看作是具有类的特征的关联，也可以看作是具有关联特征的类。

把关联类表示成一个用虚线连接到表示关联的实线的类符号，如图 4-33 所示。

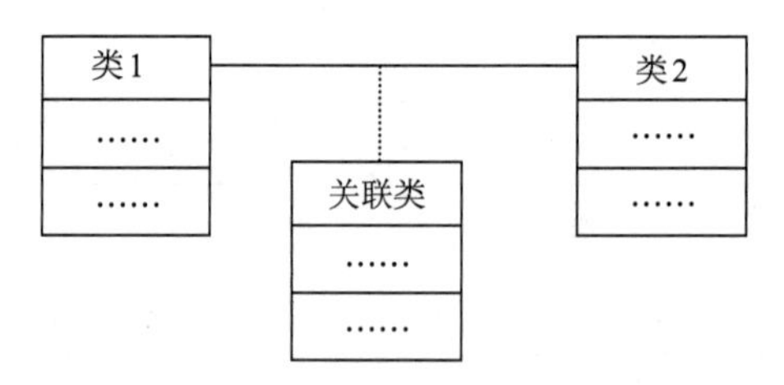

图 4-33　关联类的表示法

实际上，表示关联的实线和关联类符号合起来表示一个建模元素，即关联类。关联类的名字要出现在类符号中，也可以放置在表示关联的实线上，若它们同时出现，名字必须相同。

如果在具有关联关系的类中，存在着一个属性放在哪个类中都不合适的情况，就考虑使用关联类。例如，考虑一个人的工资，通常将属性“工资”放在类“职员”中。然而，公司也应该知道自己所发放的工资，如果仅把属性“工资”放在类“公司”中，也不符合常理，类“职员”怎能没有属性“工资”呢？实际上，“工资”是类“职员”和类“公司”之间的劳动关系的一个属性。图 4-34 给出了针对该问题的一种解决方案。

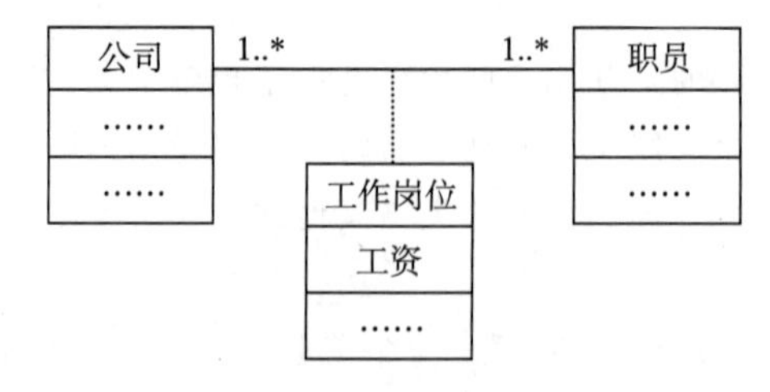

图 4-34　关联类示例

实际上，正是由于职员在一个公司里的工作岗位上任职，职员才得到工资的。也就是说，“工资”是关联类“工作岗位”的属性。

考虑为“电影明星在多部电影中扮演皇帝”这个需求建模，图 4-35 给出了一个模型。

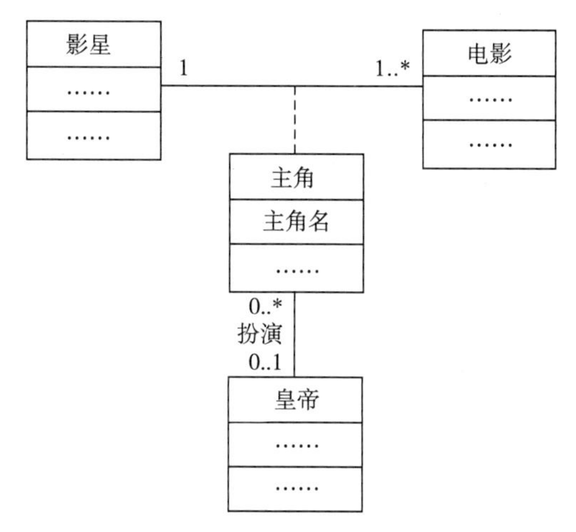

图 4-35　另一个关联类示例

图 4-35 说明，一个影星要参演一部或多部电影，但在不同的电影中扮演的主角是不同的，一部电影也需要影星作为主角（本例中假定一部电影只有一个主角），故类“影星”和类“电影”之间的关系为一个关联类“主角”。像通常的类一样，关联类还可以与其他的类有关系，如图中的关联类“主角”与“皇帝”类之间有一个名为“扮演”的关联。

使用关联类这个概念可以解决诸如以上例子所示的问题，但这个概念对于面向对象建模并不是必不可少的，而且它超出了当前面向对象编程语言的概念范围。例如，图 4-34 和图 4-35 中的模型完全可以分别表示为图 4-36 和图 4-37 中的模型。

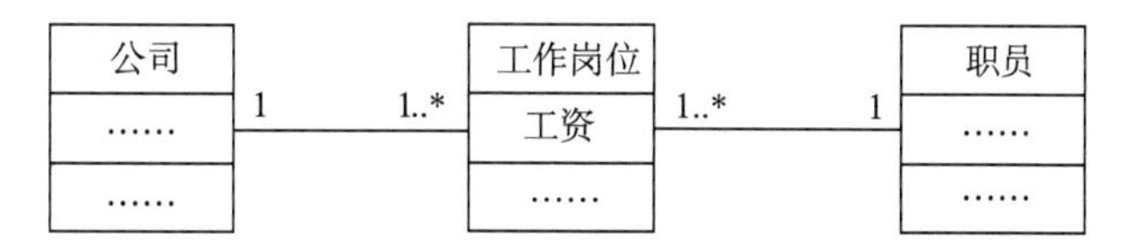

图 4-36　通过增设类把一个关联类表示为普通类示例

从图 4-36 中可以看出，把关联类转化为二元关联很简单，把关联类“工作岗位”直接作为一个类，分别与类“公司”和类“雇员”建立二元关联即可。要注意，关联的多重性发生了变化，但在语义上，两个图中的结构仍是等价的。

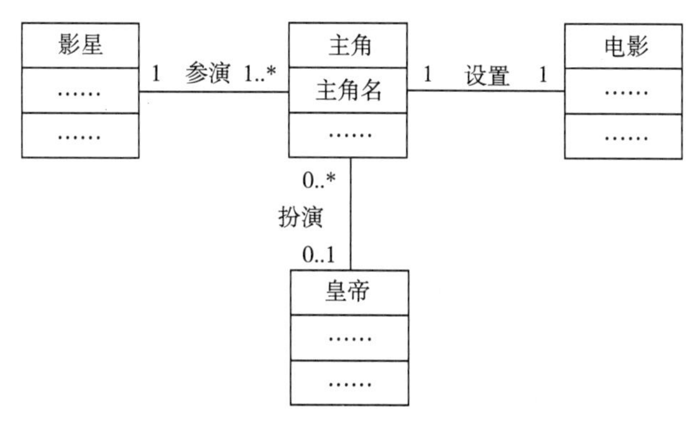

图 4-37　通过增设类把另一个关联类表示为普通类示例

即使在分析阶段使用了关联类，在设计阶段也要进行调整，把关联类化解为一般意义上的类，因为编程语言目前并不支持关联类这种类型。

(5) N元关联

在UML中定义了N元关联（n-ary association）。N元关联是三个或三个以上的类之间的关联。

用一个菱形表示一个N元关联，分别用实线把参与N元关联的类与菱形符号相连，关联的名字（如果有的话）放在菱形附近，图4-38给出了一个示例。

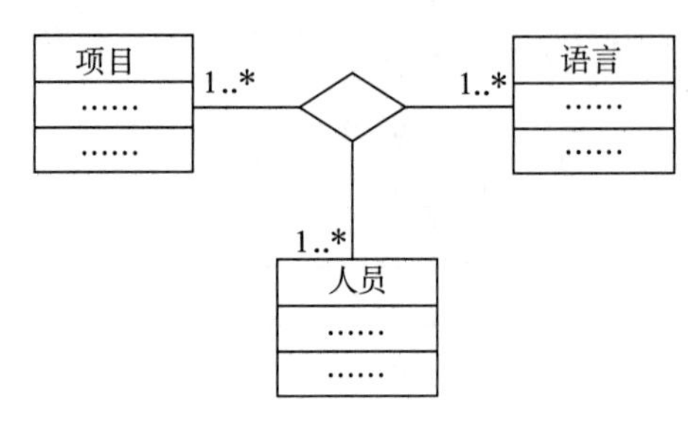

图4-38　N元关联示例

该示例表示人员、语言和项目的相关性。

同二元关联一样，可以在每一条实线上靠近类的那一端加角色名，也可以在N元关联上使用多重性，然而不允许使用后面要讲到的限定符和聚合符。

如果需要，可以使用N元关联类，方法为用虚线把关联类符号与菱形连接起来。

在面向对象方法中，关联类这个概念也并不是必需的，而且编程语言目前也不支持这个概念。可以把图4-38表示为图4-39。

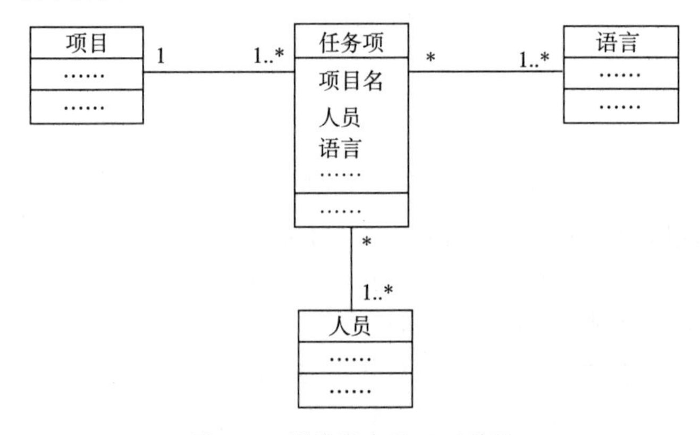

图4-39　增设类表示N元关联

(6) 限定符

在使用关联时，一种常见的用法是查找。给定关联一端类中的一个对象，按照另一端类的对象的特点，寻找其中的与该对象相关的对象或对象集时，就可使用UML中给出的限定符(qualifier)。

限定符的值用于确定该关联的另一端类的对象，即给定类的一个对象，并指定限定符内的属性值，能唯一地选择另一端类的一个对象或一组对象，也可能不存在所选择的对象。在具体的实现环境中，可把限定符中的属性用作索引或查询关键字。

把限定符画成一个与关联的一端和该端的类符号相连的小矩形，并把受限的类（如图4-40

中的“订单行”）的属性放在小矩形中。

通常产品的订单由若干订单行和一些其他描述信息组成。图 4-40 给出了一个示例，它使用带有限定符的组合描述订单、订单行以及它们之间的关系。

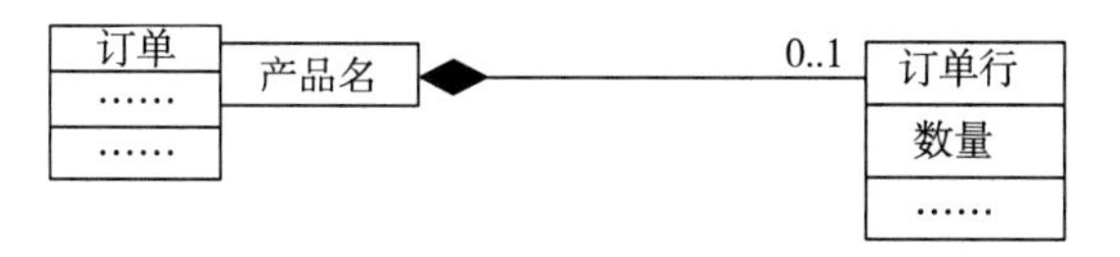

图 4-40　限定关联示例

在图 4-40 中，对于一份订单，并指定了一项具体的产品，在另一端可能有一个订单行与其对应，或可能没有订单行与其对应；如果没有这个限定符，给定一份订单，对应的订单行可能有很多，因为没有什么限制。在图 4-40 中，如果不使用限定符，且需要说明上述那样的查找属性，就可能需要在类“订单”的相应操作规约中说明选择另一端类的对象的属性，或使用约束来说明。

可见，使用限定符可改进关联的精度，并可显式地表明访问方向。

2. 建立关联

如下是若干建立关联的指导策略。

（1）认识类之间的静态联系

首先从问题域和系统责任考虑，各类之间是否存在着某种静态联系。然后，重点从系统责任考虑，这种联系是否需要在系统中加以表示，即这种联系是否提供了某些与系统责任有关的信息。例如，教师和学生之间存在指导论文的关系，教师和班级之间存在任课关系，作为一个教学管理系统，要求把这些关系表示出来，那么就建立教师与学生、教师与班级之间的关联。而教师与会计师之间，虽然从问题域的现实情况来看也发生联系（如领工资或报销），但若系统责任不要求表示这些信息，则不必建立关联。

（2）认识关联的属性与操作

对于考虑中的每一个关联，进一步分析它是否应该带有某些属性和操作，也就是说是否含有一些仅凭一个简单的关联不能充分表达的信息。例如：在教师与学生的连接中，是否需要给出毕业论文的题目、答辩时间、成绩等属性信息？在用户与工作站的例子中，是否需要给出优先级和使用权限等属性信息？如果需要，就可以在关联线上附加一个关联类符号来容纳这些属性与操作，或在类“用户”与类“工作站”之间插入一个类来说明这些属性与操作。

（3）分析关联的多重性

对于每个关联，从连接线的每一端看本端的任意一个对象可能与另一端的几个对象发生连接，把结果标注到连接线的另一端。

（4）进一步分析关联的性质

若需要，使用关联角色和关联限定符，以更详细地描述关联的性质。

3. 对象层、特征层的增补及关联说明

在建立关联的过程中可能增加一些新的类，要把这些新增的类补充到类图的对象层中，并建立它们的类规约。若还修改了原有的类，要修改类图和变化了的类的规约。

对于每一个关联，要给出其有关性质的详细说明，至少要说明它所代表的实际意义，请参见附录 B。

4. 例题

例 4-1　特殊类继承了一般类的关联。

图 4-41 中的类“服务器”和类“客户机”都继承了类“计算机”与类“系统操作员”间的关联“操作”，这意味着类“系统操作员”的对象要操纵类“服务器”和类“客户机”的对象。这与我们的常识是一致的。

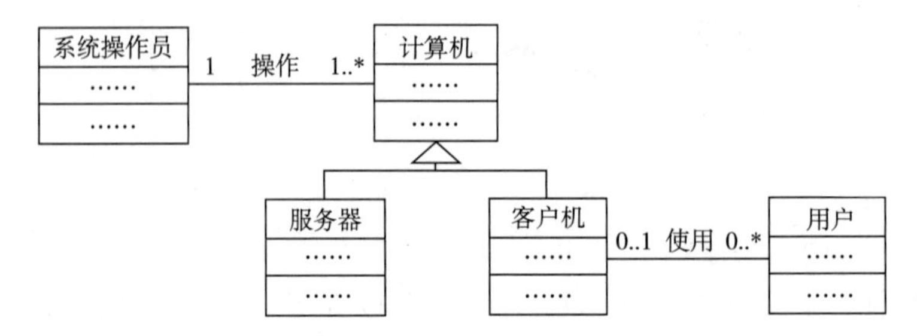

图 4-41　特殊类继承了一般类的关联

例 4-2　一般类与特殊类之间的关联。

在图 4-42 中有三种描述，其中的类都是一样的，但类之间的关联是不同的，各图的含义也是不同的，其中有的含义是不合常理的。

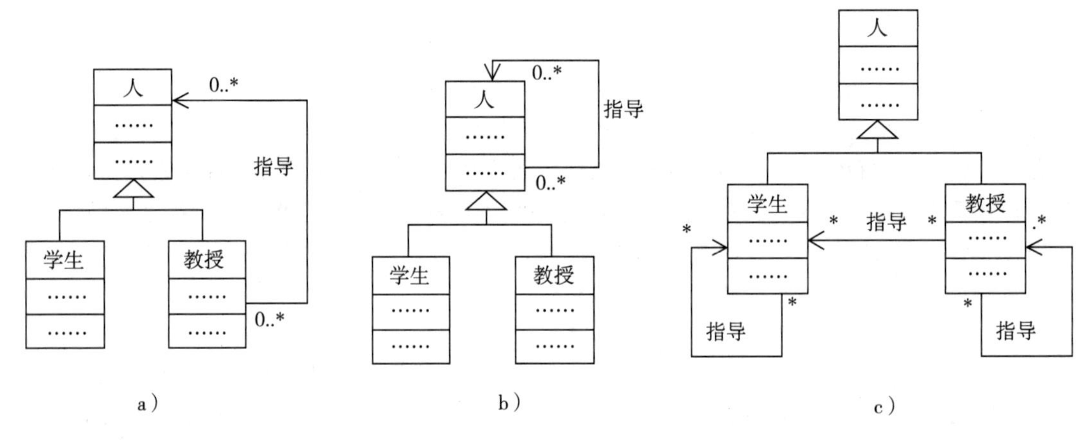

图 4-42　一般类与特殊类之间的关联示例

在图 4-42a 中，有教授可以指导学生、教授可以指导教授和教授可以指导一般的人的含义；在图 4-42b 中，有一般的人可以指导一般的人，一般的人可以指导学生，一般的人可以指导教授，学生可以指导一般的人和教授可以指导一般的人的含义，还有学生可以指导学生、教授可以指导教授、学生可以指导教授和教授可以指导学生的含义，其中的学生可以指导教授在日常教学中是太不合常理的；在图 4-42c 中，有学生可以指导学生、教授可以指导教授和教授可以指导学生的含义。

例 4-3　集合管理器。

在一些情况下，要用一个对象管理器来负责管理一组对象，图 4-43 是一个示例。

在图 4-43 中，一个用户管理器对象负责管理一组用户对象，包括创建用户、查找特定用户、获取当前用户数目、增加用户和删除特定用户。

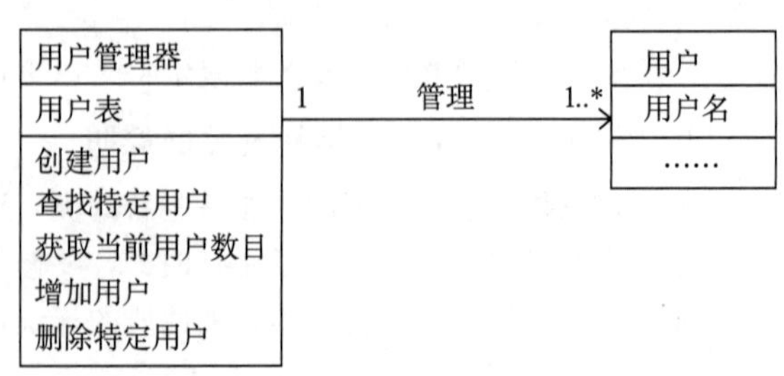

图 4-43　集合管理器示例

4.3.3 聚合

在客观世界中，事物之间的整体-部分关系是大量存在的。运用聚合概念可以清晰地表达事物之间的整体-部分关系；从另一方面看，通过将一些对象看作是一个对象的组成部分，能够减少认识事物的复杂性。

1. 概念与表示法

聚合（aggregation）是表示整体的类和表示部分的类之间的“整体-部分”关系；或类之间的聚合是指：一个类的对象，以另一个类的对象作为其组成部分，这样的对象之间具有“一部分”或“有一个”的语义。也可理解为，一个类的定义引用了另一个类的定义。

把聚合中作为“整体”的类称为聚集（aggregate），作为“部分”的类称为成分。

聚合刻画了现实事物之间的构成关系，例如计算机与键盘间的关系，自行车与车轮间的关系，均是整体-部分关系。

聚合的数学性质包括如下两方面：

1）非对称性。如果对象 A 是对象 B 的一部分，那么对象 B 就不能是对象 A 的一部分。

2）传递性。如果对象 A 是对象 B 的一部分，对象 B 是对象 C 的一部分，那么对象 A 是对象 C 的一部分。

组合（composition）是聚合的一种形式，一个部分类的对象在一个时刻必须最多属于一个整体类的对象，且整体类的对象管理它的部分类的对象。

组合仍然是整体与部分间的关系，只是多了语义限制，故说它是聚合的一种形式。

由整体类的对象管理它的部分类的对象是指：整体类的对象负责部分类的对象何时属于它，何时不属于它，且在整体类的对象销毁之前，它要释放或销毁它的部分类的对象。部分类的对象可以先于整体类的对象而存在，也可以由整体类的对象创建它。

这种组合的整体端的多重性不能超过 1。因为按照定义，一个部分类的对象在一个时刻仅可以属于一个整体类的对象，或不属于任何对象。这也意味着一个部分类的对象在一个时刻仅由一个整体类的对象管理，或不由任何对象管理。

图 4-44 进一步地解释了聚合。

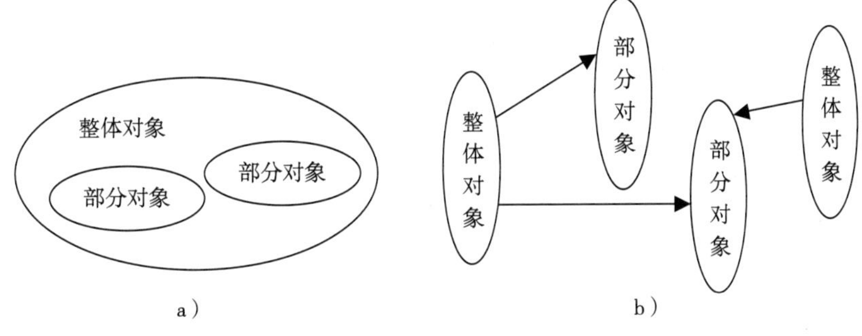

图 4-44　整体对象和部分对象之间的关系示意图

在图 4-44a 中，用部分类作为一种数据类型来定义整体类的属性，在类被实例化后，部分对象直接作为整体对象的一部分。在这种形式中，一个部分对象只能属于一个整体对象，且它们的生命周期相同，这是一种典型的组合。一个人的嘴巴只属于该人，且与该人同生同灭，这是一个组合的示例。在图 4-44b 中，部分对象和整体对象都是独立定义和创建的，在整体对象中设立一个属性，它的值可以是部分对象的标识，也可以是指向部分对象的指针。在这种形式中，一个部分对象可以属于多个整体对象，它们的生命周期也可以不同，这是种聚合。例如，一个教师可以为多所大学工作，一个法律顾问可以为多个企业服务。然而，如果整体对象能遵循组合的定义采取措施来管理部分对象，图 4-44b 所示的形式也能够构成组合。

把聚合表示成一条一端带有一个菱形的线段，菱形指向聚集的那一端。如果是组合，菱形为黑实心的。可以为单独的聚合或组合绘制线段，如图 4-45a 所示；也可以采用公用菱形的结构，如图 4-45b 所示。

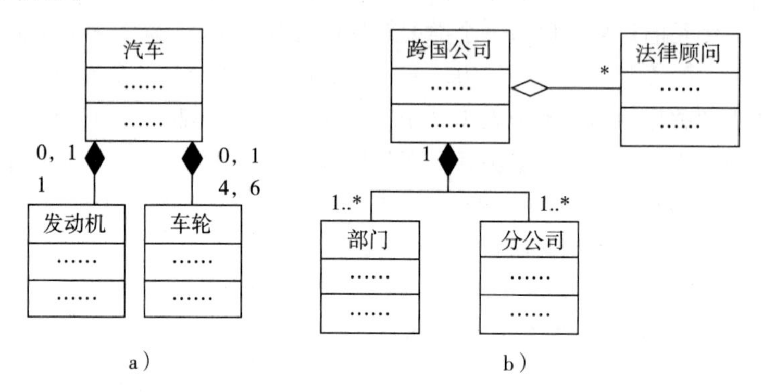

图 4-45 聚合和组合的表示法示例

按照聚合的定义，聚合是一种关联，只是这种关联两端的类具有“整体-部分”关系。图 4-46 给出了一个示例。

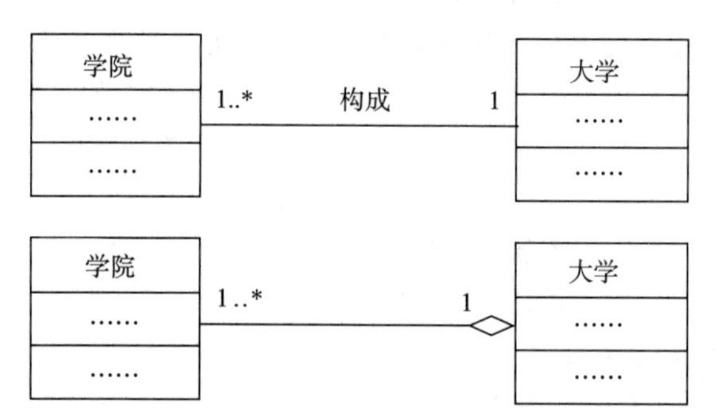

图 4-46 聚合是一种关联示例

只是由于聚合在现实生活中是普遍存在的，在建模时经常会用到，故把它单独作为一个建模元素。

图 4-47 给出了一个运用组合的示例。

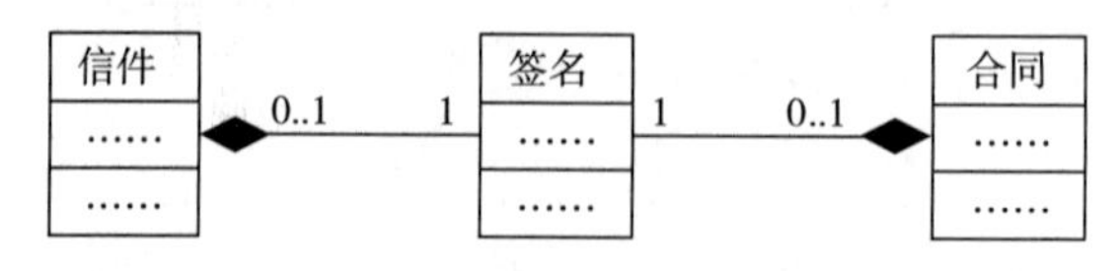

图 4-47 组合示例

图 4-47 中具有这样的含义：同一个签名要么是写在一封信件上，要么写在一份合同上，即给定类“签名”的一个对象，类“信件”和“合同”端的多重性不可能都同时为 1。若要在模型中显式地指明这样的信息，就在图上直接注释。

图 4-48 给出了一个运用聚合、组合和关联的例子。

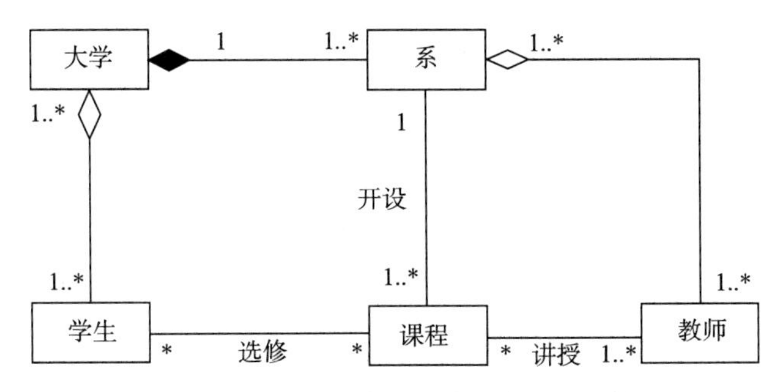

图 4-48　运用聚合、组合和关联的示例

图 4-48 展示的是取自一个学校的信息管理系统中的一组类。在类“学生”和类“课程”之间有一个关联“选修”，它描述了学生选修的课程。关联上的多重性表明：每一名学生可以选修任意门数的课程，每一门课程可以由任意名学生选修。在类“课程”和类“教师”之间也有一个关联“讲授”，它描述了教师所讲授的课程。每一门课至少由一名教师讲授，每一名教师可以讲授零到多门课。每门课程是由一个系开设的，一个系要开设一门或多门课程。一所大学有一到多名学生，一名学生可以是在一所或者多所大学注册的学员。一所大学拥有一个或多个系，每个系只能属于一所大学。在类“系”和类“教师”之间有一个聚合关系，表明一名教师可以在一个或多个系中任职，而一个系可以有一名或多名教师。

有时可考虑把一个类的部分功能分解出来，由专门设立的类来承担。图 4-49 给出了一个示例。

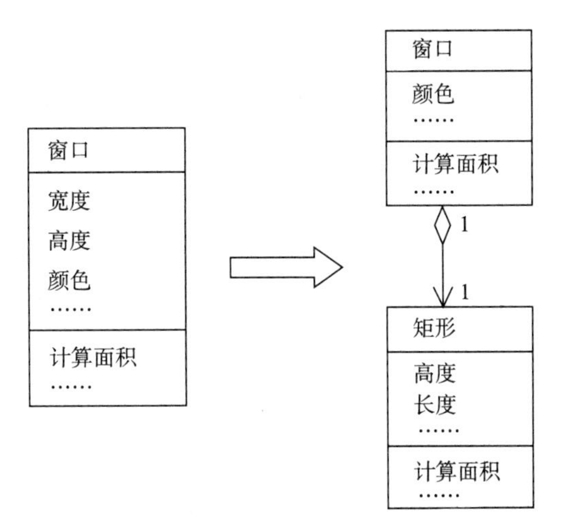

图 4-49　类的部分功能由其成分类承担示例

图 4-49 中左边的类“窗口”经过分解后，所形成的部分类“矩形”为其提供服务，即类“窗口”中的有关矩形的功能由类“矩形”来完成。例如，类“窗口”的对象在响应计算面积的请求时要把该请求转发给它的成分类“矩形”的对象。在一些文献中把这种做法称为委托(delegation)。

2. 识别聚合

从如下几方面识别聚合：

1）物理上为整体的事物和它的部分。部分与其所构成的整体之间具有功能上或结构上的关系，如汽车与发动机、人体与器官。

2）组织机构与它的下级组织或部门。例如，公司可能要下设若干个子公司和诸如市场部、产品部和管理部这样的部门，而它的某些子公司也可能需要设立相应的部门。

3）团体（组织）与成员。例如，班级与学生、工会与会员、公司与职员等。

4）空间上的包容关系。例如，教室与桌椅、生产车间与机器、公共汽车与乘客。

5）抽象事物的整体与部分。类的作用，本来就包括对问题域中某些抽象事物的再抽象，所以整体－部分结构也应表达这种事物之间的组成关系。例如，学科与分支学科、法律与法律条款、文章与段落、工程方案与方案细则、工程总图与分图等。推而广之，经过人脑所产生的事物（常常以文字、图形、表格等形式存在），凡是在系统中用类表示且在类间可能存在整体-部分关系的，均在考虑之列。

6）具体事物和它的某个抽象方面。在有些情况下，需要把具体事物的某个抽象方面独立出来作为一个部分类来表达。例如，可把人员的基本情况（如姓名、出生年月等）用类“人员”描述，并把人员的工作职责、工作简历、立功受奖事迹等（假如都需要有较多的信息来表示）都独立出来，分别用一些部分类来表示，它们与类“人员”构成聚合关系。

7）在材料上的组成关系。例如，面包由面粉、糖和酵母组成，汽车由钢、塑料和玻璃组成。

3. 审查与筛选

按上述方式可以发现候选的聚合，但有些未必是有用的，需要进行审查与筛选。可从以下几方面考察其必要性：

1）是否属于问题域？聚合中的整体类和部分类都应该属于当前的问题域，否则就不需要这个关系。例如，在一个公司的业务管理系统中，尽管公司职员和他们的家庭构成了聚合关系，但家庭不属于问题域，所以不应该保留这个关系和“家庭”这个无用的类。

2）是不是系统责任的需要？仅当聚合中的整体类和部分类都是系统责任需要的，并且二者之间的整体－部分关系也是系统责任要求表达的，才有必要建立这种关系，否则就不应该保留。例如，汽车与车轮以及企业员工与所属的工会尽管都在某问题域范围内，但若系统责任不要求描述这些类，就没有必要建立这些关系。再如，在一个企业信息管理系统中，即使按系统责任“员工”和“工会”这两类对象都是需要的，但若系统责任不要求保留工会的会员名单，则这两个类之间就不必建立聚合。

3）部分类是否有一个以上的属性？如果部分类只有一个属性，应考虑把该类取消，并把它的属性作为整体类的一个属性（除非还有其他理由）。例如“车轮”作为“汽车”的部分类，如果它只有一个属性“规格”，则可把它取消，在类“汽车”中增设一个属性“车轮规格”。这样做是为了简化系统。

4）是否有明显的整体－部分关系？如果两个对象之间不能明显地分出谁是部分，谁是整体（但它们之间确实存在一种需要通过属性表示的关系），则不应该用聚合表示其间的关系。例如系统中要表示学生与课程之间的关系，但是学生和课程谁是整体？谁是部分？这是没法区分的。对这种情况不要采用聚合，而应该用一般的关联。

4. 调整对象层和属性层

在定义聚合的活动中可能会发现一些新的类，或者从整体类定义中分割出一些部分类定义。对此，类符号和类规约都要做相应的修改。

4.3.4　依赖

依赖（dependency）表明一个元素（源元素）的定义或实现依赖另一个元素（被依赖元素）的定义或实现，即对被依赖元素的改变要改变该关系中的源元素，其中的元素可以是单个的模型元素，也可以是集合类型的模型元素。

在 UML 中，依赖可以使用在多种建模元素（如类、用况和构件）上，例如，在用况图中使用的包含（include）和扩展（extend），其实就是依赖。

把依赖表示为两个建模元素之间的虚箭线。在箭头尾部的模型元素（源元素）依赖箭头头部的模型元素（被依赖元素）。可以用放在双尖括号内的字符串标识虚箭线，如用况图中的≪include≫和≪extend≫。图 4-50 是一个使用依赖的示例。

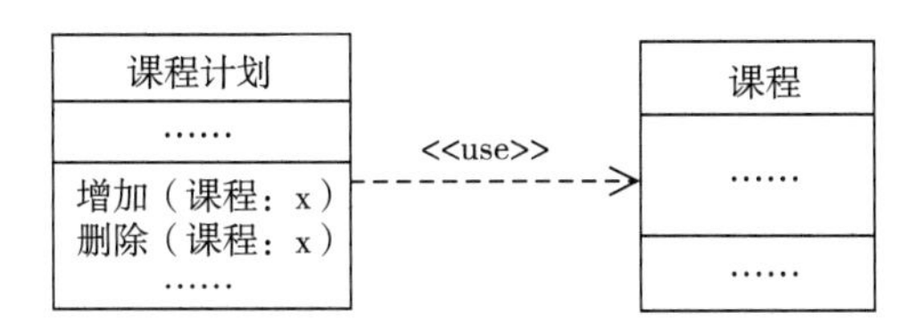

图 4-50　使用依赖的示例

在图 4-50 中，课程计划依赖课程，因为类“课程计划”使用类“课程”作为其操作的参数类型。这意味着若课程发生了变化（如“课程”变为“课程规约”），则会影响到“课程计划”。该示例中的虚箭线上双尖括号内的“use”是 UML 规定的关键字，加在依赖表示法上表示该依赖是使用依赖。UML 规定了一些这样的关键字，用户也可指定自己的关键字来定义所需的依赖。

图 4-51 给出了另一个使用依赖的示例。

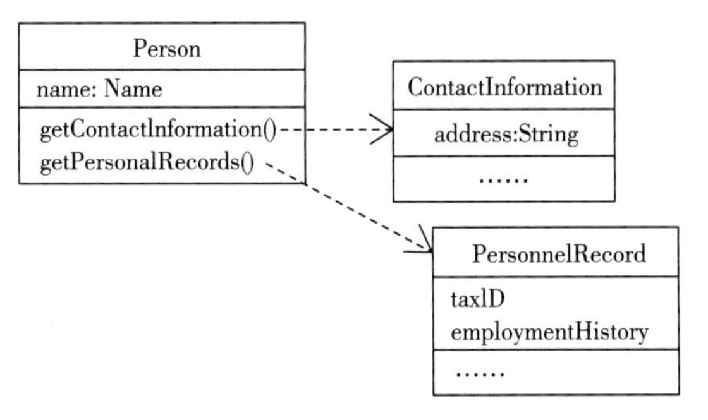

图 4-51　另一个使用依赖的示例

在该示例中，取得联系信息和取得个人记录的两个操作 getContactInformation 和 getPersonalRecords 分别依赖类 ContactInformation 和 PersonalRecord。

注意，在注释（comment）的表示法中（见图 3-10），用没有箭头的虚线把注释与其应用到的元素连接起来，这种虚线不是依赖。

在初步建立类之间的关系时，可以暂时使用依赖。在最终的类图中，若能用其他关系明确地指明类之间关系的含义，就不要使用依赖。与关联不一样，依赖不要求系统在运行时维护元素实例间的关系，而关联是这样要求的。如上个例子中，只是在执行操作时，类“课程计划”的对象才与类“课程”的对象建立联系，在其他的时候，两类对象间不要求存在联系。

在 4.4 节中还要给出依赖的其他用法。在 7.8 节中在设计层面上也要进一步地讲述类之间依赖的用法。

4.4　接口

在类中，可见性为公共的操作就构成了一组外部可访问的操作，为其他的类提供服务（当然也可为自己提供服务）。把这组操作组织起来，作为该类的一个或几个接口，并称该类提供了对其接口的实现。还有一种接口是纯粹的，就像 Java 中的接口那样。这种接口仅给出操作说明，不提供实现，它作为实现它和使用它的类的桥梁。使用接口有助于提高分析和设计模型的灵活性、可扩展性、可复用性和可替换性。

接口（interface）声明了一组操作，用以刻画模型元素对外提供的服务或者它所需要的外部服务。这样的元素可以是类，也可以是后续章节要讲述的构件和子系统。

接口定义了一个契约，在接口两端的类可以独立变更，但必须遵循这个契约。

一个类可实现一个或多个接口，把这样的接口称为类的供接口。一个或多个类可使用一个或多个接口，把这样的接口称为类的需接口。

接口有两种表示方法，如图 4-52 所示。

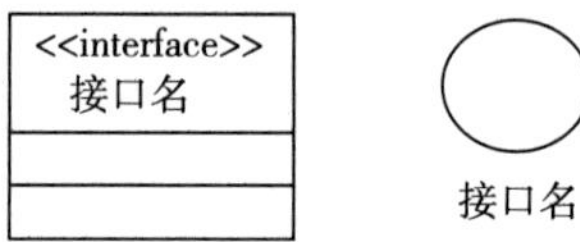

图 4-52　接口的两种表示法

对于图 4-52 中左侧的表示法，在最下面的那栏写操作，在中间那栏写诸如接口的版本和建立日期之类的少量内容，而非与操作直接相关的属性，右侧的表示法是接口的简写。

图 4-53 给出了一个应用接口的示例。

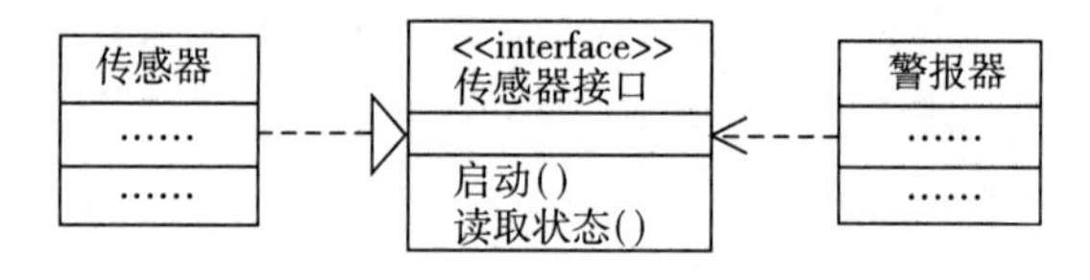

图 4-53　用类表示的接口示例

图 4-53 中带空心箭头的虚线表示实现关系。在本例子中，类“传感器”实现了接口“传感器接口”，类“警报器”使用（依赖）接口“传感器接口”。

图 4-54 用简化的接口表示符对图 4-53 进行了重新描述。

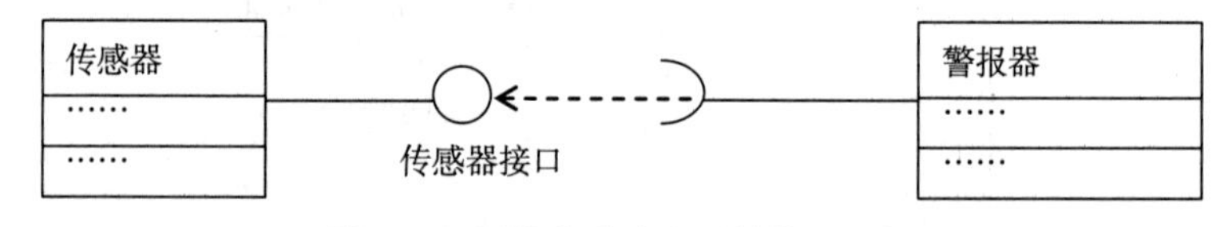

图 4-54　用简化形式表示的接口示例

在图 4-54 中，类“传感器”实现了接口“传感器接口”，类“警报器”使用接口“传感器接口”。

在 UML 中，还可以把接口运用到关联上。通过用一个具体的接口修饰关联一端，描述一个类呈现给另一端的类的角色。在图 4-55 中，定义了一个接口“职员”，在类“人”和类“公司”间定义了一个关联。

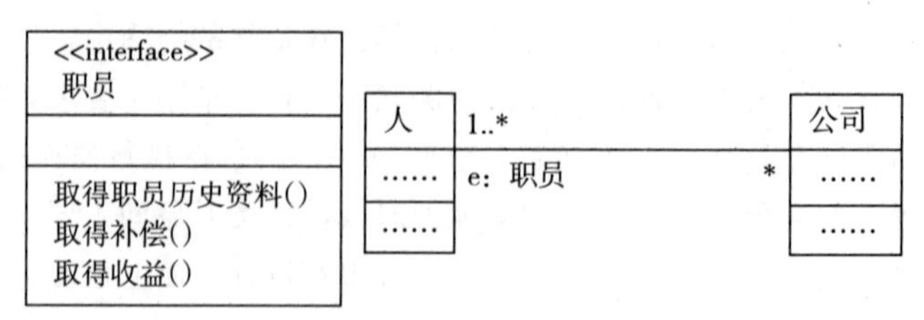

图 4-55　在关联上使用接口

在图 4-55 中，对类“人”的角色，用接口“职员”来规定，说明在关联中，类“人”的对象扮演角色 e，其类型为“职员”，即类“人”具有很多操作，当它的对象作为职员在与类“公司”的对象打交道时，类“人”的对象要向类“公司”的对象提供接口中的操作。

在讲述继承的那一节中定义了抽象类。也可以把在继承中的抽象类作为一个接口，由其特殊类对接口中的抽象操作提供实现，如图 4-56 所示。

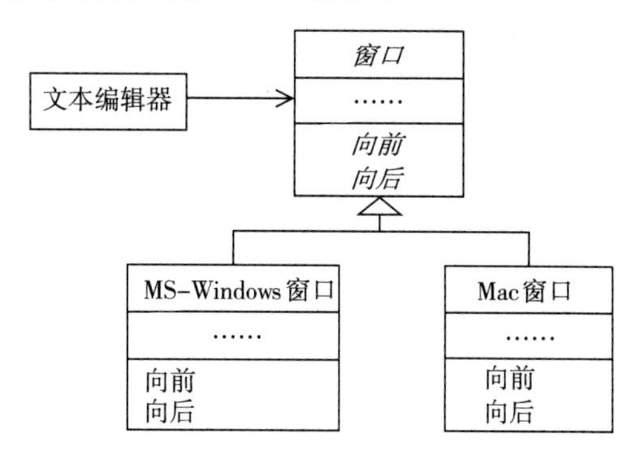

图 4-56　抽象类作为公共接口

尽管可以把抽象类作为接口，但严格地讲，二者是有区别的，是不相同的建模元素。抽象类可以含有属性和一些非抽象的操作，而接口很少有属性，且它不为其内的操作提供实现方法。

习题

1. 论述类与对象之间的关系以及关联与链之间的关系。这四者之间还有什么联系吗？
2. 在什么情况下使用组合进行建模？
3. 总结继承的用途。
4. 总结类图中各种元素的命名规则。
5. 图 4-48 表明，一名教师可以在一个或多个系中任职，而且在二者间使用的是聚合。在二者间可以使用组合吗？请解释原因。
6. 举例说明类继承结构中的重载与多态。
7. 面包是由面包片组成的。面包与面包片之间的关系是聚合还是组合？
8. 一本书含有若干章，一章有若干节，一节由一些段落和图组成，一个段落由一些句子组成。请给出一个描述上述事物以及它们之间关系的类图。
9. 请指出下图中存在的问题，并进行改正。

10. 有的房间是立方体的，有的是圆柱体的。根据这样的说法，现给出了一个类图，请指出其中存在的问题，并进行改正。

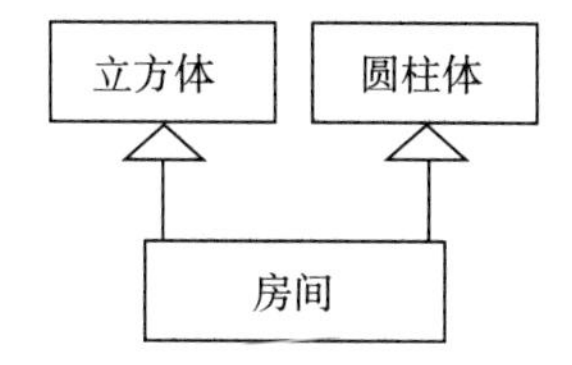

11. 解释如下类图的含义。

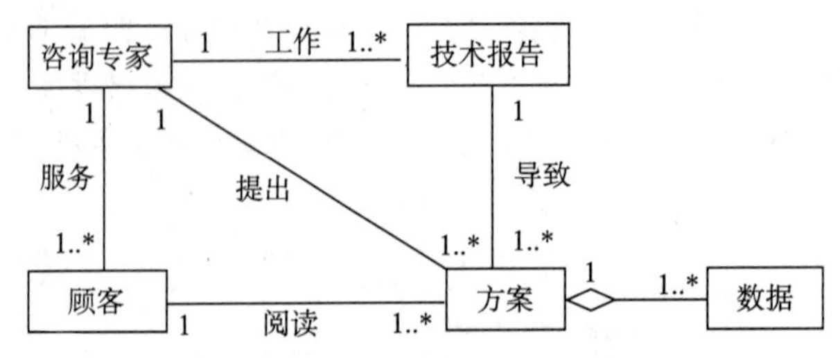

12. 下面的左图描述的结构是一个在一些文献中称之为容器的示例。与集合管理器（参见图 4-43）不同的是，容器不负责创建对象。右图是一个较为复杂的容器示例，请体会其含义。

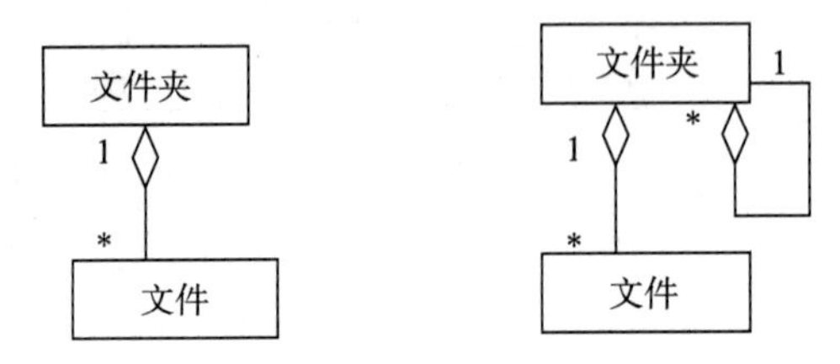

13. 仿照集合管理器（参见图 4-43），建立一张类图，用其描述管理一组对象的容器。
14. 在商店里购物，要在买卖双方之间发生交易关系。请使用关联类建立一张类图，然后再把关联类转化为普通类。
15. 体会如下两个图的含义，并分别给出实际的例子。

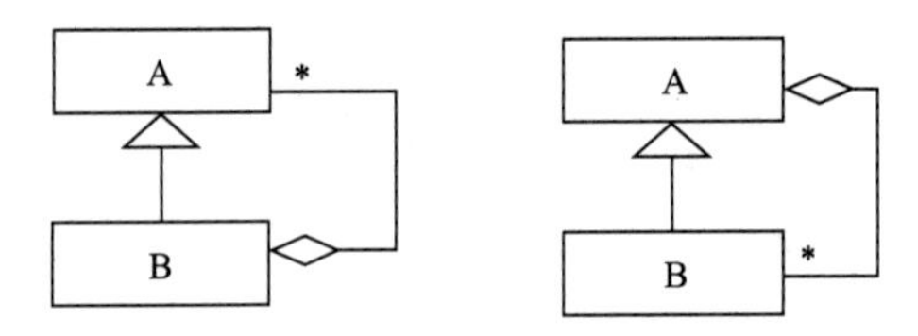

16. 针对如下的类图，设想一个场景给出一个对象图。

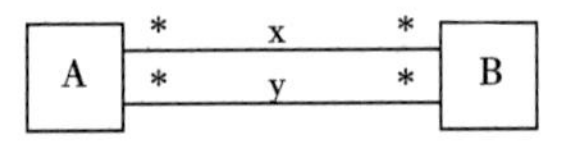

17. 如下的两个类图描述的都是父母与子女之间的关系。请分析二者的优缺点。

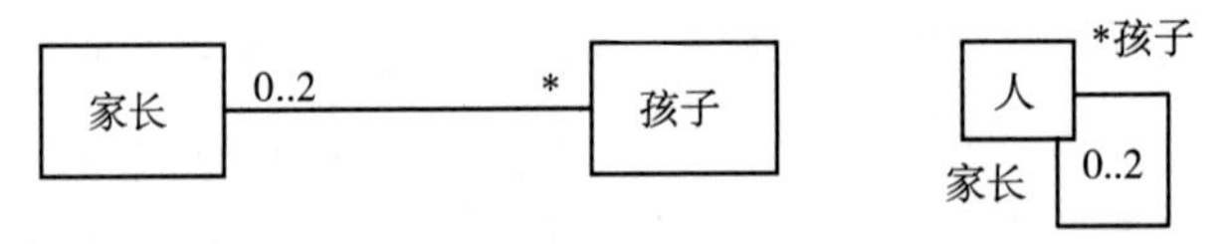

18. 为火车票预订系统建立类图。具体的需求为：预订某一车次的车票，包括具体的时间和座位；在预订后，顾客必须在一定的时间内购票，否则预订无效；旅行社和火车售票处均可进行预订业务。
19. 针对自行车，建立一个简单的类图。
20. 针对下述问题，建立一个类图：有两种顾客，一种是常客，享受公司的一些优惠待遇；另一种是散户。
21. 对于你所学习过的课程，建立类图。课程所属于的科目是不同的，而且有些课程需在某些先修课程之后开设。
22. 针对无向图和有向图分别建立类图。
23. 在图 4-42 中，若类“人”是抽象的，请重新考虑模型的含义。

CHAPTER 5

第5章

建立辅助模型

前面两章讲述的用况图和类图，分别用于建立需求模型和基本模型。对于较为复杂的系统来说，仅建立这两种模型往往是不够的，还需要从其他方面对系统建模，用以针对基本模型进行辅助描述。

在类图中，描述了类为了完成其责任需要哪些操作，可能还详细地定义了操作的特征标记，此外还描述了类之间的关系，但是在类图中没有详述对象的行为，也没有详述对象间如何交互（即它们在行为上如何相互作用）。

一个对象中提供的操作，供其他对象或自己使用。通过对每个操作的使用，该对象就能展现出一种行为。在给定的语境中，一组对象为了某种目的，通过消息通信，能展现出更多的行为。

描述清楚了对象的行为以及对象之间的交互，有助于进一步地发现与定义对象的操作，更有助于确定对象之间的关系。

对于复杂的系统，需要对其模型进行组织，即需要对模型进行分组的机制。

UML中的其他一些图可以用于建立面向对象分析的辅助模型。本章讲述其中的顺序图、通信图、活动图、状态机图和包图。顺序图、通信图、活动图、状态机图用于描述系统的行为，包图用于组织系统的模型。

5.1 顺序图

本节讲述的顺序图和下一节要讲述的通信图都用于详细地描述对象间的交互，即捕获对象是怎样提供操作的，以及对象之间是如何协作的。

顺序图能用于帮助分析员对照检查每个用况中描述的用户需求是否已经落实到一些对象中去实现，提醒分析员去补充遗漏的类或操作，还可以帮助分析员发现哪些对象是主动对象。此外，在OOD中要讲到的人机界面设计中，也可以使用顺序图来描述参与者实例与界面对象的交互。

5.1.1 概念与表示法

1. 顺序图概述

顺序图（sequence diagram）是一种详细描述对象之间以及对象与参与者之间交互的图，它由一组相互协作的对象或参与者实例以及它们之间发送的消息组成，强调消息之间的顺序。

图5-1是一个顺序图示例。

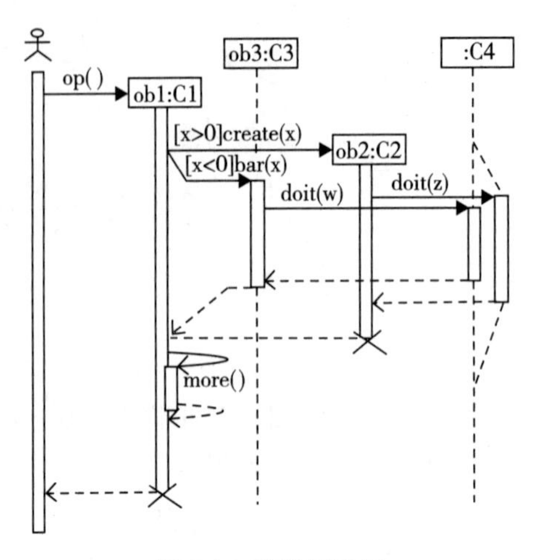

图 5-1　顺序图示例

从图 5-1 中可以看出顺序图是二维的，其中：垂直方向表示时间，水平方向放置不同的对象或参与者。

通常在图中自上到下地表示时间，时间轴往往不需要画出，图 5-1 也没有画出。在多数情况下，只需在图中描述消息之间的时间顺序。对于实时系统建模，可以对时间轴加上刻度，以精确地描述收发消息的时间。

图中的水平方向上的对象或参与者的顺序并不重要，它们的排列顺序可以是任意的，通常是把彼此之间存在消息的对象安排得比较靠近，以减少线条交叉。在图中，可以明确地给出对象名，如“ob3：C3”（类 C3 创建的一个名为 ob3 的对象），也可以使用匿名对象，如“：C4”（类 C4 创建的一个匿名对象）。

可以把注释或对建模元素的约束放在图的边缘或放在它们标记的消息的旁边，如图 5-3 的左边和右下角所示。

2. **对象生命线**

对象生命线（object lifeline）表示对象在一段时间内的存在。

把对象生命线表示成垂直虚线，并位于对象符号之下。在图 5-1 中，对象 ob3 和 C4 的匿名对象下都有一条表示其存在的虚线，对象 ob1 和 ob2 下也各有一条虚线，只不过被它上面的长条盖住了。生命线之间的箭线表示对象之间的消息。

在水平方向上的对象，并不是都处于一排的，而是错落有致的。其规则是：在图的顶部放置在所有的消息开始前就存在的对象，如对象 ob3 和 C4 的匿名对象在所有的消息开始前就已经存在了，因此它们位于图的最顶端。在所有的消息执行后仍然存在的对象，其生命线要延伸超出图中最后一个箭线，如对象 ob3 和 C4 的匿名对象在所有的消息完成后，它们仍然存在，故虚线在图中超出了最后一个箭线。如果一个对象在图中被创建，那么就把创建对象的箭线的头部画在对象符号上，如 ob1 和 ob2 就属于这种情况。如果对象在图中被销毁，那么用一个大的“X”标记它，该标记或者放在引起销毁对象的箭线的头部（在其他对象把该对象销毁的情况下，参见图 5-5），或者放在从被销毁的对象最终返回的箭线的尾部（在自销毁的情况下），如 ob1 和 ob2 就属于后一种情况。

生命线可以在某处分裂成两条或多条并行的生命线，生命线可以在某个后续点处合并。例如，在图 5-1 中，C4 的匿名对象的生命线分裂成两条，分别对应于由 ob3 和 ob2 发出的两条消息，而具体发送的是哪一条消息由 ob1 处的条件分支决定。

3. **执行规约**

在 UML 中，执行规约（execution specification）是一个对象执行一个操作的时期。在执行该操作时可能还调用了本对象或其他的对象中的其他操作。

用一个窄长的矩形表示执行规约。矩形的顶端和它的开始时刻对齐，矩形的末端和它的结束时刻对齐。可以用文本标注被执行的操作，依赖于整体风格，或者把标注放在执行规约符号的旁边，或者放在图左边的空白处。

在执行规约上存在着进或出的表示消息的箭线，意味着执行该操作时收到或发出消息，如收到本对象或其他的对象中的其他操作对本操作的调用请求，或本操作向本对象或其他的对象中的其他操作发出请求。

在顺序执行的情况下，一个执行规约表示一个对象中的一个操作以及该操作可能引发的一系列操作是活动着的持续时间，参见图 5-5。

在主动对象并发的情况下，一个执行规约也可表示一个对象执行一系列操作的持续时间，参见图 5-3 中左边起的第一个和第二个执行规约。

当一个对象处于一个执行规约的范围内，说明该对象的操作正在执行；否则该对象不做什么事情，但它是存在的，等待消息触发它。

在一个对象的操作递归地调用自己或调用本对象的其他操作的情况下，第二个激活符号画在第一个符号稍微靠右的位置，在视觉上它们看起来像是叠加起来一样，如图 5-2 所示。可以按任意的深度叠加地进行这样的调用。

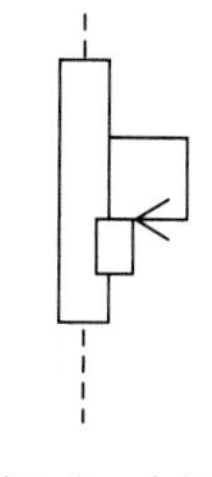

图 5-2　自调用

4. **消息**

消息（message）是对象之间的通信的规格说明，这样的通信用于传输将发生的活动所需要的信息，既包含了控制（如调用）的规格说明，也包含了所使用的数据的规格说明。

消息的执行可能引发这样的行为：执行操作、发送信号㊀或者创建或消除对象。接收消息的对象可能会向调用者返回一个结果。

把消息表示为从一条对象生命线到另一条对象生命线的一条带有箭头的水平实线（箭线），从源对象指向目标对象。对于到一个对象自身的消息，箭线就从同一个对象符号开始和结束，如图 5-2 所示。应该在箭线上书写消息的名字及其参数。也可以用一个序列号标示箭线，用以标示并发控制流（请参见图 5-3），也可以用监护条件（guard condition）标示消息（请参见图 5-1）。

用如下种类的箭线表示不同种类的消息：

- 同步消息（synchronous message）——►：一般用于普通的过程调用。若过程调用是嵌套的，在外层控制恢复之前，要完成内层的整个嵌套序列，参见图 5-5。

对于同步消息要有返回的消息，把它称为同步消息的返回。用虚箭线 ----► 表示同步消息的返回。既然每个过程调用后都有一个配对的返回，可以省略同步消息的返回。若想表达同步消息的返回结果，则要显式地使用同步消息的返回，并把返回结果放在箭线上。

- 异步消息（asynchronous message）——→：用于表示异步通信，即发送者发出消息后，立即继续执行中的下一步，不进行等待。至于接收方何时响应接收到的异步消息，以

㊀ 关于信号的解释请见本节介绍信号的部分。

及响应后是否予以回复，要根据需要而定，这与对同步消息的要求是不一样的。若请求方发了一个异步消息，且接收方响应它后要返回信息，则使用另一个异步消息。

通常发送消息的时间是可以忽略的。在这种情况下，把消息箭线画成水平的，表示发送消息所需要的持续时间是“原子的”，即与执行规约的时间长度相比发送消息的时间是短暂的，并且在传送消息期间不能出问题，因而这样的时间可以忽略不计。

如果需要表示收发消息间的时间差，有三种方法：

1）在图中使用约束，表明时间间隔。可以用消息序列号和经过规定的函数书写时间约束，如图 5-3 中所示的“b. receiveTime-a. sendTime<1 分钟”。函数 sendTime 表示对象发送消息的时间，receiveTime 表示对象接收消息的时间，该约束要求收到消息 b 的时间减去发出消息 a 的时间要小于 1 分钟。若只想表示一条消息的收发时间差，可写成“a. receiveTime-a. sendTime<0.5 秒”。用户可根据特定的情境或实现特性定义这样的函数。

2）若要在图中显式地表示时间差的数值，还可以通过构造标记来指明，如图 5-3 右下角的花括号所示。

3）如果需要表示发送消息是需要时间的，还可把消息箭线向下倾斜，使箭线头部在尾部下方，表示消息需要一段时间到达，见图 5-1。若时间轴有刻度，则时间差就一目了然；若无刻度并想表明时间差，可以采用上述 1）或 2）所述的方式表示收发消息所需要的时间范围。

在多数情况下，都是对顺序控制流建模。若需要对重复发送的消息建模，可在消息名前加一个 * 号，其后加一个条件表达式，表示按照给定的表达式重复该消息，如图 5-3 中部左侧标有 c 的消息所示。若需要对含有分支的控制流建模，把分支画成从一个点出发的多个箭线，每个箭线由监护条件标示，如图 5-1 所示。依据监护条件是否互斥，这样结构可以表达条件或者并发。

图 5-3 展示了一个描述打电话的顺序图。

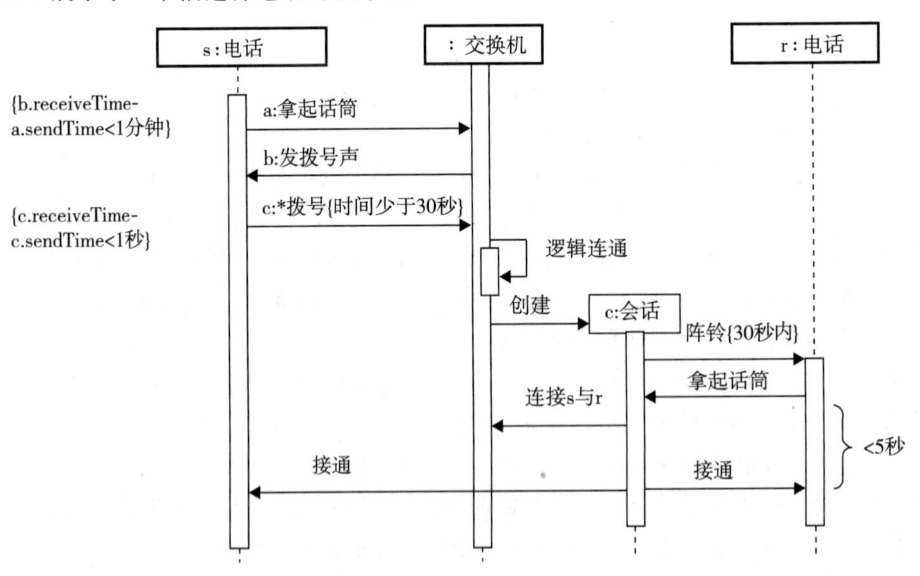

图 5-3　描述打电话的顺序图

图中的两个对象 s 和 r 是由类“电话”创建的，类“交换机”创建的对象是匿名的，这 3 个对象均为主动对象。

首先对象 s 的话筒被拿起，发一个消息发给类“交换机”的对象。由于类“交换机”的对象要处理多部电话，因而它只要能在 1 分钟内向 s 发消息即可。s 在 30 秒内拨完全部号码。类“交换机”的对象按照号码调用自己内部的操作，在逻辑上连通线路（如检查号码是否有效等)，然后创建会话对象 c，用其管理具体的通话事宜。c 向 r 发消息，让 r 振铃。r 的话筒被拿起，向 c 返回一个消息。c 响应这个消息后，请求交换机的对象把两个电话机物理地连通起来。交换机的对象连通两个电话机后，c 记录实际的通话情况。

在这张图中，对拨号时间超过 30 秒的情况没说明，其中的会话对象 c 也没有说明计费等情况，假设这些都要在其他的顺序图中描述。

图 5-4 给出了一个应用回调机制的例子。回调机制是指：申请对象在服务对象处事先登记所关心的事件，然后继续从事自己的工作；当服务对象监控到这样的事件发生时，再通知申请对象，由申请对象进行处理。

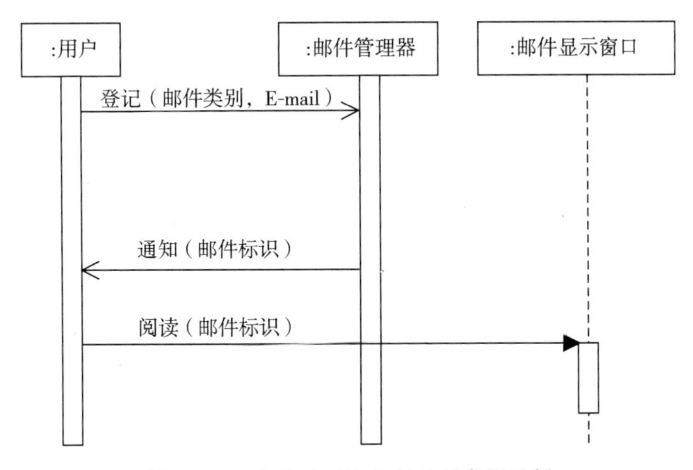

图 5-4　一个描述回调机制的顺序图示例

该图说明，用户对象通过发送一个异步消息在邮件管理器对象处登记所需要的邮件类别，并把自己的 E-mail 告诉给邮件管理器对象；当邮件管理器对象检测到该类别邮件出现时，通过发送一个异步消息通知该用户；该用户进而通过发送一个同步消息去阅读该邮件。

图 5-5 是一个客户机使用事务机制向数据库存储数据的示例。

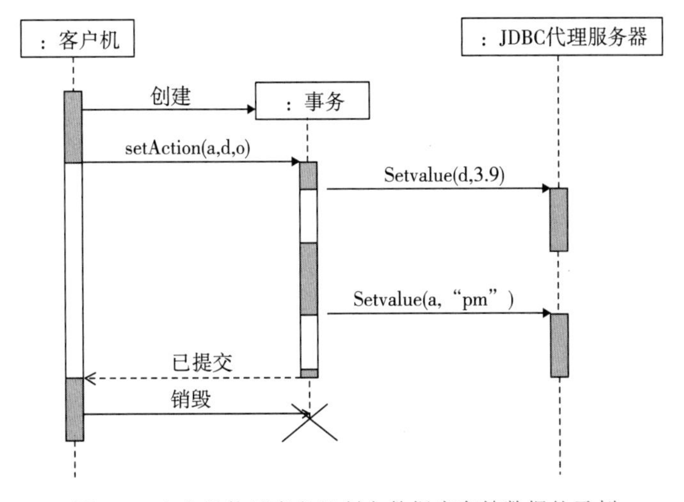

图 5-5　客户机使用事务机制向数据库存储数据的示例

类“客户机”的一个对象创建一个事务对象，用于负责把一组数据作为一个事务通过“JBDC代理服务器”的对象存储到数据库中去。图中的执行规约中带灰底的片段，表明在那个时段操作的代码在执行，其余的时段是执行规约在等待它调用的操作的返回，但它仍处于操作执行期。

5. 信号

信号（signal）是对象之间的异步通信的规格说明。按如下的格式定义信号：

信号名　‘(‘用逗号分隔的参数列表’)’

参数的格式如下：

参数名　‘:’　类型表达式

从一个对象可以向另一个对象或一组对象发送信号。例如，电视机的遥控器是消息的发送者，通过用它向电视机发送信号来操纵电视机，这属于前一种情况；通常所说的消息广播属于后一种情况。发送者在发送信号时，要对信号的参数进行实例化。对于接收者来说，它收到一个信号就是一个事件，这个事件可能要触发它执行一些动作。

信号的表示法是一个双栏矩形，名称栏用≪signal≫表明，参数栏中列出了信号的各参数。图5-6说明了信号的表示法以及对信号的发送。

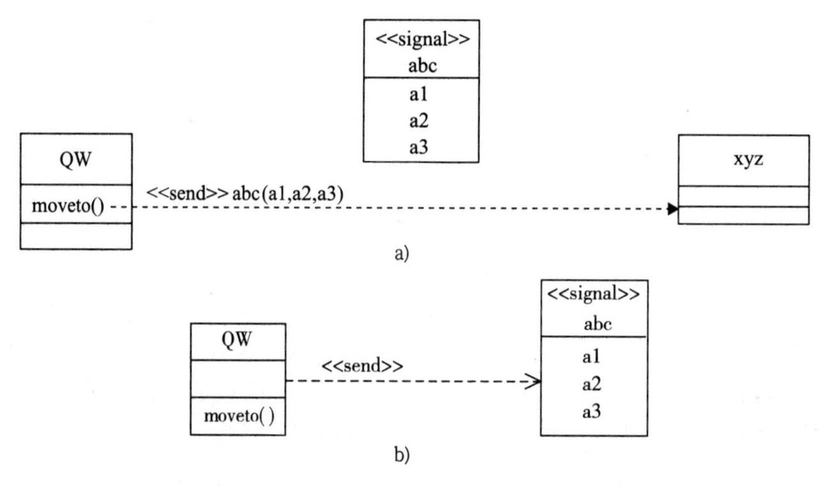

图5-6　在类图中表示信号及对信号的发送

类QW的对象的操作moveto()在执行时要向类xyz的对象发送一个信号abc，在发送时，要对三个参数赋值。图5-6a指明了要把信号abc发给谁，而图5-6b没有指明，只是说要向外发送信号abc。

在图5-7所示的对象交互中，用信号名作为异步消息名。

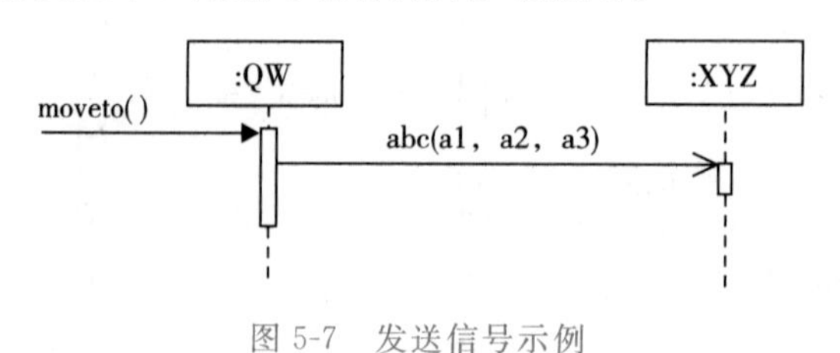

图5-7　发送信号示例

在类图中，可以把一个对象可能接收的信号放在其类的一个附加的分栏中，如图 5-8 所示。

也可以对接口采用同样的做法，以定义一个接口可以接收哪些信号。

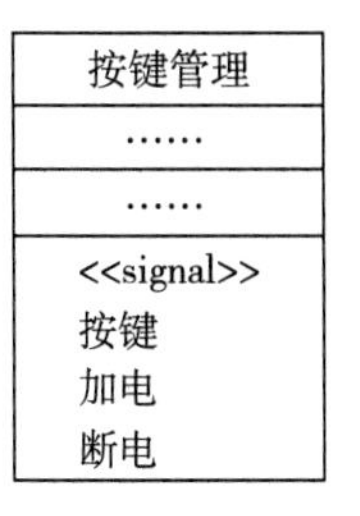

图 5-8 用附加栏指明类的对象可以接收的信号

5.1.2 顺序图中的结构化控制

在顺序图中，除了按顺序排列消息外，还应表示对消息进行选择、循环和并行处理。像图 5-1 那样表示条件性的消息分支容易使图形混乱。现在的 UML 对上述消息的控制结构给出了表示方法：对于对象（或参与者实例）间的顺序性交互仍用 5.1.1 节讲述的方法表示，对于复杂的结构要使用结构化控制。

为了表示顺序图的边界，可以把顺序图用一个封闭的矩形包围起来，并在矩形的左上角放一个小五边形。在这个小五边形内先写上 sd，在后面写出图的名字。对每个子顺序图加上一个矩形区域作为外框，再在其左上角放一个小五边形，在这个小五边形内写上用来表明控制操作符的类型的文字。图 5-9 给出了一个示例。

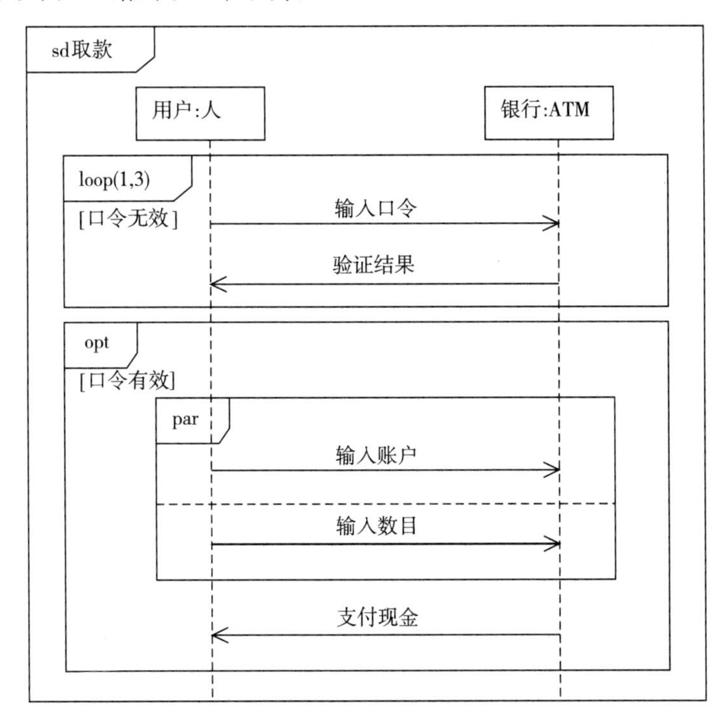

图 5-9 带有结构化控制操作符的顺序图示例

图 5-9 中最外层的边框左上角的小五边形写有“sd 取款”，表明该顺序图的名称为“取款”。图中的 loop、opt 和 par 为控制操作符，分别表示循环、选择和并行。它们所标定的区域为相应的交互区域。

交互区域放在对象的生命线上。如果一个生命线并不在某个控制符的覆盖范围之内，那么这个生命线就在该区域的顶部中断，然后在其底部重新开始（图 5-9 不存在这种情况）。

下面讲述顺序图中的控制操作符。

1）可选执行（标签是 opt）。如果执行到该操作符标识的交互区域时监护条件成立，那么就执行该交互区域。监护条件是一个用方括号括起来的布尔表达式，它要出现在交互区域内部第一条生命线之上，在其中可以使用对象的属性。

2）条件执行（标签是 alt）。用水平虚线把交互区域分割成几个分区，每个分区表示一个条件分支并有一个监护条件。如果一个分区的监护条件为真，就执行这个分区。如果有多于一个监护条件为真，那么选择哪个分区是不确定的，若没有应对措施，在模型中就要避免这种情况。如果所有的监护条件都不为真，那么控制流将跨过这个交互区域而继续执行。其中的一个分区可以使用特殊的监护条件 [else]，这意味着如果其他所有区域的监护条件都为假，就执行该分区。

3）并行执行（标签是 par）。用水平虚线把交互区域分割为几个分区，每个分区表示一个并行计算。当控制进入交互区域时，并行地执行所有的分区；在并行分区都执行完后，那么该并行操作符标识的交互区域也就执行完毕。每个分区内的消息是顺序执行的。在 UML 中，并行并不总是意味着物理上的同时执行，也指两个动作没有协作关系且可按任意次序发生的情况。

4）循环执行（标签是 loop）。在交互区域内的顶端给出一个监护条件。只要在每次循环之前监护条件成立，那么循环主体就会重复执行。一旦在交互区域顶部的监护条件为假，控制就会跳出该交互区域。

根据上述控制操作符的含义，下面解释图 5-9。该图展示了在 ATM 上取钱的一个简化场景。

第一个控制操作符是 loop，其括号内的数字表示循环执行的最少次数和最多次数。在循环内，用户输入口令，系统验证它。若口令有效，则退出该区域，继续向下执行。只要口令无效，那么该循环就会继续，但超过了三次，那么循环结束（退出该区域），继续向下执行。

第二个控制操作符是 opt，如果口令有效，那么就执行这个交互区域；否则就跳过该交互区域。

第三个控制操作符是 par，它标识的交互区域位于可选交互区域内。这个并行的交互区域有两个分区：一个让用户输入账号，另一个让用户输入金额数量。因为这两个分区是并行的，所以没有规定应该按照什么次序输入这两者，按照什么次序输入都可以。

在控制操作符 opt 中标识的交互区域的底部还有一个消息，用于指示 ATM 给用户交付现金。

若顺序图很大，可以把其中的片段作为一个整体另用一个顺序图画出，并在原顺序图中引用。特别是，若有片段重复出现时，很有必要这样做。为了对顺序图引用，UML 规定了一个符号 ref，如图 5-10 所示。

图 5-10 是对图 5-9 的重新组织。在图 5-10 中的“验证口令”处要对图名为“验证口令”的顺序图进行引用，图“验证口令”的内容同图 5-9 中的控制操作符 loop 标识的交互区域。在图 5-10 中的“输入现金信息”处要对图名为“输入现金信息”的顺序图进行引用，图“输入现金信息”的内容同图 5-9 中的控制操作符 par 标识的交互区域。

在图 5-9 和图 5-10 中，并没有给出执行规约。这是假设存在着其他顺序图描述了 ATM 的内部交互。同样，也可以针对一个对象只用一个棒形条代表其上的所有操作的执行。若只想描述交互的构思草案或高层的交互，通常使用这两种画法。

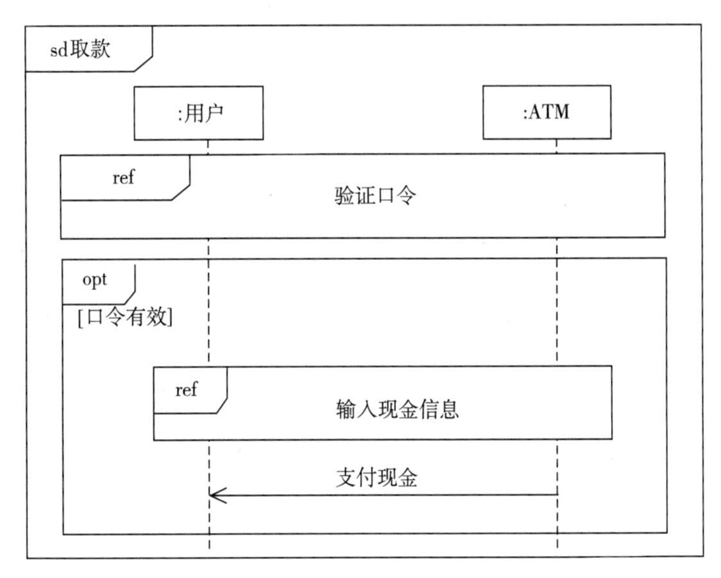

图 5-10　嵌套的顺序图

5.1.3　建立顺序图

一个顺序图用于描述对象或参与者实例之间的一个交互场景。若交互场景复杂（如有选择、并行、循环或有重复的交互片段），可使用结构化控制。

如下是建立顺序图时应遵循的策略：

- 按照当前交互的意图，如系统的一次执行，或者一组对象（包括参与者实例，以下不再明确地提及参与者实例）之间的协作，详细地审阅有关材料（如有关的用况），设置交互的语境，其中包括可能需要的那些对象。
- 通过识别对象在交互中扮演的角色，在顺序图的上部列出所选定的一组对象（应该给出其类名），并为每个对象设置生命线。通常把发起交互的对象放在左边。
- 对于那些在交互期间要被创建和撤销的对象，在适当的时刻，用消息箭线显式地予以指明。
- 决定消息将怎样或以什么样的序列在对象之间传递。
  - 通过首先发出消息的对象，看它需要哪些对象为它提供操作，它向哪些对象提供操作。追踪相关的对象，进一步做这种模拟，直到分析完与当前语境有关的全部对象。
  - 如果一个对象的操作在某个执行点上应该向另一个对象发送消息，则从这一点向后者画一条带箭头的直线，并在其上注明消息名。用适当的箭头线区别各种消息。
- 在各对象生命线上，按使用该对象操作的先后次序排列各个代表操作执行的棒形条（执行规约）。若出于某种目的要简化顺序图，可不画棒形条，或者针对一个对象只用一个棒形条代表其上的所有操作的执行。
- 两个对象的操作执行如果属于同一个控制线程，则消息接收者操作的执行应在消息发送者发出消息之后开始，并在消息发送者结束之前结束。不同控制线程之间的消息有可能在消息接收者的某个操作的执行过程中到达。
- 如果需要，可使用注释对对象所执行的操作的功能以及时间或空间约束进行描述。
- 如果需要，可使用结构化控制。

5.2 通信图

在第 4 章已经讲过，类的角色规定了对象所能扮演的角色，以此来描述扮演该角色的对象所能发挥的作用。本部分讲述的通信图，表示围绕着对象角色以及角色之间的关系所组织的交互。

5.2.1 概念与表示法

通信图（communication diagram）是一种强调发送和接收消息的对象组织结构的图，用以展示围绕对象以及它们之间的连接器而组织的交互。

连接器是由关联实例化的链以及通过过程参数、局部变量或全局变量而产生的对象之间的临时连接。关于临时连接，请参看 4.3.4 节和 7.8 节。把通信图中的连接器表示为两个对象之间的一条实线，如图 5-11 所示。

通信图由对象、连接器以及连接器上的消息构成，其中也可以有参与者实例。除了连接器外，这些概念及表示法与 5.1.1 节中的都完全相同。图 5-11 是一个通信图示例。

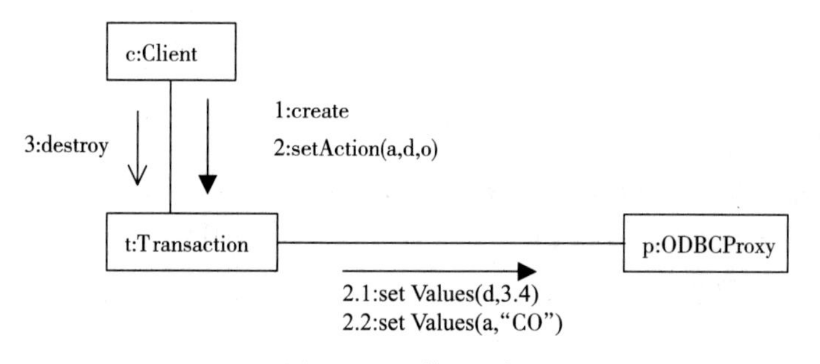

图 5-11　通信图示例

图 5-11 中的通信图有两个连接器和五个消息。为表示消息间的顺序，给消息各加一个数字前缀。在控制流中，每个新的消息的顺序号单调增加（从 1 开始，然后为 2、3 等）。为了表示消息嵌套，使用带小数点的号码。例如，1 表示第一个消息，1.1 表示嵌套在消息 1 中的第一个消息，1.2 表示嵌套在消息 1 中的第二个消息，如此等等。这样的嵌套深度不限。为了便于理解，请把该图中的消息顺序号与图 5-12 中的消息顺序相对应。在通信图中，沿着同一个连接器可以放置多种消息箭线（可能方向不同），且沿着一个连接器只绘制同种且同方向的消息箭线一次，把同种且同方向的消息放在相应的消息箭线的旁侧。

通常用通信图对顺序的消息交互建模，有时也用通信图描述消息循环和分支。像顺序图一样，一个消息循环即一组消息的重复序列。要对消息循环建模，就在一个消息的顺序号前加一个循环表达式，如 *[i:=1..n]。如果仅想表明消息循环，并不想说明它的细节，则只加 * 号。一个条件表示一个消息的执行与否，这由一个布尔表达式的值决定。对一个条件建模，就在一个消息的顺序号的前面加一个条件子句，如 [x>0]。分支的各可选路径采用相同的顺序号。

顺序图和通信图表达了类似语义信息，但是每种图都可以表示另一种图不能表示的某些信息。两种图的不同之处在于，在顺序图中不显式地展示对象间的连接器，也不显式地展示消息的顺序号，它的顺序号隐含在从图的顶部到底部消息的顺序中，并且对象间有消息存在隐含了其间有连接器存在。另一个不同之处是，顺序图能描述对象生命线和执行规约，而相应的通信图则做不到这一点。此外，通信图还不具有像顺序图那样的结构化控制。

图 5-12 是与图 5-11 对应的顺序图。

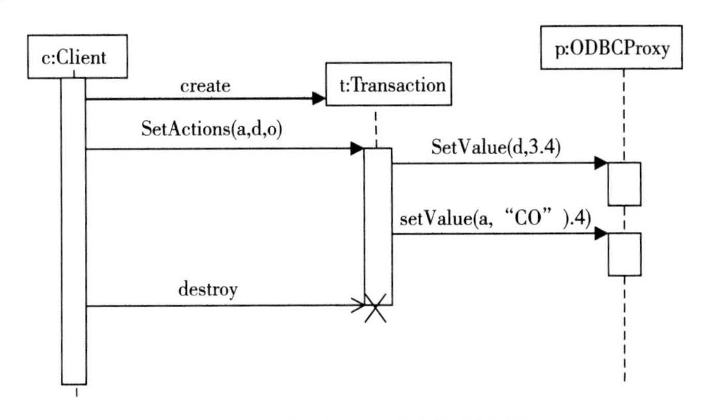

图 5-12 与图 5-11 对应的顺序图

通过这两幅图的对比，能够看出二者的语义基本上是相同的，但展示出来的可视化信息是不同的。

5.2.2 建立通信图

建立通信图的策略如下：

- 设置交互的语境。
- 通过识别对象在交互中扮演的角色，将它们作为图的顶点放在通信图中，较重要的对象放在图的中央，再放置邻近的对象。
- 如果对象的类之间有关联或依赖，且这样的对象间要进行交互，就要在对象之间建立连接器。
- 从一个交互的消息开始，将随后的每个消息以及相应的箭线附到适当的连接器上，并设置其顺序号。
- 如果需要展示消息的循环或分支，就使用相应的表示法。

由于通信图不具有像顺序图一样的结构化控制，一个通信图应只描述一个控制流。一般来说，可能要建立多张通信图，其中有一些描述的是基本情况，另一些描述的是可选择的或例外的情况。

5.3 活动图

在捕获需求时，有时需要对业务过程建模。若一个操作的算法较为复杂，也需要对其进行详述。有时还需要针对完成系统某项功能的一组对象的活动建模。本节讲述的活动图可用于上述建模。

5.3.1 概念与表示法

活动图（activity diagram）是描述动作、动作的执行次序以及动作的输入与输出的图，它由动作结点和边构成。

1. 动作

动作（action）是可执行的基本功能单元，用以描述系统中的状态转换或活动，它是原子的和即时的。动作是原子的，是指在与状态相关的抽象层次上，动作是不可间断的；动作是即时的，是指动作执行的时间是可忽略不计的。

用动作可以实现以下功能：

- 设置或修改本对象的属性。
- 向一个对象发送信号。
- 调用另一个对象的可见性为“公共”的操作。
- 创建或撤销对象。
- 返回一个值集。
- ……

用圆角矩形表示动作，如图 5-13 所示。

图 5-13 动作表示法示例

活动（activity）是由一组相互协作的动作构成的行为单元。活动在执行中可以被事件中断。例如，三个顺序执行的动作可写为“op1(a)，op2(b)，op3(c)”，其中的动作是不可以中断的，但在动作之间是可以中断的。

动作和活动与抽象层次有关。若开发者只是想简略地描述一个活动，就可以把它定义为一个高度概括的动作；这样的动作实际上是由一些更细致的步骤构成的，只是在较高的抽象层次上被人为地看成一个原子的行为单位。如上例中的动作“审批发票”要检查支出的科目是否符合规定和支出的金额数目是否在相应的范围内等，甚至可能要包括多道审批。从较低的抽象层次上看，一个动作的内部过程实际上又构成了一个活动。如上例中的动作“发送邮件”对一般用户来讲是原子的，但对于邮件软件的开发者来说，“发送邮件”的实际过程是复杂的。若想表达一个动作的内部过程，就把这个动作定义为“调用行为动作”，它调用另外一个活动图，被调用的活动图描述该动作的细节。

UML 给出的一种活动表示法如图 5-14 所示。

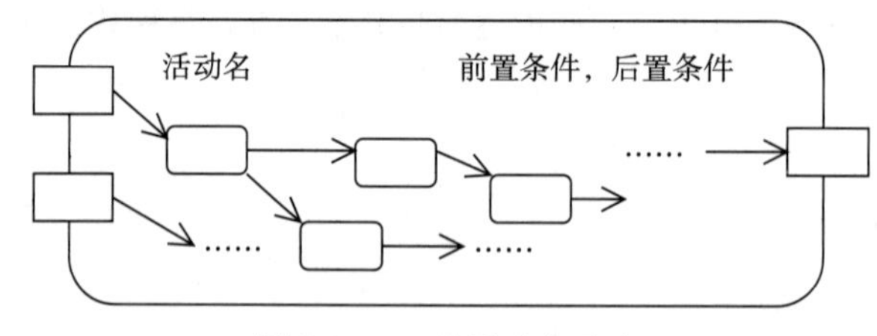

图 5-14 一种活动表示法

图 5-14 中圆角矩形边界上的方框用于放置活动的输入或输出参数；圆角矩形内部放置的是动作、动作间的控制流和对象流（下面将讲述），其中上部写有活动名，也可写有前置条件和后置条件。

通常一个活动图就表示一个活动，在要强调一个活动的输入与输出时，有必要使用图 5-14 所示的活动表示法。

动作是与操作直接相关的，见上面的动作可以实现的功能。对于活动而言，它可能由一个类中的一个或几个操作实现，也可能由几个类中的操作实现，甚至可能由不同分布站点上的软件实现。

2. 控制流

控制流是指当动作结束时，马上进入下一个动作的流程。在图形上，用一个带箭头的实线表示从一个动作到下一个动作的控制流，如图 5-15 所示。

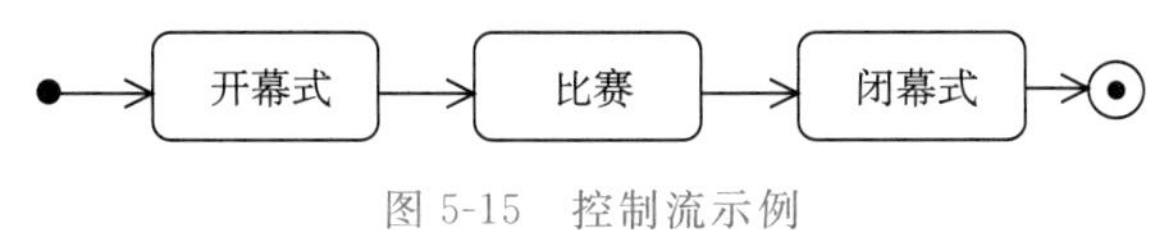

图 5-15　控制流示例

一系列的动作和动作间的控制流构成了一个动作流。图 5-15 中第一个和最后一个图符分别表示动作流的开始与结束。

上述的动作流是顺序执行的，即动作一个接一个地执行。动作流也可包含分支，通过判断来选择不同的执行路径，如图 5-16 所示。

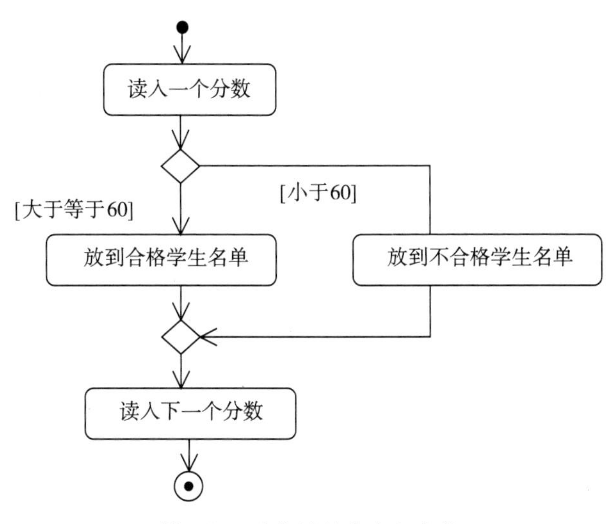

图 5-16　动作流的分支与合并

在图 5-16 中，第一个菱形表示动作流的分支（branch），第二个菱形表示动作流的合并(merge)。一个分支有一个进入的控制流和两个或多个离开的控制流。每个离开的控制流上有一个布尔表达式，且这些表达式的值是要互斥的。这些表达式应该涵盖了所有的可能性，否则动作流可能不能继续执行下去。可以在一条离开的控制流上标上 else，以示如果其他的布尔表达式均为假时执行该控制流。在进入分支节点时计算布尔表达式，然后选择值为真的路径执行。

控制流也可以是并发的。用同步条表示并发控制流的分岔（fork）和汇合（join）。同步条在活动图中是一条粗线，如图 5-17 所示。

图 5-17 中的第一条粗线表示分岔，它把一条控制流分成两个控制流，且这两个控制流并行地执行。图 5-17 中的第二条粗线表示汇合，它把两个并行的控制流同步起来，即每个控制流在此等待，直到所有的进入控制流都到达这里，然后执行从汇合外出的控制流。分岔与汇合的控制流的数目是相等的，这意味着从分岔外出的控制流的数目等于进入对应的汇合的控制流的数目。

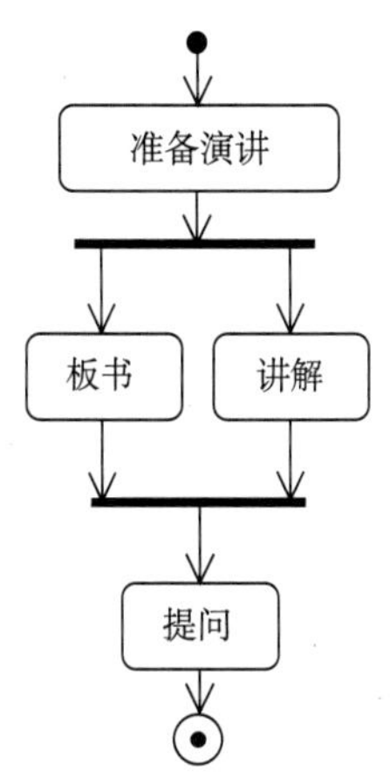

图 5-17　分岔与汇合

3. **对象流**

在控制流中可含有对象，用以描述动作间输入与输出的数据，如图 5-18 所示。

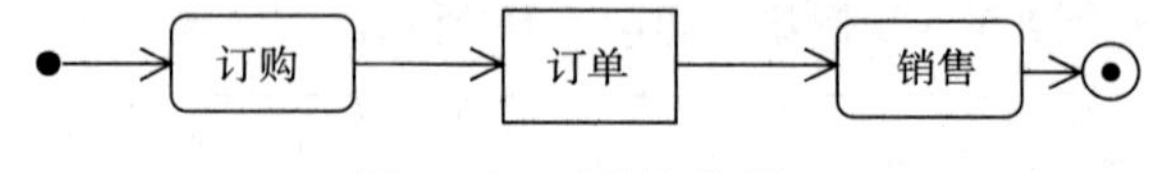

图 5-18　对象流示例

在图 5-18 中，动作“订购”的输出为对象“订单”，对象“订单”又作为动作“销售”的输入。这种描述在动作间流动的对象的流称为对象流，其表示法为对象前后的带箭头的实线。由于对象本身是一个动作的输出，又是后继动作的输入，在其两端的动作间就不需要再画箭线。

4. **泳道**

在对业务过程建模时，可以把动作分成组，每组由特定的履行者来执行。履行者可为人员、组织或其他业务实体。把每个组分别称为一个泳道（swimlane）。图 5-19 是一个泳道示例。

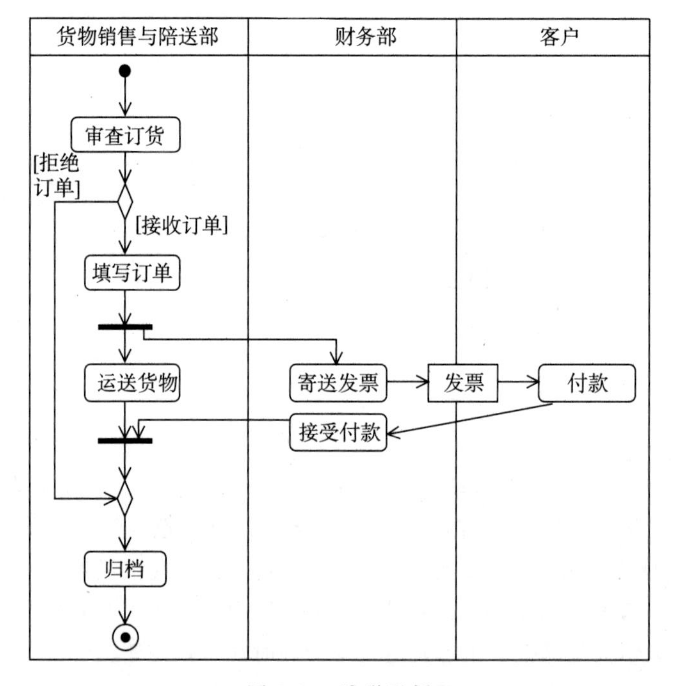

图 5-19　泳道示例

图 5-19 中展示了三条泳道，分别描述了由一个履行者执行的一组动作。在含有泳道的活动图中，如果有对象，可把对象放在泳道的边界上，如图 5-19 中的对象“发票”就处在泳道“财务部”和“客户”的边界上。

在含有泳道的活动图中，每个动作必须要属于一个泳道，而控制流是可以跨泳道的。每个泳道最终可由一个或多个类中的操作来实现。

5.3.2　建立活动图

前面已经提到，通常用活动图对业务过程和操作的算法建模。

1. 对业务过程建模

业务过程描述了工作的流程以及贯穿于其中的业务对象。使用活动图，可以对业务过程中的各种自动系统和人员系统的协作建立业务处理模型。

对业务过程建模的策略如下：

- 设置业务过程的语境，即要考虑在特定的语境中要对哪些业务的履行者和业务实体建模。
- 考虑为每个重要的业务的履行者建立一个泳道。
- 建立初始状态和终止状态，并识别该业务过程的前置条件和后置条件。
- 从初始状态开始，说明随着时间发生的动作，并在活动图中表示它们。
- 如果涉及重要的对象，则把它们也加入活动图中。如果有必要，可展示对象的属性值和状态。
- 连接这些动作的控制流和对象流。
- 如果需要，使用分支和合并来描述条件路径和迭代，使用分岔和汇合来描述并行的动作流。
- 若一个动作较为复杂，用它调用一个活动，在该活动中描述其细节。

由于业务过程所描述的功能有些是要由系统实现的，若针对这样的功能建立了活动模型，也可以说是对系统的（局部）功能建立了活动模型。

2. 对操作建模

对操作建模，即对操作的算法细节建模，方法为把活动图作为程序流程图来使用。与传统的流程图不同的是，活动图还能够展示并发。

在 OOA 阶段，仅用活动图对关键的复杂操作进行建模，用以展示关于算法的一些信息。除非想直接从模型生成代码，否则即使在 OOD 阶段也并不要求用活动图对每个操作的算法都建立模型。

对操作建模的策略如下：

- 收集该操作所涉及的操作的参数、可能的返回类型、它所属于的类以及某些邻近的类的特征。
- 识别操作的前置条件和后置条件以及操作所属的类在操作执行期间必须保持的不变式。
- 从该操作的初始状态开始，按照时间顺序设立动作，并在活动图中将它们表示出来。
- 如果需要，使用分支和合并来描述条件路径和迭代。
- 若操作属于主动类，在必要时用分岔和汇合来描述并发的控制流。

5.4　状态机图

在现实世界中的事物通常都有一个生命周期。在这样的事物被创建后，经过一定阶段的变迁，它可能就消亡了。例如，生物会经历出生、成长、衰老和死亡的过程。对于无生命的事物也会经历状态变迁。例如，在邮局邮寄物品时，要填写邮寄单。从此时开始，邮寄单所处的状态可能为：发件人申请、发件人填写、邮局审查、邮局发送、递交到收件人、收件人用它取物品等。上述的事物是一次性的，具有出生—死亡的生命周期。还有一类事物的状态变迁可以是循环的，如飞机、微波炉或机床，这种事物可以被重复地使用。

通过对现实世界中事物的观察，可以得出如下结论：

- 很多事物在其生命历程中经历了不同的状态，且这些状态是根据对现实的理解并按某种条件或状况而定义的。
- 这样的事物在各时期内所处的状态是明确的。
- 在现实世界存在着引起事物的状态发生变化的事件。
- 事物在其状态间按次序转化。
- 事物从一个状态到另一个状态的转化通常是即时的。此处的时间粒度依据抽象的程度，并且因应用的抽象层次不同而不同。在大多数抽象层次上，可以把状态的转移看作是原子的（不可间断的），通常也不考虑转移时间。
- 当事件发生时，事物可能需要采取一些动作。

在建模时，并不是对所有的事物都要进行状态考察，只是要对这样的事物进行状态考察：它们满足上述条件，且需要通过状态分析对其复杂性进行深刻的认识。使用本节要讲述的状态机图可对满足上述要求的现实事物的生命历程建模。

5.4.1 概念与表示法

状态机图（state machine diagram）描述了一个对象在其生命周期内因响应事件所经历的状态序列以及对这些事件所做出的反应。

状态机图主要是由状态和状态间的转移构成的。在讲述这两个概念之前，首先讲述与二者密切相关的一个概念——事件。

1. 事件

从一般意义上讲，事件（event）是指在时间和空间上可以定位并具有实际意义、值得注意的所发生的事情。在 OO 中，事件是对一件事情的规格说明，这种事情的发生可能引发状态的转移。

在 UML 中把事件分为若干种，下面先讲述信号事件、调用事件、时间事件和改变事件。

（1）信号事件

一个对象对一个信号实例（在不引起混淆的情况下，以下简称信号）的接收，导致一个信号事件。把这样的事件的特征标记放在由它所触发的转移上。

可以把一个信号指定为另一个信号的子信号（特殊类），以此来建立信号族。这意味着子信号事件不但要触发与它相关的转移，还要触发与它的祖先相关的转移。

（2）调用事件

对操作的调用的接收，导致一个调用事件，这样的操作由接收事件的对象实现。

（3）时间事件

在指定事件发生后，经过了一段时间或到了指定时间，就导致一个时间事件。可以用关键词“after”和计算时间量的表达式表示时间事件，如“after（从状态 A 退出后经历了 10 秒）”。如果没指明时间起始点，就从进入当前状态开始计时，如“after（5 秒）”。还可以用关键字 at 和计算时间量的表达式表示时间事件，如 at（1 Jan 2005，12：00 UT）表明：到了格林尼治时间 2005 年 1 月 1 日的中午 12 点导致一个时间事件。

(4) 改变事件

用布尔表达式描述的指派条件变为真，就导致了一个改变事件。用关键词“when”和布尔表达式表示改变事件，比如“when (转速>=2000 转/秒)”。

这样的布尔表达式的值只要由假变成真，事件就发生，即使之后布尔表达式的值变为假，产生的事件仍将保持，直到它被处理为止。布尔表达式的值再次由假变成真，事件就又发生一次。

按如下的格式定义事件：

```
事件名　(用逗号分隔的参数列表)
```

参数的格式如下：

```
参数名:类型表达式
```

其中的参数由后面要讲到的监护条件和动作表达式使用。

2. **状态**

在 UML 中，把状态（state）定义为对象在其生命周期中满足特定条件、进行特定活动或等待特定事件的状况。

把状态表示成四角均为圆角的矩形。若不展示状态的内部细节，就把状态的名字放在矩形内；否则用水平线对矩形进行分隔，如图 5-20所示。

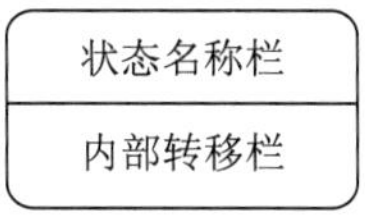

状态名称栏

内部转移栏

图 5-20　状态的表示法

图 5-20 的上半部为名称分栏，在该分栏中放置状态名。在同一张状态机图里不应该出现具有相同名称的状态，因为这样可能会引起冲突。没有名称的状态是匿名的，在同一张图中的各匿名状态被认为是互不相同的。有关内部转移栏中的内容请见“3. 转移”中的“(1) 状态内的转移”。

在一个状态机图中，有一个初始状态，可有一个或多个终止状态。初始状态是状态机图的默认开始状态，终止状态是状态机图执行完毕后的结束状态。初始状态和终止状态都是伪状态（pseudostate）。图 5-21 所示是二者的表示法。

图 5-21　初始状态和终止状态的表示法

在一个状态下，可能出现在当前状态下暂不处理，但将推迟到该对象的另一个状态下处理的事件（延迟事件）。也就是说，在某些建模情况下，针对一个状态，可以定义一组在该状态中允许出现但被延迟处理的事件。在一个状态下，如果发生的一个事件为该组事件之一，它将保留在延迟事件队列中而不发挥作用；在后续状态下，按某种算法，从队列中取出某个（些）事件，这个（些）事件开始发挥作用，触发转移，就像刚刚发生一样。但也有可能按需要在某时刻撤销某些延迟事件。

用关键字 defer 表明一个事件被延迟，格式为：

```
事件/defer
```

参见图 5-22。

3. **转移**

在状态机图中，转移（transition）分为两种，一是状态间的转移，二是状态内的转移。这两种转移的格式是一样的，均为：

```
事件触发器[(用逗号分隔的参数表)][监护条件 ]/[动作表达式]
```

上述加了方括号的参数表、监护条件和动作表达式是可选的。

在UML中，事件触发器是触发转移的标记，通常就写为触发转移的事件的名称。用户可以自己对事件触发器进行命名，只是entry、exit和do这三个保留字除外，因为UML已经为它们规定了特定含义，具体内容请看本节的“（1）状态内的转移”。

监护条件是布尔表达式，根据事件触发器的参数和拥有这个状态机的对象的属性和链来书写这样的布尔表达式。当事件出现要触发转移时，对它求值。如果一个转移上的表达式取值为真，则触发转移；如果为假，则不触发该转移。在一个状态下，如果监护条件不同，相同的事件名可以出现多次，当该事件发生时，根据监护条件决定触发哪个转移；如果没有转移被此事件所触发，则丢失该事件（参见本节的例5-2）。

动作表达式是由动作组成的动作序列，有关动作以及后面要涉及的活动的含义与活动图中的是一致的。动作表达式中动作可以直接地作用于拥有本状态机的对象，也可以作用于对该对象是可见的其他对象。可以根据对象的属性、操作和链、事件触发器的参数以及在该对象所能访问到的范围内的其他特征书写动作表达式。

如下是两个转移示例：

1）object.highlight;

调用object的highlight操作，引发了一个转移。该转移无监护条件，转移时也不执行什么动作。

2）right-mouse-down(location)[location in window]/object:= pick-object(location);

当鼠标落在窗口中，且按下了右键，引发了一个转移。在转移中把所选中的对象赋给变量object。

在非并发的状态机图中，每次处理一个事件。如果在同一个状态机图中触发的转移多于1个，就只触发优先级高的那一个。如果这些相冲突的转移具有相同的优先权，就随机地或根据某种算法选择并触发一个。

（1）状态内的转移

状态内的转移是指在一个状态内由事件引起的动作或活动执行后，对象仍处于该状态的情形，即引发状态内的转移的事件的发生不会导致状态的改变。

在状态的内部转移分栏中列出状态内的转移，以表明对象在这个状态中可能执行的内部动作或活动的列表。

前面提到，UML预定义了三个关键字，它们不能用作事件触发器名。如下是这3个关键字的具体含义：

1）entry。其使用方式为：

```
entry/进入动作表达式
```

entry标识进入状态的事件触发器（简称进入事件触发器），意味着在进入状态时首先执行斜杠后面的动作表达式。

2）exit。其使用方式为：

```
exit/退出动作表达式
```

exit 标识退出状态的事件触发器（简称退出事件触发器），意味着在退出状态时最后执行该斜杠后面的动作表达式。

3）do。其使用方式为：

```
do/活动
```

do 标识状态期内活动的事件触发器（简称 do 活动事件触发器），意味着在状态的进入动作表达式执行后（如果有的话）开始执行斜杠后的活动（称为 do 活动），并且 do 活动可与其他的动作或活动并发执行。do 活动的结束有三种情况：

- do 活动一直执行，直到对象离开该状态为止。
- do 活动执行完毕后对象仍处于当前状态，这时会导致一个完成事件，如果存在一条外出的完成转移，就退出当前状态。
- 如果在 do 活动没完成之前，由于激发了其他外出转移而导致了状态的退出，就中断活动。

鉴于 do 标识的活动可能较为复杂，可以用子状态机图对它建模。

如果一个状态内有多个进入事件触发器、退出事件触发器或 do 活动事件触发器，UML 没有规定同类触发器被触发后所引起的动作或活动的执行顺序。

在图 5-22 所示的例子[7]中，类“打印服务器”的一个对象正处于状态“EnterPassword”。

EnterPassword
entry/password.reset()
exit/password.test()
digit/handleCharacter()
clear/password.reset()
help/displayHelp
print/defer
do/suppressEcho

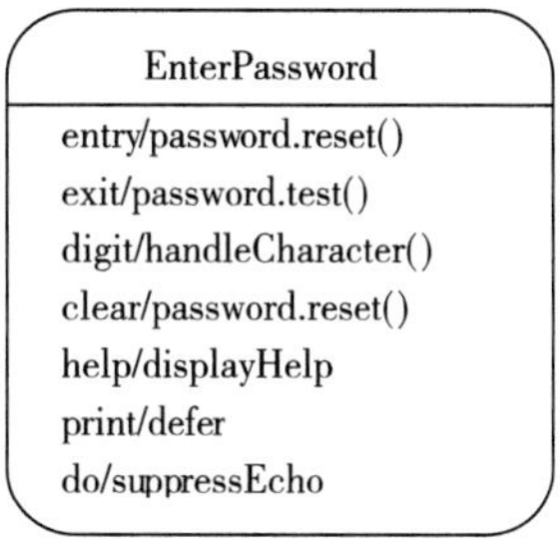

图 5-22　类“打印服务器”的对象状态“EnterPassword”

图 5-22 中的 password. reset() 和 password. test() 分别为进入动作和退出动作，分别用于重置口令输入栏的值（如清空）和验证所输入的口令。事件 digit 触发动作 handleCharacter()，例如从键盘上输入一个数字键，就触发了操作 handleCharacter()，用以记录输入的数据。事件 clear 触发动作 password. reset()，例如按界面上的“清除”键触发该操作。事件 help 触发动作 displayHelp，例如按 F1 键触发该操作。print 为延迟事件，例如打印管理员正处于该状态，同时接收到了一个打印请求，则把该请求放入延迟队列。suppressEcho 为 do 活动，在执行完入口动作 password. reset() 后，执行 suppressEcho，用以一直抑制回显，不让他人看见所输入的口令。

（2）状态间的转移

状态间的转移是两个状态之间的关系，表示当一个特定事件出现时，且满足一定的条件（如果有的话），对象就从第一个状态（源状态）进入第二个状态（目标状态），并执行一定的动作或活动。如果一个转移正在引起状态的改变，就称该状态间的转移被触发了。

把状态间的转移表示成从源状态出发并在目标状态上终止的带箭头的实线，并把事件触发器特征标记、监护条件和动作表达式放在其上，如图 5-23 所示。

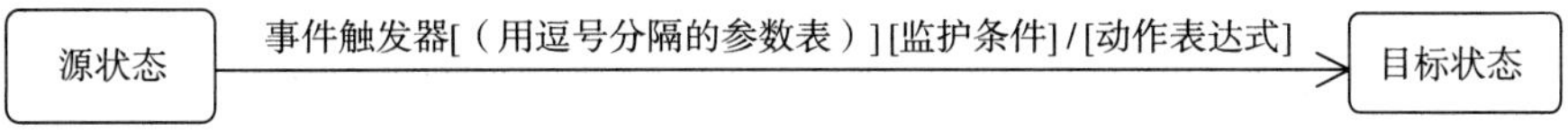

源状态 —— 事件触发器[（用逗号分隔的参数表）][监护条件]/[动作表达式] ——> 目标状态

图 5-23　状态间的转移的表示法

事件触发器可能有参数，这样的参数不但可由转移中的监护条件和动作使用，也可由与源状态和目标状态相关的退出和进入动作分别使用。

事件可以触发从一个状态出发又回到本状态的转移，即在这样的转移中转移的源和目的是同一个状态。触发到自身的转移，要先退出当前状态，再进入该状态，这样要执行退出动作和进入动作表达式（如果有的话）。而触发状态内的转移，不需要退出当前状态，当然也就不需要执行退出动作和进入动作表达式。

图 5-24 所示的例子有两个状态间的转移和一个到自身的转移。

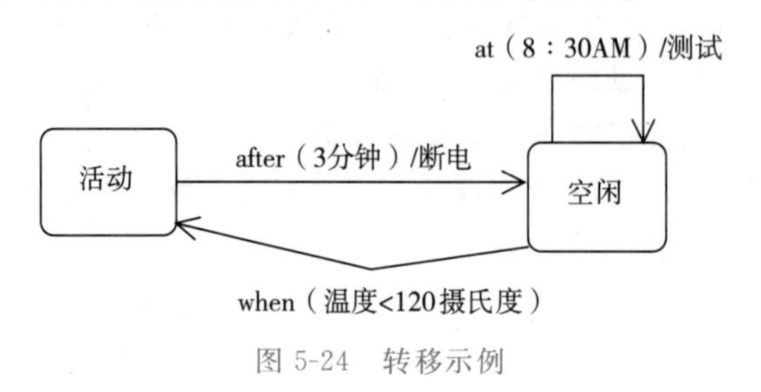

图 5-24　转移示例

在图 5-24 中，“断电”与“测试”是动作，after（3 分钟）和 at（8：30AM）是时间事件触发器，when（温度＜120 摄氏度）是一个改变事件触发器。

例 5-1　图 5-25 所示的状态机图描述了一个负责监视某些报警传感器的控制器的状态变化情况。

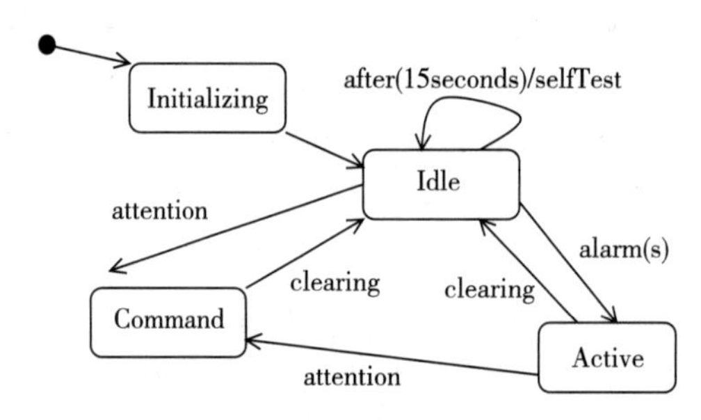

图 5-25　一个控制器的状态机图

根据控制器的使用过程，在这个状态机图中设立四个状态：Initializing（初始化控制器）、Idle（控制器准备好，并等待警报或来自用户的命令）、Command（控制器正在处理来自用户的设置命令）和 Active（控制器正在处理一个警报事件）。当第一次创建这个控制器对象时，首先进入 Initializing 状态，在完成初始化后进入 Idle 状态。Idle 状态上有一个由时间事件触发的自转移。当接收到一个 alarm（报警）事件（用参数 s 记录被触发的传感器的标识）时，控制从 Idle 状态转移到 Active 状态。仅当发生 clearing（清除警报）事件时，或是用户向控制器发 attention 信号（用以进入设置状态）时，才退出状态 Active。本图没有终止状态，这在一些系统中是常见的，意图是希望系统不间断地运行。

例 5-2　下面要建立一个状态机图[5]，它能解析并记录下如下格式的字符串：

‘< ’标记串‘> ’字符串；

例如，要从字符串“deFC＜ejb-name＞Account；”中解析出子串“ejb-name”和“Account”。

按照处理含有上述标记的字符串的步骤，图 5-26 中的状态机图中设立三个状态：Waiting

（略去‘<’前的字符）、GettingToken（提取‘<’和‘>’之间的标记串）和 GettingBody（提取‘>’和‘;’之间的标记串）；图中仅有一种事件，即 Put(c)；它接收一个输入字符，并放到 c 中，c 为字符类型。在 Waiting 状态下，丢弃任何不是以‘<’开始的字符，并执行动作 return false，以示当前字符串并未处理完；当接收到一个‘<’时，该对象的状态就变为 GettingToken。在状态 GettingToken 中，调用类 token 的操作 append(c) 来保存任何不是以‘>’结束的字符，并执行动作 return false；当接收到一个‘>’时，该对象的状态就变为 GettingBody。在状态 GettingBody 中，调用类 body 的操作 append(c) 来保存任何不是‘;’的字符，并执行动作 return false；当接收到一个‘;’时，该对象的状态就改变为 Waiting，并执行动作 return true，以示当前字符串处理完毕，然后处理另一个字符流。

从图 5-26 能够看出，同一个事件触发器在图中可出现多次，但在一个状态下依据监护条件触发的转移是不同的。

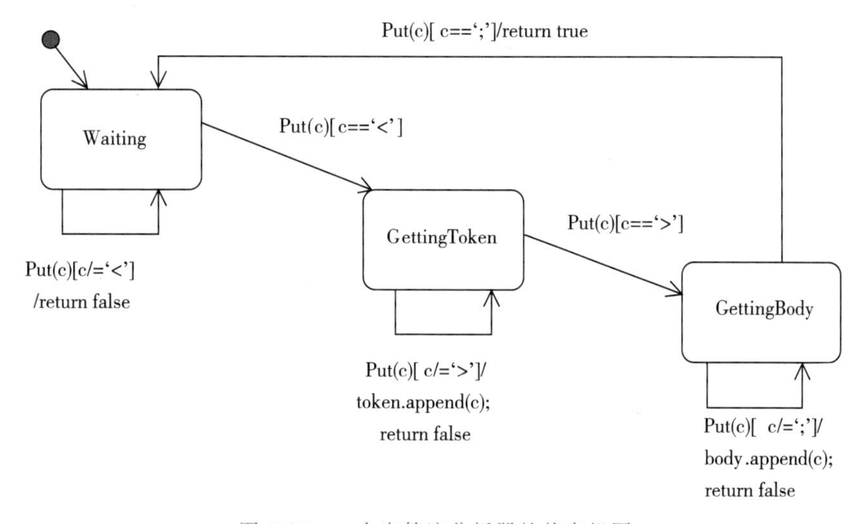

图 5-26　一个字符流分析器的状态机图

例 5-3　下面用状态机图为只有一个按钮的简易微波炉建模[10]。按一下这种微波炉的按钮，微波炉就开始工作，工作的时间为一分钟。在微波炉的工作期间，每按一下按钮，微波炉的计时器就增加一分钟的工作时间。图 5-27 给出了一个简易微波炉的状态机图。

按照日常生活中使用微波炉的知识，状态机图中设立了六个状态，即“空闲、门开”“空闲、门关”“初始烹饪”“延长烹饪”“完成烹饪”和“中断烹饪”，四种事件，即“开门”“关门”“按按钮”和“定时器时间到”，并展示出了状态间的转移。由于对微波炉进行了简化，在图 5-27 中的各状态中只有入口动作。

4. **组合状态**

上面讲述的状态机图中的状态都是简单的，即没有涉及状态再由子状态构成的情况。现在回过头来看一下图 5-25，在状态 Active 中，控制器要处理一个报警事件。究竟怎样处理报警事件，可用另一组状态以及其间的转移描述。在状态机图中，把由两个或多个子状态构成的状态称为组合状态（composite state），其中的子状态还可以是组合状态。图 5-28 展示了组合状态 Active 的构成。

图 5-28 中的状态 Checking、Waiting 和 Calling 均为 Active 的子状态（稍后解释它们的具体含义）。

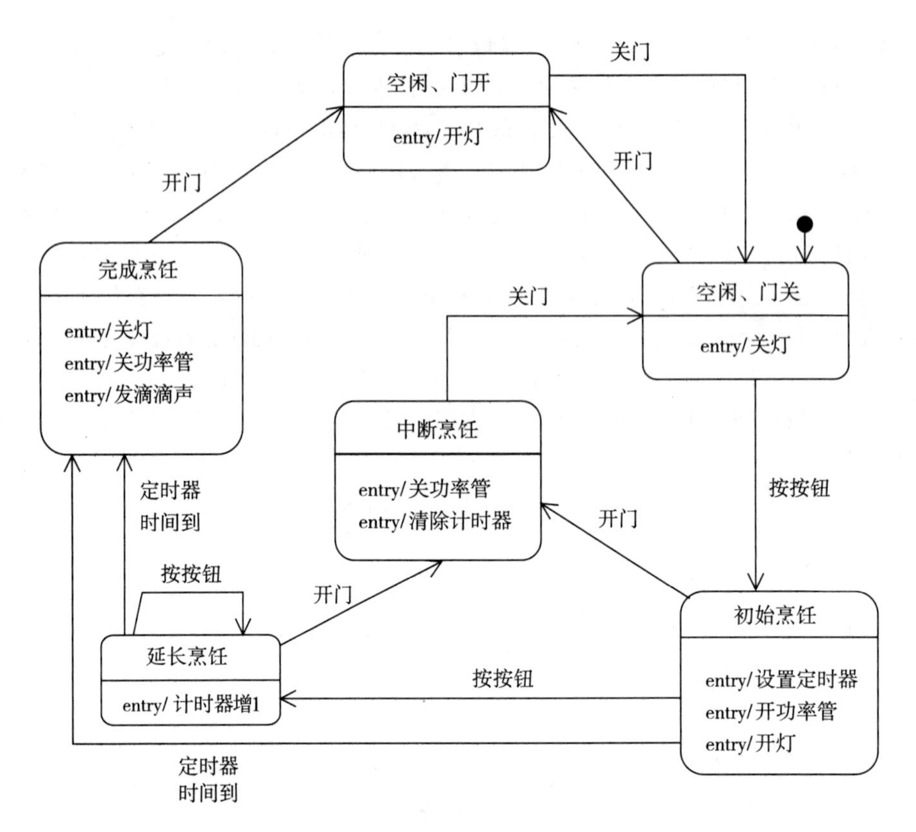

图 5-27　简易微波炉的状态机图

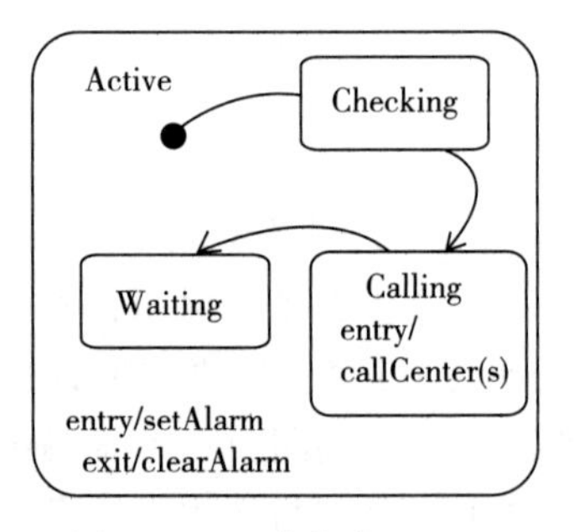

图 5-28　组合状态 Active

在一个组合状态的图形表示中，除了有可选的名称和内部转移分栏外，还可以有包含状态机图的图形分栏，在其中展示状态机图。可选择用实线把状态的名称栏、内部转移栏与图形分栏相分离；若不引起混淆的话，也可不分离（参见图 5-28）。

在一个组合状态内可以只有一个区域，也可以有若干区域，每个区域中有一个状态机图。在对象位于一个组合状态时，在每个区域中必须且仅位于一个子状态。把只有一个区域的组合状态称为非正交状态（nonorthogonal state）（参见图 5-28 和图 5-29），把具有多个区域的组合状态称为正交状态（orthogonal state）（参见图 5-30）。如果有多个区域，那么各区域中的子状态是并发的。

对于正交状态，各区域间用虚线分开。其作用是把一个组合状态中互不相斥的子状态划分到不同的区域中，从而使它所表现的行为更为清晰。对于每个区域可给一个名称。

例如，图5-29中的组合状态“拨号”是非正交状态，其中的子状态是互斥的，在一个时刻仅位于一个子状态，可称这样的子状态为顺序子状态，而图5-30中的组合状态“未完成”是正交的，由虚线隔开的不同区域中的子状态是并发的，可称这样的子状态为并发子状态。

一个组合状态内的各区域可以有初始状态和终止状态。到封闭区域（状态）边界的转移表示到其内的初始状态的转移。到封闭区域中的终止状态的转移表示其内的活动的完成。从组合状态退出时，从最里层的子状态开始，从里向外逐次地执行退出动作来退出。

新创建的对象，从最外层的初始状态开始，执行其最外层的转移。若对象转移到了最外层的终结状态，则对象的生命周期终止。

在图5-25和图5-28中，转移到状态Active，即转移到其内的初始状态，马上执行动作setAlarm发出警报，随后在子状态Checking中检查是哪个报警器在报警，然后进入子状态Calling时就执行动作CallCenter（s），根据s中的值向相应部门报警（如警局或消防队），报完警后进入子状态Waiting，进行等待，直到事件出现，解除警报。

图5-29描述了组合状态“拨号”，其内包含的子状态是互斥的。

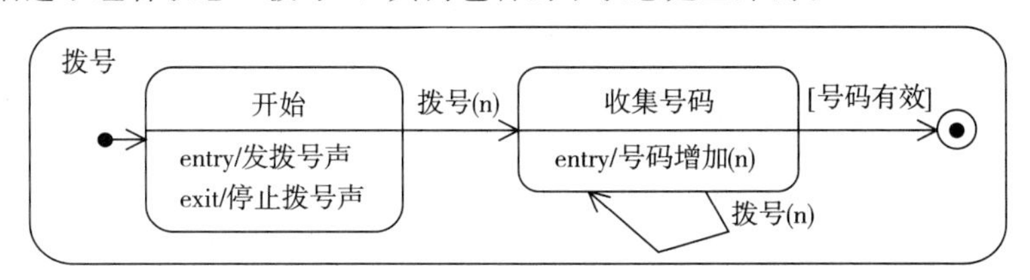

图5-29 非正交状态示意图

组合状态“拨号”内的子状态互斥地顺序执行。当一个转移进入“拨号”时（转移箭头指向其边界，在图中没有画出），首先通过其内的初始状态进入子状态“开始”。在子状态“收集号码”中，当拨够指定位数（如8位）的号码后，就引发了一个完成事件，若所拨号码有效，当转移到子状态“拨号”内的终止状态时，退出子状态“拨号”。

进入正交状态时，默认地进入它的所有并发区域。也就是说，如果进入的转移箭头在组合状态的边界终结，则进入所有区域内的默认状态。退出并发状态时，先退出它的每一个区域，再退出整个组合状态。换句话说，正交状态内的所有并发区域中的活动的完成，表示该组合状态内的所有活动的完成，并触发组合状态上的完成事件。

图5-30描述的是组合状态“课程学习”及其内的子状态。

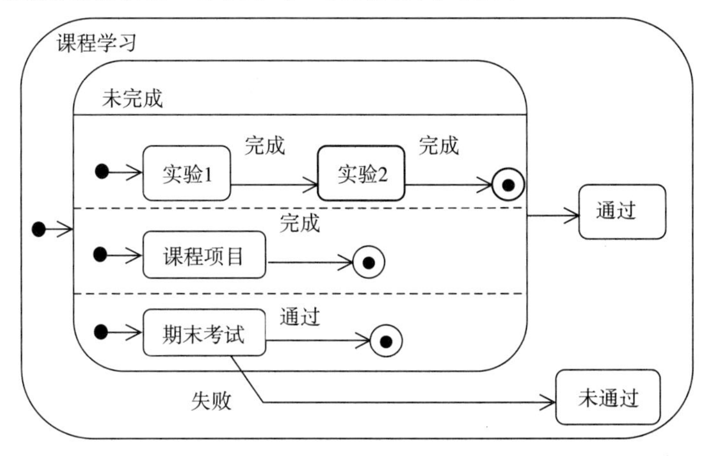

图5-30 正交状态示意图

该状态机图说明，要完成一门课程的学习，必须要在学期内完成两个实验、一个课程项目，并通过期末考试。只有前两项都完成且考试通过，该门课程才为通过。无论实验与课程项目完成与否，只要期末考试不及格，该门课程就确定为未通过。

具体地，组合状态“课程学习”含有三个子状态“未完成”“通过”和“未通过”，其中子状态“未完成”是一个正交状态，其内有三个并发区域。当进入状态“课程学习”时，先到达状态“课程学习”内的初始状态，这意味着要同时进入到正交状态“未完成”内的三个初始状态。当正交状态“未完成”内的转移都到达了其内的三个终止状态后，表示正交状态“未完成”中的所有活动的完成导致一个完成事件，该完成事件触发正交状态“未完成”到子状态“通过”的转移。若处于正交状态“未完成”中的子状态“期末考试”，且发生了“失败”事件，则正交状态“未完成”中的所有的并发区域都停止执行，并转移到子状态“未通过”。

5.4.2 建立状态机图

在对系统的动态方面建模时，有时要对一些对象刻画它们对语境外部的事件所做出的反应，描述对象的状态以及状态间的转移，这时就要绘制对象的状态机图。对于一个较为复杂的系统而言，对每类对象都建立状态机图的工作量是相当大的。通常只对那些状态和行为较为复杂的对象建立状态模型，以更清楚地认识这些对象的行为，进而准确定义它们的操作。

建立状态机图应遵循的策略如下：

- 设置状态机的语境。即要考虑在特定的语境中哪些对象与该对象交互，包括这个对象通过依赖或关联到达的所有类的对象。这些邻居对象是事件来源或发送目标，或动作的操纵目标，在监护条件中也可能要使用它们。
- 在一个对象中选定一组对确定该对象的各状态有影响的属性，结合有关的事件和动作，考虑这组属性的值稳定在一定范围的条件，以决定该对象的各稳定状态。
- 针对对象的整个生命周期，列出这个对象可能处于的状态（此时不考虑子状态），并决定稳定状态的有意义的偏序。
- 确定这个对象可能响应的事件。可在对象的接口处发现一些事件。对所确定的事件，分别给出唯一的名字。这些事件可能触发从一个状态到另一个状态的转移。
- 用转移将这些状态连接起来，接着向这些转移中添加事件触发器、监护条件或动作。
- 识别各状态的进入动作表达式或退出动作表达式，以及内部转移。该项工作往往与识别状态间的转移同时进行。
- 如果需要，从这个对象的高层状态开始，考虑一些状态内部的子状态。

按上述策略建立状态机图后，还要按下述要求进行审查：

- 检查该对象的接口所期望的所有事件是否都被状态机所处理。
- 检查在状态机中提到的所有动作是否被该对象的关系和操作所支持。
- 通过状态机，跟踪检查事件的顺序和对它们的响应，尤其要注意寻找那些不能达到的状态和导致状态机图不能走通的状态。
- 要确保没有改变该对象的语义。因为在建立状态机图时对动作的规定可能只注重某（些）方面，建模人员有责任确保状态机图与系统的相关模型的一致性，特别是与类图中的类的语义要一致。

考虑清楚了一个类的各个对象的状态机图，就能综合出描述该类的状态机图。也可以用状态机图描述其他模型元素（如系统、构件、服务或参与者）的行为。

有时要针对接口建立状态机图，以对接口的行为建模。尽管接口没有任何直接的实例，但实现该接口的类可以有实例（即对象）。这样做的目的是，实现和使用该接口的类的对象必须遵从该接口的状态机图所说明的行为。

5.5 包图

对一个较为复杂的系统建模，要使用大量的模型元素，这时就有必要把这些元素进行组织。把关系密切的模型元素组织在一起并控制模型元素的可见性，有助于控制模型的复杂度，也有助于理解。

5.5.1 概念与表示法

包图（package diagram）是描绘模型元素分组以及分组之间依赖的图，其中要用到的包（package）是对模型元素进行分组的机制。通过用包把模型元素组织成为组，从而作为一个集合进行命名和处理。包也是一种模型元素，故一个包也可以含有其他包。

包可以用于各种不同的图。例如，用于类图，可以用它组织一组类；用于用况图，可以用它组织一组用况。

一个模型元素只能被一个包所拥有，这意味着包拥有被声明在其中的元素。如果包被撤销了，其中的模型元素也要被撤销。

图 5-31 给出了包的表示法。

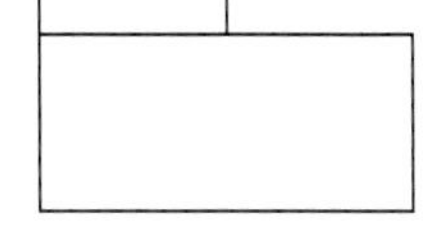

图 5-31 包的表示法

包本身是有名字的。如果包的内容没有被显示在大矩形中，就把该包的名字放在大矩形中。如果包的内容被显示在大矩形中，就把该包的名字放在左上角的小矩形中。

下面分几个方面来继续讲解包及有关的概念。

1. **包的层次性**

因为包中还可以有包，这样包之间形成了一种层次结构，而且这种层次结构是一棵严格的树。如图 5-32 所示，包中含有包。

在实际使用中，最好要避免过深地嵌套包，一般几层即可。

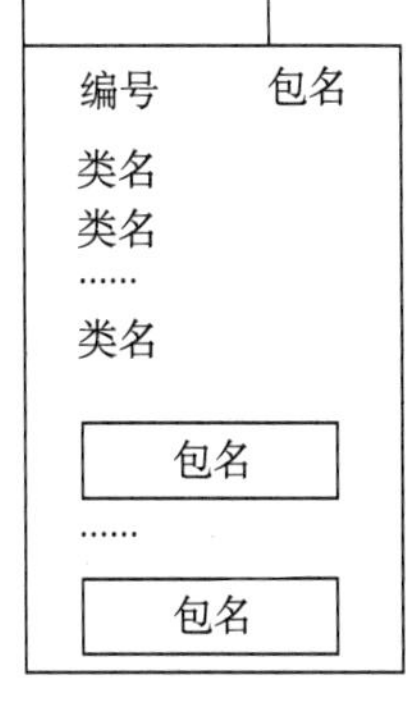

图 5-32 包的嵌套结构

2. **包中模型元素的命名**

一个包形成了一个命名空间，这意味着在一个包的语境中同一种模型元素的名字必须是唯一的。在一个包中不同种类的模型元素可以有相同的名字。例如，可以在同一个包中对一个类命名为 Timer，对一个接口也命名为 Timer。为了不造成混乱，最好对一个包中的所有元素都唯一地命名。

如果一个包位于另一个包中，外层的包就作为里层包的前缀。例如，在包 Vision 中有一个名为 Camera 的类，而包 Vision 又在包 Sensor 中，则类 Camera 的全称为 Sensor∷Vision∷Camera。这也意味着在不同的包中，模型元素可以有相同的名字。

从上述可以看出，如果不使用包来组织模型元素，最后得到的是一个庞大的、平坦的模型，其中的所有模型元素的名字都要唯一，这是难以管理的。特别是在团队协作开发时，这种问题就更为严重。

3. **包中模型元素的可见性**

一个包中的模型元素在包外的可见性，通过在模型元素名字前加上一个可见性符号来指示。模型元素的可见性可为+（公共的）、-（私有的）、#（受保护的）或~（包范围的），它们的含义为：

- +：标有"+"号的模型元素对包内外的模型元素都是可见的。
- -：标有"-"号的模型元素只对包内的元素（不包括内部子包）是可见的。
- #：除了对包内的模型元素是可见的之外，标有"#"号的模型元素只对那些与包含它的包有泛化关系的特殊包中的模型元素是可见的。
- ~：标有"~"号的模型元素只对在同一包内声明的模型元素是可见的。

4. **包间的关系**

包之间不但可以具有拥有关系（包内有包），包之间也可以具有引入依赖和访问依赖。

引入依赖是两个包之间的一种许可依赖关系，一个包中的可见性为公共的模型元素，可以在指定的包（包括嵌套在该包中的子包）中被引用，相当于把提供者包的内容附加到客户包的公共命名空间中，而不必对名称进行限制。

把引入依赖绘制成带有箭头的虚线，其上标有≪import≫，虚线的箭头指向提供者包，虚线的尾部位于客户包，参见图 5-33。

访问依赖是两个包之间的一种许可依赖关系，一个包中的可见性为公共的模型元素，可以在指定的包（包括嵌套在该包中的子包）中被引用，相当于把提供者包的内容附加到客户包的私有命名空间中，而不必对名称进行限制。

把访问依赖绘制成带有箭头的虚线，其上标有≪access≫，虚线的箭头指向提供者包，虚线的尾部位于客户包。

引入依赖与访问依赖是不同的。其差别在于前者是把提供者包的内容附加到客户包的公共命名空间中，而后者是把提供者包的内容附加到客户包的私有命名空间中。公共命名空间里的模型元素可以被其他的包使用，而私有命名空间中的模型元素则不可以。

包间的泛化关系与类间的泛化很类似，即特殊包可以继承一般包中的可见性为公共的或受保护的模型元素，而且在特殊包中还可以有自己的模型元素，自己的模型元素可以覆盖继承来的模型元素。

图 5-33 给出了一个关于包中模型元素的可见性及包之间的引入依赖的例子[5]。

图中的包 Policies 明确地引入了包 GUI，因而 GUI 中的 Window 和 Form 对包 Policies 中的元素是可见的，即包 Policies 中的元素不需要指定 Window 和 Form 所属于的包（即不用把 GUI 作为前缀）就可直接使用它们，相当于它们就是定义在自己包中的元素。然而，由于 GUI 中的 EventHandler 是受保护的，因此它对 Policies 是不可见的。由于包 Server 没有引入 GUI，Server 中的元素要使用 GUI 中的可见性为公共的元素，就必须用 GUI 作为前缀，例如，GUI::Window。由于 Server 中的元素是私有的，其他包中的模型元素无权使用 Server 中的任何模型元素，即使指定了包名（如 Server::Database）也不能使用它们。

引入依赖是传递的。在本例中，Client 引入 Policies，Policies 引入 GUI，所以 Client 就传递地引入了 GUI。因此，Client 可以把 Policies 中的可见性为公共的模型元素添加到自己的命名空间，也可以把 GUI 中的可见性为公共的模型元素添加到自己的命名空间。如果 Policies 访

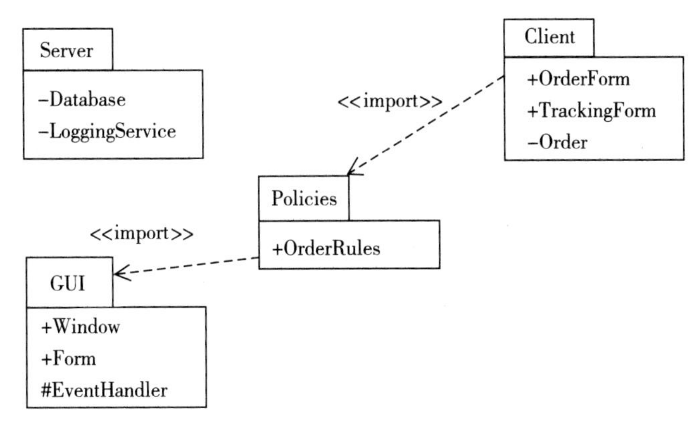

图5-33 包中模型元素的可见性及包之间的引入依赖

问GUI（即关系为access），而不是引入它，GUI中的Windows和Form就进入到了Policies的私有命名空间，这样Client不能把二者添加到自己的命名空间，但是仍然能通过限定名（如GUI::Window）引用它们。

在上文也提及过，嵌套的包之间也存在着可见性问题：

1）里层的包中的模型元素能够访问其外层包中定义的可见性为公共的模型元素，也能访问其外层包通过引入依赖而得来的模型元素。

2）一个包要访问它的内部包的模型元素，就要与内部包有引入或访问关系，或需要指定包名（即使用限定名）。

3）里层包中的模型元素的名字会掩盖外层包中的同名模型元素的名字，在这种情况下需要用限定名来使用外层包中的同名模型元素。

5.5.2 如何划分与组织包

结构良好的包是高内聚的，包之间是松耦合的，而且对其内容的访问可通过可见性进行控制。如下是划分包的基本策略：

- 识别低层包。把在语义上接近并倾向于一起变化的模型元素放在一个包中。例如，把具有泛化关系的一组类放在一个包中，把关联密集的一组类放在一个包中，把具有包含、扩展或继承关系的用况放在一个包中。
- 合并或组织包。如果低层包数量过多，则把它们合并，或用高层包组织它们。
  - 若低层包之间在概念上接近或具有较强的相关性，从作用上属于某项大的功能，在图上有较强的耦合性，或在分布上处于同一台处理机，则考虑把它们合并，或用高层包组织它们。
  - 建议每个包有7±2个内层成分。
- 组织包的层次。包的层次不要过深，否则会影响理解。
- 标识包中的模型元素的可见性。对每一个包，确定哪些元素在包外是可以访问的，把它们标记为公共的或受保护的等。
- 建立包间的关系。根据需要，在包之间建立引入依赖、访问依赖或泛化关系。

习题

1. 在什么情况下要建立顺序图?
2. 使用信用卡可以在AMT机上进行取款。针对一次取款，建立顺序图。注意ATM机是与银行联网的。
3. 几台计算机公用一台打印机，打印机由一台打印服务器管理。请按这些要求，建立顺序图。
4. 在什么情况下要建立状态机图?
5. 状态机图中一定要有终止状态吗?请举例说明。
6. 总结状态机图中的事件的种类。
7. 在一个继承结构中，一般类与特殊类的状态机图相同吗?请解释原因。
8. 为一个只有两个按钮的简易电子手表建立状态机图。一个按钮用于选择显示时间和设置时间，一个按钮用于增减时间。时间单位：小时、分和秒。
9. 把AMT机作为一个类，建立状态机图。
10. 针对简易电梯，建立状态机图。
11. 在图书馆中，购入的书在半个月内为新书，以后为旧书。书无论新旧，都可以向外借阅。针对上述要求建立状态机图。
12. 状态机图中的内部转移与外部转移有什么不同?
13. 针对开关电动门建立一个状态机图。
14. 说明活动图中的分支与合并以及分岔与汇合的作用。
15. 针对在商场购物，请建立活动图。
16. 为什么要使用包?怎样划分包?请回答这两个问题。
17. 若干包组织的是类图，且两个包之间有引入依赖，那么不同包中的类之间可以有关系吗?举例说明。
18. 针对开发一个小程序的过程，建立一个活动图。
19. 针对4.3.2节中的例4-3，即集合管理器，建立顺序图。

第三部分

PART THREE

面向对象设计

CHAPTER 6

第 6 章

什么是面向对象设计

在面向对象分析阶段，针对用户需求已经建立起用面向对象概念描述的系统分析模型。在设计阶段，要考虑为实现系统而采用的计算机设备、操作系统、网络、数据管理系统以及所采用的编程语言等有关因素，基于面向对象分析模型，进一步运用面向对象方法对系统进行设计，构建面向对象设计模型。

6.1 OOA 与 OOD 的关系

OOA 的目标是建立一个映射自问题域、满足用户需求且独立于实现的模型。

面向对象设计（Object-Oriented Design，OOD）要在 OOA 模型的基础上运用面向对象方法，主要解决与实现有关的问题，目标是产生符合具体实现条件的 OOD 模型。

由于 OOA 与 OOD 的目标是不同的，这决定了它们有着不同的分工，并因此而具有不同的开发过程及具体策略。

在面向对象分析阶段，针对问题域和系统责任，把用户需求转化为用 OO 概念所建立的模型，以易于理解问题域和系统责任。这个 OOA 模型是问题域和系统责任的完整表达，而不考虑与实现有关的因素。OOD 才考虑与实现有关的问题（如选用的编程语言、数据库系统和图形用户界面等），建立一个针对具体实现要求的 OOD 模型。这样做的主要目的是：

- 使反映问题域本质的总体框架和组织结构长期稳定，而细节可变。
- 把稳定的问题域部分与可变的与实现有关的部分分开，使得系统能从容地适应变化。
- 有利于同一个分析模型用于不同的设计与实现，可形成一个系统族。
- 有利于相似系统的分析、设计或编程结果复用。

OOA 和 OOD 追求的目标不同，但它们采用一致的概念、原则和表示法，不像结构化方法那样从分析到设计存在着把数据流图转换为模块结构图的转换，OOD 以 OOA 模型为基础，只需做必要的修改和调整，或补充某些细节，并增加几个与实现有关的相对独立部分。因此 OOA 与 OOD 之间不存在像传统方法中那样的分析与设计之间的鸿沟，二者能够紧密衔接，大大降低了从 OOA 过渡到 OOD 的难度和出错率。这是面向对象的分析与设计方法优于传统的软件工程方法的重要因素之一。

本书所采用的这种观点在 OMG 倡导的模型驱动的体系结构（Model Driven Architecture，MDA）中获得了新的生命力——从 MDA 的观点来看，不涉及具体实现条件的 OOA 模型是一个平台无关模型，它独立于任何实现平台。在 OOA 模型的基础上，针对确定的实现条件而设计的 OOD 模型则是一个平台相关模型。

6.2 面向对象设计模型和过程

根据 OOA 和 OOD 的关系，本书设立了图 6-1 所示的 OOD 模型。

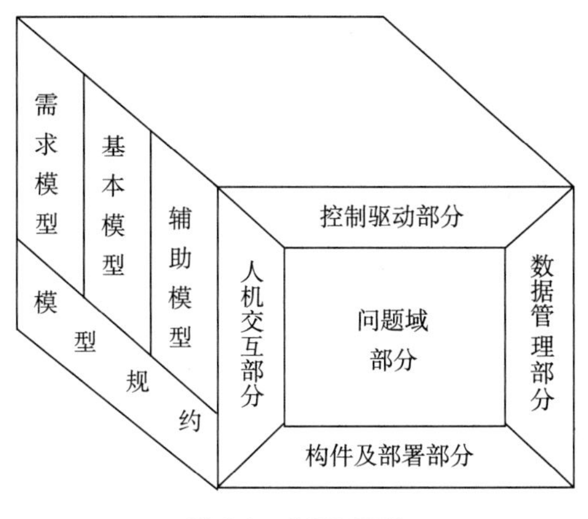

图 6-1　OOD 模型

从一个正面观察 OOD 模型，它包括一个核心部分，即问题域部分，还包括四个外围部分：人机交互部分、控制驱动部分、数据管理部分和构件及部署部分。初始的问题域部分即为 OOA 模型，要按照实现条件对其进行补充与调整；人机交互部分即人机界面设计部分；控制驱动部分用来定义和协调并发的各个控制流；数据管理部分用来对持久对象的存取建模；构件及部署部分中的构件模型用于描述构件以及构件之间的关系，部署模型用于描述节点、节点之间的关系以及实现构件的制品在节点上的分布。

至于 OOD 模型正面中的五个部分，除了问题域部分外，其余的实现条件有很多选择，即这些部分的模型受实现条件的影响很大，易随实现条件的变化而变化。因而，它们单独形成模型，再采取措施与问题域部分模型相衔接，使其变化尽量少地影响问题域部分模型，见图 6-2。

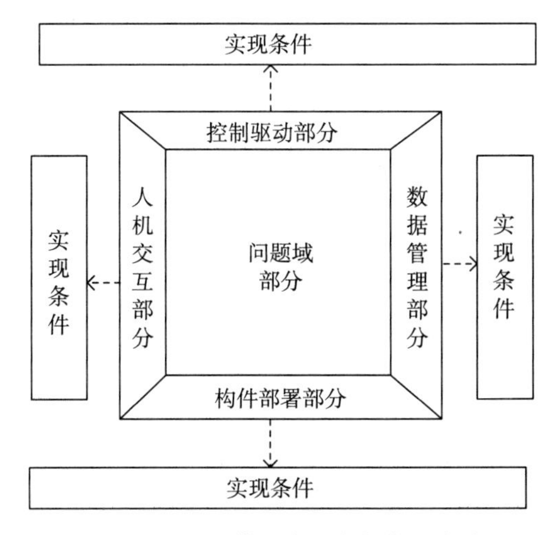

图 6-2　OOD 模型中五个部分的关系

图中问题域部分与其余部分的衔接措施，在后续章节中要予以阐述。

从侧面观察 OOD 模型，该侧面中的图与图 2-2 是一样的，只是在辅助模型中要增加分别用于描述构件模型和部署模型的构件图和部署图。这表明，对于 OOD 模型正面中的每个部分，仍采用 OOA 的概念和表示法进行建模。

OOD 过程由与上述五个部分相对应的五项活动组成。OOD 过程不强调针对问题域部分、人机交互部分、控制驱动部分和数据管理部分的活动的执行顺序。对于各项活动，除了问题域部分是在 OOA 的结果上进行修改、调整和补充之外，其余的与 OOA 中的活动类似，但各项活动都各有自己的任务和策略。建立构件及部署部分模型的活动要在上述四个部分完成后进行。

在 OOA 阶段可以运用原型技术，在 OOD 阶段仍然可以继续使用原型技术，如把该技术用于验证对数据库系统、网络结构和编程环境的选择，以决定它们用于详细设计的技术可行性。

习题

1. 描述 OOA 与 OOD 之间的关系。
2. OOD 模型是什么？OOD 的过程模型是什么？
3. 比较结构化设计与面向对象设计。

CHAPTER 7

第7章

问题域部分的设计

上一章已经讲过，OOD的问题域部分设计以OOA的结果作为输入，按实现条件对其进行补充与调整。进行问题域部分设计，要继续运用OOA方法，包括概念、表示法及一部分策略。不但要根据实现条件进行OOD设计，而且由于需求变化或新发现了错误，也要对OOA的结果进行修改，以保持不同阶段模型的一致性。本章的重点是对OOA结果进行补充与调整，要强调的是这部分工作主要不是细化，但OOA未完成的细节定义要在OOD完成。如下各节要讲述用于问题域设计的主要技术。

7.1 复用类

如果在OOA阶段识别和定义的类是本次系统开发中新定义的，且没有可复用的资源，则需要进一步设计和编程。

如果已存在一些可复用的类，而且这些类既有分析、设计时的定义，又有源程序，那么复用这些类显然可以提高开发效率与质量。例如，如果存在通用的类“图书”，在零售书店领域，可设立较特殊的类“零售图书”来继承它；而在图书馆领域，可设立类“馆藏图书”来继承它。如果有可能，要尽量寻找相同或相似的具有特定结构的一组类进行复用，以减少新开发的成分。

既然可复用的类可能与OOA模型中的类完全相同，也可能只是相似，这就要区分如下几种情况，分别进行处理。

当前所需要的类（问题域原有的类）的信息与可复用类的信息相比：

1）如果完全相同，就把可复用的类直接加到问题域，并用{复用}标记所复用的类，即把它写在类名前。

2）如果多于，就把可复用的类直接加到问题域，并用{复用}标记所复用的类，所需要的类再继承它。

3）如果少于，就把可复用的类直接加到问题域，删除可复用类中的多余信息，并用{复用}标记所复用的类。

4）如果近似，按如下的方法处理：

- 把要复用的类加到问题域，并标以{复用}。
- 去掉（或标出）复用类中不需要的属性与操作，建立从复用类到问题域原有的类之间的继承关系。
- 由于问题域的类继承了复用类的特征，所以前者中能继承来的属性和操作就不需要了，应该把它们去掉。
- 考虑修改问题域原有类与其他类间的关系，必要时把相应的关系移到复用类上。

例如，问题域中有一个类“车辆”，其中的属性有：序号、颜色、样式和出厂年月，还有一个操作为“序号认证”。现在找到了一个可复用的类“车辆”，其中的属性有：序号、厂商和样式，也有一个操作为“序号认证”。首先把可复用的类“车辆”标记为｛复用｝，去掉其中不需要的属性“厂商”，把类“车辆｛复用｝”作为类“车辆”的一般类，再把类“车辆”中的属性“序号”和“样式”以及操作“序号认证”去掉，因为一般类中已经有了这些特征，类“车辆”从中继承即可。

若要使用类库中的类（如Java的Vector和Hashtable这样的包容器/集合类），一般只需把所需要的那个特殊类画在类图中，并标上“｛复用｝”。若复用类是特殊类，它就要继承祖先类的操作和属性，这样就出现了在图上看不到祖先类的操作和属性。解决问题的方法是，把所需要的祖先类的操作和属性，在标有“｛复用｝”的类中重新列出来，并加上标记，如“｛继承自××类｝”，表明这些属性和操作是继承而来的，不需要在本系统中实现，这样做仅仅是为了使用方便。

7.2　增加一般类以建立共同协议

在OOA中，将多个类都具有的共同特征提升到一般类中，考虑的是问题域中的事物的共同特征。在OOD中再定义一般类，主要是考虑到一些类具有共同的实现策略，因而用一般类集中地给出多个类的实现都要使用的属性和操作。如下为需要增加一般类的几种情况：

1）增加一个类，将所有具有相同属性和操作的类组织在一起，提供通用的协议。

例如，很多非抽象类都应该具有创建、删除和复制对象等操作，可把它们放在一般类中，特殊类从中继承。

2）增加一般类，提供局部通用的协议。

例如，很多持久类都应该具有存储和检索功能，可对这样的类设立一般类，提供这两种功能，持久类从中继承。

上述两种情况都是通过建立继承，把若干类中定义了的相同操作提升到一般类中，特殊类再从中继承。然而，在不同类中的操作可能是相似的，而不是相同的，有时需要对这种情况进行处理。

3）对相似操作的处理。

若几个类都具有一些语义相同、特征标记相似的操作，则可对操作的特征标记做小的修改，以使得它们相同，然后再把它们提升到一般的类中。如下为两个策略：

- 若一个操作比其他的操作参数少，要加入所没有的参数，但在操作的算法中忽略新加入的参数。这种方法存在缺点，即对参数的维护和使用有些麻烦。
- 若在一个类中不需要一般类中定义的操作，则该类的这样操作的实现中就不含任何语句。

7.3　提高性能

为了提高性能，需要对问题域模型做一些处理。影响系统性能的因素有很多，下面给出一些典型的性能改进措施。

(1) 调整对象的分布

把需要频繁交换信息的对象，尽量地放在一台处理机上。

(2) 增加保存中间结果的属性或类

对经常要进行重复的某种运算，可通过设立属性或类来保存其结果值，以避免以后再重复计算。例如，对于商品销售系统，可设立一个类“商品累计”，用它的对象分门别类地记录已经销售出去的商品累计数量，以免以后每次都从头重新计算。

(3) 为提高或降低系统的并发度，可能要人为地增加或减少主动类

若把一个顺序系统变为几个并发进程，在执行时间上应该缩短。但若并发的进程过多且需要频繁地协调，也需要额外的时间。也就是说，并发进程的设置和数量要适度，有关该方面的更多内容请参见第 9 章。

(4) 合并通信频繁的类

若对象之间的信息交流特别频繁，或者交流的信息量较大，可能就需要把这些对象类进行合并，或者采用违反数据抽象原则的方式，允许操作直接从其他对象获取数据。

例如，在某个实时控制系统中，要对一种液体的流速进行自动控制。用一个流速探测器不断地探测液体的流速，同时流速调节器根据探测结果及时对流速进行调节，使其稳定在一个流速范围内。最初的设计如图 7-1a 所示，用类“流速探测器”的对象中的操作“流速探测”不断地刷新属性“当前流速”的值，用类“流速调节器”的对象中的操作“流速调节”反复地调用类“流速探测器”的对象中的操作“取当前流速”，并把读取的当前流速与属性“流速范围”的值比较，根据比较结果对设备进行调节。如果两个对象间的频繁消息传送成为影响性能的主要原因，则可以把两个类合并为一个类“流速调节器”，如图 7-1b 所示。

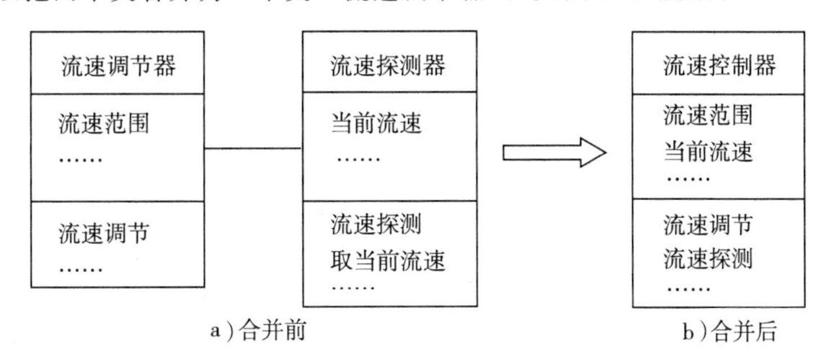

图 7-1　合并消息传送频繁的类

合并后的类的对象的执行取消了合并前调用操作“取当前流速”这个环节，取消的原因是由于调用它过于频繁了。

(5) 用聚合关系描述复杂类

如果一个类描述的事物过于复杂，其操作也可能比较复杂，因为其中可能要包括多项工作内容。对这种情况的处理，可考虑用聚合关系描述复杂类。

例如，在一个动画播放系统中，可把每帧都定义为一个对象。这样在显示时，既要显示背景，又要显示前景。由于相对来说背景变化较少，一些连续的帧的背景是相同的，而前景往往是变化的。把每个帧都作为一个对象来处理，显然不容易针对背景和前景的不同特点设计出高效的算法。如果把帧分解，形成如图 7-2 所示的结构，则能提高每帧的显示速度。

图 7-2 中的每个帧由一个背景和一个前景构成，但一个背景可用于多个帧。

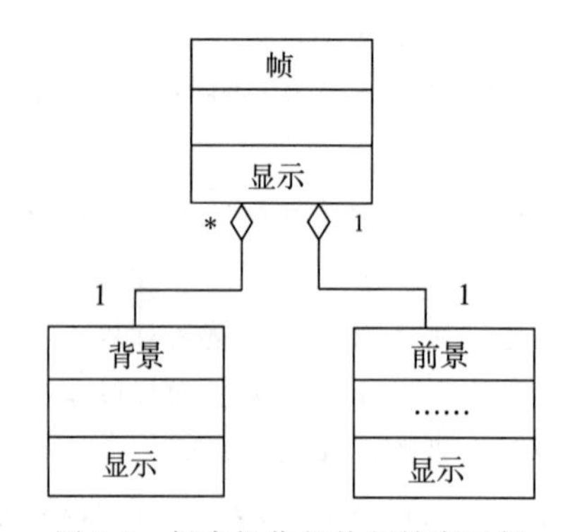

图 7-2　提高操作的执行效率示例

（6）细化对象的分类

如果一个类的概念范畴过大，那么它所描述的对象的实际情况可能就有若干差异。为了使这样的类的一个操作能够定义一种对所有对象都适合的行为，就要兼顾多种不同的情况，从而使得操作的算法较为复杂，影响执行效率。一种解决的办法是把类划分得更细一些，在原先较为一般的类之下定义一些针对不同具体情况的类，在每个特殊类中分别定义适合各自对象的操作。

例如，有一个类“几何图形”，为其编写一个通用的绘制几何图形的操作肯定是比较复杂的，现在对几何图形进行细分，现假设分成了多边形、椭圆和扇形，再分别进行处理，如图7-3所示。

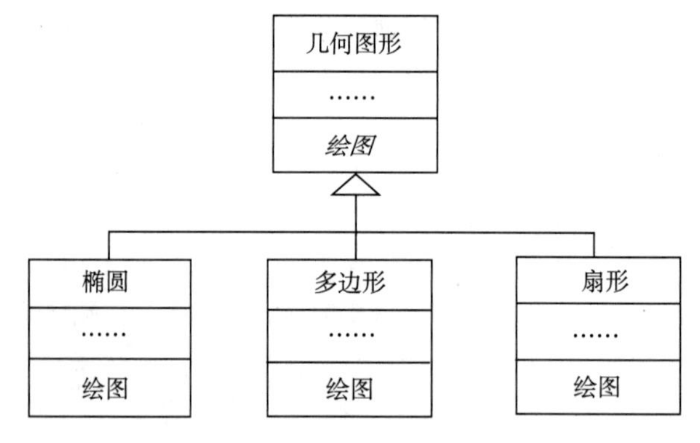

图 7-3　细化对象的分类示例

图 7-3 中分别按多边形、椭圆和扇形设计绘图操作，而不必考虑通用性，所以设计出来的绘图算法相对来说是简单和高效的。类“几何图形”中的抽象操作“绘图”由它的子类实现。

7.4　按编程语言调整继承

由于在 OOA 阶段强调如实地反映问题域，而在 OOD 阶段才考虑实现问题，这就有可能出现这样的情况：在 OOD 模型中出现了多继承，而所采用的编程语言不支持多继承，甚至不支持继承。这就需要根据编程语言对 OOA 模型进行调整。

1. 对多继承的调整

若编程语言支持单继承，但不支持多继承，则可按如下方法进行调整。

方法 1：采用聚合把多继承转换为单继承

图 7-4 给出了一个示例。

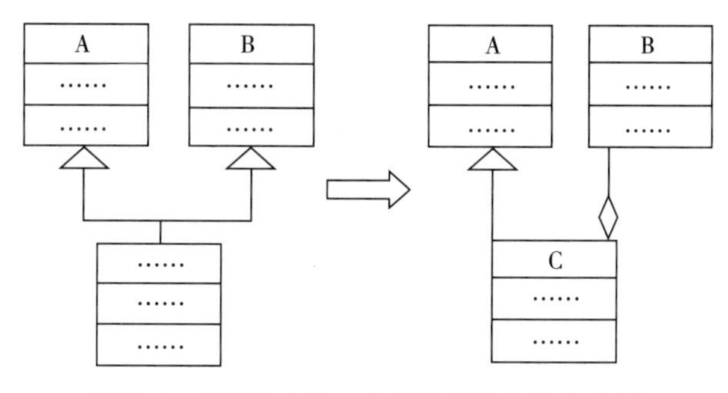

图 7-4　多继承中的一个继承转换为聚合示例

因为聚合和继承是不同的概念，这种方法并不是通用的。例如，类 B 拥有一个约束（如它仅能创建一个对象），通过继承类 C 也拥有该约束，但换为聚合后，仅类 B 拥有该约束。在大多数情况下，需要考虑形成多继承的原因，请看下面的例题。

图 7-5 给出的模型中有一个多继承，现假设编程语言不支持多继承，仅支持单继承。

由于在图 7-5 所示的模型中是按人员身份对一般类“人员”进行分类的，并形成了其下的两个特殊类“研究生”和“教职工”，现在用身份作为一个类，依据它对原模型进行调整。调整后的结构如图 7-6 所示

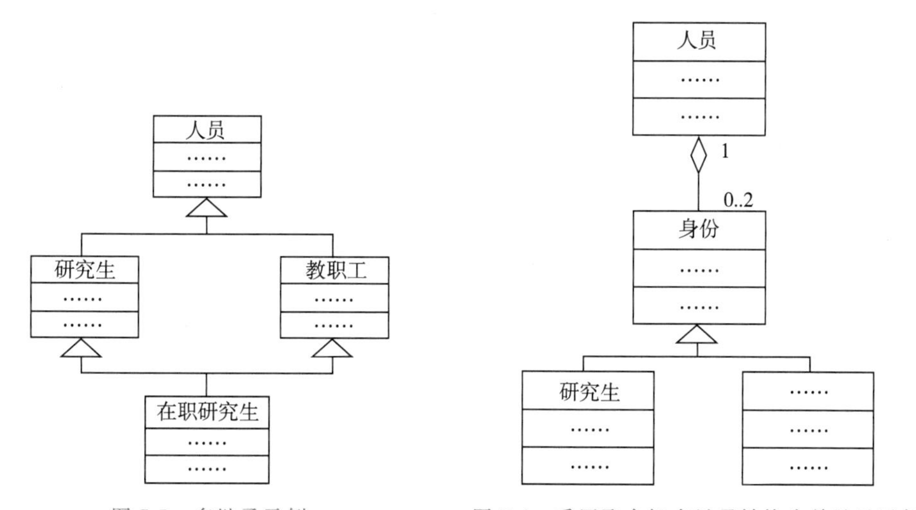

图 7-5　多继承示例　　图 7-6　采用聚合把多继承转换为单继承示例

在图 7-6 中，创建研究生对象时，使用类“人员”和类“身份”以及自身的信息，类“身份”那端的多重性为 1，即类“研究生”创建一个对象，作为类“人员”对象的成分对象。创建教职工对象也与此类似。创建在职研究生对象时，要使用类图中的四个类的信息，类“身份”端的多重性为 2，即类“研究生”和“职员”分别创建一个对象，作为类“人员”创建的那个对象的成分。人员对象是用类“人员”创建的，只是类“身份”那端的多重性为 0。经过这样的转换后，新旧模型的语义不能改变。

采用聚合把多继承转换为单继承还有其他方式，如图 7-7 所示。

在图 7-7 中，创建研究生对象时，使用类“人员”“研究生”和“身份”的信息，在这种

情况下，类“研究生”那端的多重性取值为 1。创建教职工的对象与此类似。创建在职研究生的对象时，要使用类图中的四个类的信息，只是类“研究生”和“教职工”那端的多重性均取值为 1。创建人员对象的用意不变，只是类“研究生”和类“教职工”那端的多重性均取值为 0。

方法 2：采用压平的方式

还有一种简单的方法可用于把多继承转换为单继承。在图 7-8 中，把类“在职研究生”直接提升为类“人员”的特殊类。

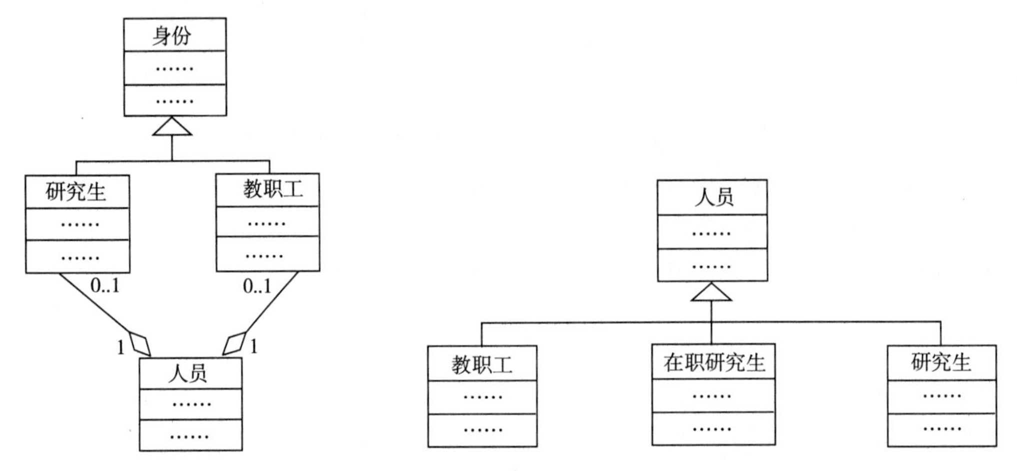

图 7-7　采用聚合多继承转换为单继承示例　　图 7-8　采用压平的方式把多继承转换为单继承

使用这种方法，使得类“教职工”和“研究生”中的一些特征要在类“在职研究生”中重复出现，导致信息冗余。采用图 7-9 所示的方法，可解决该问题。

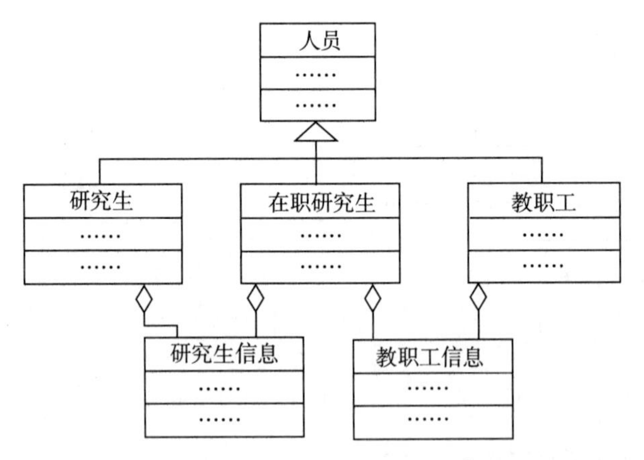

图 7-9　采用压平和聚合的方式把多继承转换为单继承

2. 取消继承

若编程语言不支持继承，则只能取消继承。其方法有两种。

方法 1：把继承结构展平

图 7-5 中的结构要转化成如图 7-10 中所示的三个类。

方法 2：采用聚合的方法

图 7-11 中给出的示例把多继承转化为两个聚合。

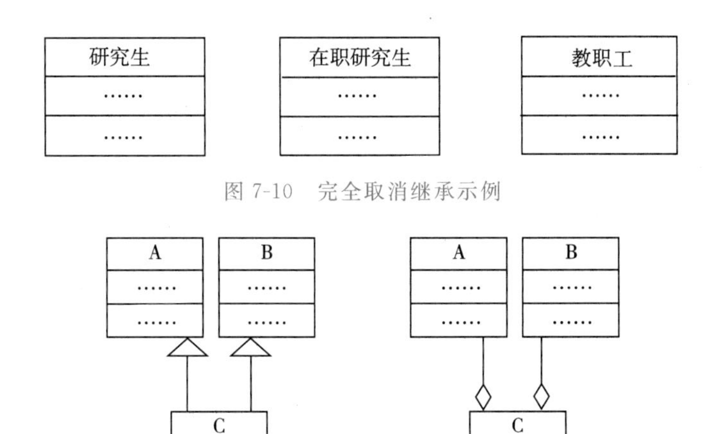

图 7-10　完全取消继承示例

图 7-11　采用聚合的方式取消继承

3. 对多态性的调整

在继承结构中，具有相同名字的属性和操作，在不同的类中可以具有不同的类型和行为。这种在继承结构中对同一命名具有不同含义的机制，就是继承中的多态。注意这与重载是不同的，重载是指相同的操作名在同一个类中可以被定义多次，按参数的个数、类型或次序等的不同来对它们进行区分。

如果编程语言不支持多态，就需要把与多态有关的属性和操作的名字分别赋予不同的含义，即明确地把它们视为不同的东西。换行有时还要按实际需要，重新考虑对象的分类，并对属性和操作的分布进行调整。图 7-12a 中的继承结构中使用了多态。

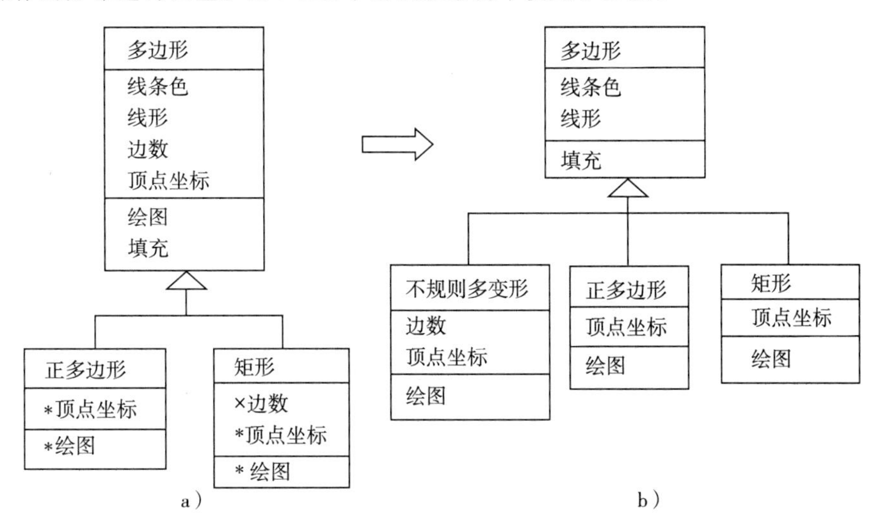

图 7-12　对多态性的调整示例

图 7-12a 中的特殊类继承了一般类的操作“绘图”和属性“顶点坐标”，但都进行了重新定义（这样的属性和操作前都标有符号 *），因为它们的数据结构和算法比一般类中的要简单；特殊类“矩形”没有使用一般类中的属性“边数”（其前标有符号×），因为矩形的边数为 4，是一个常量。在编程语言不支持多态的情况下，进行重新分类的思路是：既然属性“边数”、

“顶点坐标”和操作“绘图”不能被所有的特殊类继承或不加修改地继承，就说明它们只能适合多边形集合的一个子集，把这个子集定义为一个特殊类“不规则多边形”，并把这些属性和操作下降到该特殊类中。这样类“正多边形”和“矩形”也不再继承那些不适合自己的属性和操作，而是要自己进行定义。对图 7-12a 调整后的结果如图 7-12b 所示。

7.5 转化复杂关联并决定关联的实现方式

1. 转化复杂关联

在 OOA 阶段建立的模型中，可能含有关联类和 N 关联，目前的编程语言并不支持这样的关系。这就需要把它们转化为二元关联。此外，对于多对多的二元关联，从实现的角度考虑，有时也需要把它转化为一对多的二元关联。

（1）把关联类和 N 元关联转化为二元关联

请参见 4.3.2 节，其中讲述了如何把关联类和 N 元关联转化为二元关联。

（2）把多对多关联转化为一对多关联

对于像 C++这样的语言来讲，多对多的关联对实现可能带来的麻烦是，无论是哪一端类的对象用指针指向另一端的类的对象，类中所设立的指针数目都是不定的。使用指针链表可解决该问题。若不想使用指针链表，且不需要关联两端的类的对象都要用指针指向对方，解决此类问题的一个方法是，考虑在多对多关联之间加入一个类，让它与原来的两个类分别建立关联，并在多重性为多的那端的类中设立两个指针，在该类的对象中用它指向对方类的对象，这就把多对多关联转化为一对多关联。图 7-13 给出了运用该方法的一个示例。

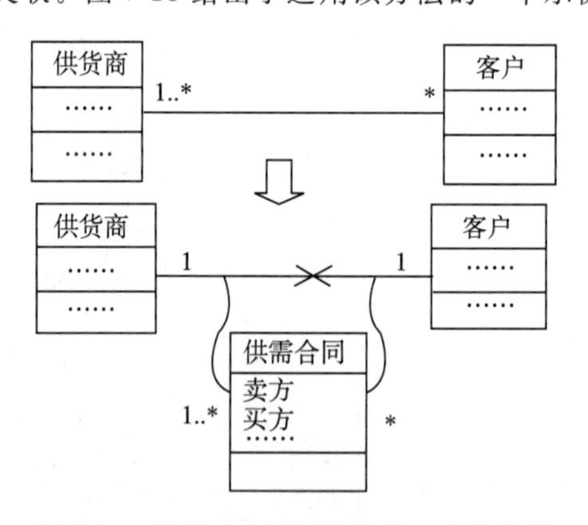

图 7-13　把多对多关联转化为一对多关联

在图 7-13 中，类“供需合同”设立了两个属性“卖方”和“买方”，在实例化后分别用于记录类“供货商”和“客户”的对象的标识。若不仅仅需要从类“供需合同”的对象访问其他对象，还存在着按相反方向或其他对象间的访问，例子中的做法不一定合适。

2. 决定关联的实现方式

（1）聚合

若需要用部分类来定义整体类，要决定是用部分类直接作为整体类中的属性的数据类型，还是把部分类用作指针变量（C++）或引用变量（Java）的基类型，再用这样的指针变量或引用变量作为整体类的属性。对于组合，可用第 1 种方式，若采用第 2 种方式就需要在整体类的相应操作中保证整体对象要管理部分对象，以满足组合的定义。

(2) 关联

通常，通过在对象中设立指针变量或引用变量以指向或记录另一端的对象的方法，来实现关联。如果是单向关联，就在源端的类中设立属性，在实例化后用其记录另一端的类创建的对象。如果是双向关联，就在两端类中各设立属性，在实例化后用其记录对方创建的对象。

如果关联中对方类处的多重性是 1，那么可在本方设立一个指向对方对象的指针变量，或设立一个记录对方对象标识的引用变量。

如果对方类处的多重性大于 1，那么可在本方设立一个指向对方对象的指针变量集或引用变量集。

若关联的某端有角色名，建议把其作为另一端类的属性名，在实例化后用其记录与角色名相邻的类的对象。

图 7-14 给出了一个用 C++实现关联的示例。

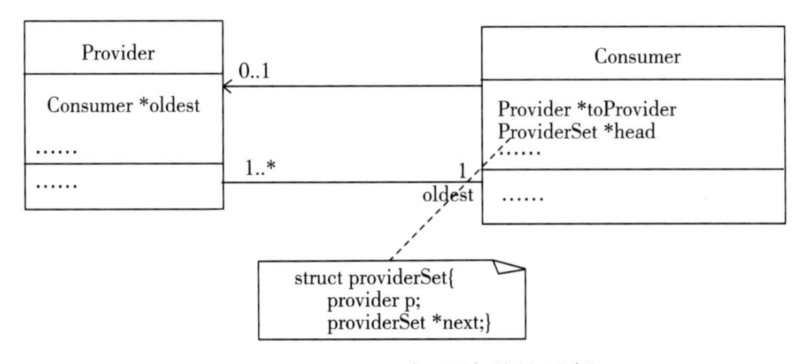

图 7-14　用 C++实现关联的示例

图 7-14 中类 Provider 的指针 oldest（关联角色名）用于指向类 Consumer 的对象；类 Consumer 的指针 toProvider 用于指向类 Provider 的对象，指针 head 的基类型是自定义的指针链表（见注释图符中的文字），用于指向类 Provider 的一组对象。

7.6　调整与完善属性

由于在 OOD 阶段要考虑具体的编程语言，此阶段要对 OOA 模型中定义的属性进行调整，为实现做准备，同时也要考虑完善属性的定义。

按照语法

[可见性] 属性名[‘:’类型][‘=’初始值]

对属性的定义进行完善。

对需要明确但在 OOA 还没有确定可见性的属性进行标记。按照 OO 的信息隐蔽原则，要尽可能地保持数据私有化。

每一个属性或者包含单个值，或者包含作为一个整体的密切相关的一组值。也就是说，属性可以是单数据项（例如年龄、工资或重量）变量，也可以是组合数据项（例如，人员的受奖情况、通信地址或学习简历）变量。根据具体的编程语言，考虑其支持与不支持的属性类型，对不支持的类型进行调整。在一些情况下，需要把组合数据项用另一个类描述，即把组合数据项中的各项分别用新增类的属性描述，并把这个新增的类作为成分类，与原有的类建立聚合关系。图 7-15 给出了一个示例。

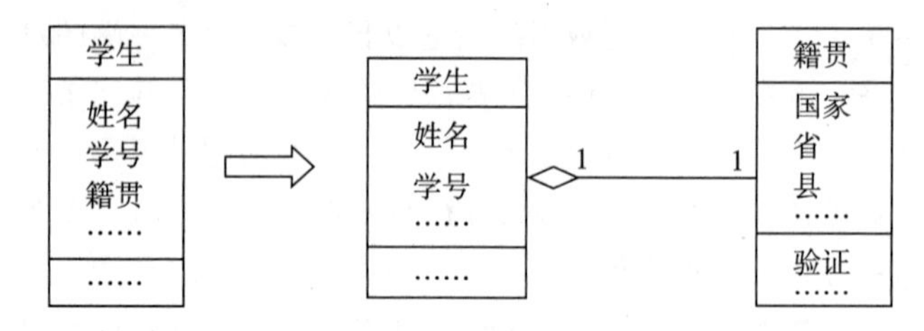

图 7-15　对编程语言不支持的属性类型进行调整的示例

对于类似的上述问题，也可以简化处理。例如，如果不需要籍贯的细节，则可把属性“籍贯”的类型作为字符串。

若属性需要初始值，这时也要给出，否则要尽可能地在创建对象时对属性进行初始化。

若要给出对属性的约束，如“工龄<60”或“0≤英语成绩≤100”等，也要看语言是否对其直接支持，否则要在操作中考虑如何实现。

在完善属性时，还要考虑需要一起更新数据的多个有着依赖性的属性。例如，“现在的日期减去出生日期为现在的年龄”就是这样的例子。当基本属性的数据发生变化时，必须更新导出属性。通过下列方法可以做到这一点：

1）显式的代码。因为每一个导出属性最终是根据一个或多个基本属性定义的，更新导出属性的一种方法是，在更新基本属性的操作中插入更新导出属性的代码。这种附加的代码将明确地更新依赖基本属性的导出属性，使得基本属性与导出属性的值同步。

2）批处理性的重计算。当基本属性的数据以批处理的方式改变时，可能在所有的基本数值改变之后，再重新计算所有的导出属性的值。

3）触发器。凡是依赖基本属性的导出属性，都必须将它自己向基本属性注册。当基本属性的值被更新时，由专门设置的触发器更新导出属性的值。

7.7　构造及优化算法

如果一个操作不是抽象的，它应该有一个实现算法，用来说明产生操作结果的过程。操作的实现与传统程序中的函数相似，但有一些很重要的区别：只能通过消息访问实现操作的算法，每一种算法可以使用它自己的局部数据、消息传递过来的数据，拥有它的对象的特征以及拥有它的对象可以访问的其他对象中的可见特征。

对于操作，要进行如下的详细定义：

1）按照定义操作的格式

[可见性] 操作名 [‘(’参数列表‘)’] [‘:’返回类型]

完善操作的定义。

对于非抽象操作，还要继续进行如下的设计：

2）从问题域的角度，根据其责任，考虑实现操作的算法，即对象是怎样提供操作的。在 UML 中，把具有了实现算法的操作称为方法（method）；其实在该阶段对 OOD 模型中的每个操作都应考虑如何实现，即最终 OOD 模型中的每个操作都是有实现算法的。

3）若操作有前、后置条件或不变式，考虑编程语言是否予以支持。若不支持，在操作的算法中要予以实现。

4）一个对象所要响应的每个消息都要由该对象的操作处理，有些操作也可能要使用其他操作。通过所建立的交互图，可根据消息和操作规约找到设计操作的信息。通过所建立的状态机图，可根据内部转换以及外部转换上的动作，设计算法的详细逻辑。

可用自然语言或进行了一定结构化的自然语言描述算法，也可以使用活动图或程序流程图描述算法。

在算法中还要考虑可能出现的异常以及对异常的处理。若异常的情况较为复杂，可针对其进行建模。在 UML 中，可以用信号对异常建模，图 7-16 给出了一个示例。

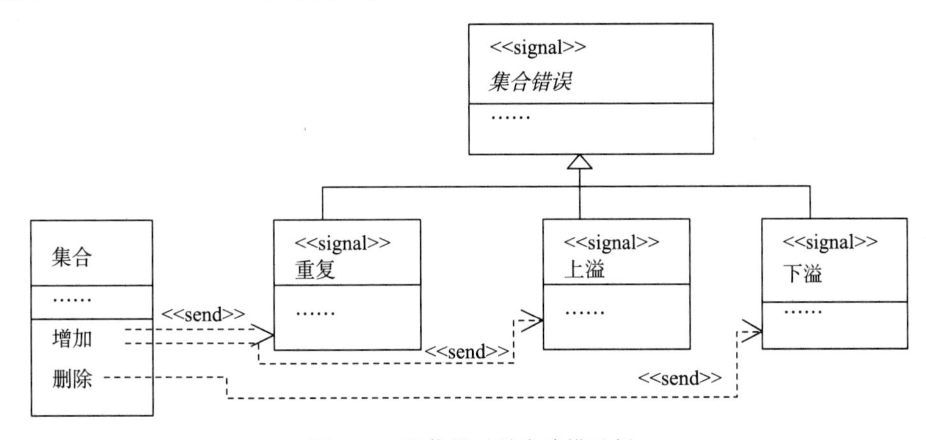

图 7-16　用信号对异常建模示例

在图 7-16 中，使用信号把可能出现的异常建模为一个继承结构，这些异常可由类“集合[⊖]”中的操作引发。这个继承结构以抽象信号“集合错误”为根，它分为 3 种特殊信号：“重复”“上溢”和“下溢”。操作“增加”可能引发信号“重复”和“上溢”，操作“删除”仅引发信号“下溢”。

遵循如下的策略对异常建模：

1）考虑类和接口中的每个操作可能引发的异常情况，并把它们建模为信号。

2）考虑把这些信号组成继承结构。

3）对于每个操作，通过使用从操作到相应信号的 send 依赖关系，可以显式地表示它可能引发的异常信号。

4）若要描述对异常的处理，请按 5.1.1 节中的“5. 信号”部分讲述的方式进行。

在系统较为复杂或需要处理大批量的数据的情况下，若系统在性能上有要求，就要对系统的体系结构和算法进行优化。

7.8　决定对象间的可访问性

结合具体的面向对象编程语言，能够决定对象间的可访问性。本节针对 C++分几种情况考

⊖　假定集合中的元素的个数是有上限的。

虑对象间的可访问性。

下面考虑从类 A 的对象到类 B 的对象间的 4 种可访问性。

（1）类 A 的对象和类 B 的对象之间存在着链

如果类 A 的对象和类 B 的对象之间存在着链，那么一个对象就可以访问另一个对象中的可见性为公共的属性和操作。这些内容在前面的章节已经做了具体的阐述。

如下是一些其他的对象间的访问方式。

（2）类 B 的对象变量作为类 A 的一个操作的参数

例如：

```
A.amethod(B b)
```

类 A 通过引用类 B，A 的 amethod 中的代码可以访问对象 b 中的可见性为公共的属性和操作。

（3）类 B 的对象变量在类 A 的一个操作的方法中被声明为局部的

例如：

```
class A::amethod
{ …; B b;…}
```

类 A 通过引用类 B，类 A 的 amethod 中的代码可以访问对象 b 中的可见性为公共的属性和操作。

（4）类 B 的对象是全局可见的

声明类 B 的对象为全局的，类 A 的对象可以访问类 B 的对象中的可见性为公共的属性和操作。

对于（2）、（3）、（4）而言，从类 A 到类 B 间存在着依赖关系，在程序运行期间 A 的对象与 B 的对象存在着临时性的连接（临时链，即不用专门设立的属性来较长期地保存连接信息），而（1）中的链是由从类 A 到类 B 间的关联实例化而来的。

7.9　定义对象实例

在逻辑上，一个类是对一组对象的抽象描述。在物理上，一个类所创建的各对象，要么在内存中，要么在外存中。在内存中创建的一个对象，用一个变量记录它的标识。在外存中的对象，可能保存在一个文件中，也可能保存在一个数据库表中。

在 OOD 中，根据不同的实现条件和实现策略，可以按如下的方式定义对象：

1）用相应的类定义内存中的对象，包括静态声明和动态创建两种方式。可以一次针对一个对象定义一个变量，也可以成批地定义对象。例如，可以定义一个数组，它的每个数组分量是一个对象变量，以此来成批地定义对象。

2）当系统需要通过从外存读取数据来创建一个对象时，就先创建该对象，再从外存中读取这个对象数据，把数据赋值给对象的相应属性。至于外存中的对象数据，可能来自被保存的内存中的持久对象（有关内容请参见第 10 章），也可能是用户直接录入进去的。

7.10 其他

目前，人们从实践中已经总结出了很多设计模式。在 OOD 的问题域部分应该根据具体问题考虑使用设计模式，这是因为设计模式都是一些公认的设计方案，设计人员使用它们可以更好、更快地完成系统设计。在第 12 章要讲述一些典型的设计模式。

如果严格地遵循了面向对象的封装与信息隐蔽原则，那么属性都是私有的，都应该由类自己的操作使用。在有些情况下，外部要访问这样的属性，通常该类就要有对其进行读或写的操作，而且这样的操作的可见性为公共的或受保护的。为了保证 OOD 问题域模型的简洁性，有些做法是在 OOD 阶段不把这样的读写属性的操作放在类中，而认为这是一种约定，编程人员能理解，在编程时能够加入这样的操作。基于同样的原因，有些做法也不把诸如创建和复制对象这样的操作放在 OOD 模型中。

习题

1. 在你的工作实践中，考虑过复用吗？描述一下如何对类进行复用。
2. 举例说明如何把多继承结构化解为单继承。
3. 针对 C++或 Java，总结关联的实现方式。
4. 现决定用链表实现栈。请先设计一个栈，再针对 C++对其进行调整。
5. 把如下的三元关联改为二元关联。

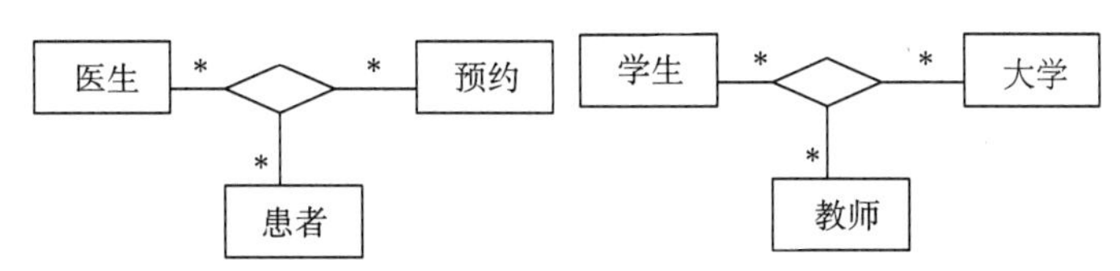

6. 结合本章的 7.8 节和第 5 章的 5.2.1 节的内容，进一步领会连接器的含义。
7. 若把图 7-9 中的聚合改为继承，会出现什么情况？
8. 在 7.6 节中使用显式的代码方式计算导出属性的值，可能存在着什么缺点？

人机交互部分的设计

最终的系统往往是要提供给人员用户（以下简称用户）使用的。用户对系统的理解，包括用户要操纵的系统中的“事物”、系统能够完成的功能以及任务的实施过程，决定了用户对系统的使用。而用户对系统的使用是通过人机交互来进行的。

现今的用户对软件系统的人机交互的要求越来越高，人机交互的设计在软件系统开发中所占的地位也就越来越重要。特别是，新一代的人机界面将是“以人为中心的计算”，这样人机交互部分的设计作为一个独立的领域，就显得越发重要。

简而言之，人机交互部分是人和计算机之间交互信息的媒介，对它的设计涉及计算机科学、心理学、艺术学、认知科学和人机工程学等学科。本章讲述的是人机交互的软件方面的设计。

8.1 什么是人机交互部分

人机交互部分是OOD模型的组成部分之一，突出人如何命令系统以及系统如何向用户提交信息。设计人机交互就是要设计输入与输出，其中所包含的对象（称作界面对象）以及其间的关系构成了系统的人机交互部分的模型。现今的系统大多采用图形方式的人机界面，因为这样的界面形象、直观、易学且易用，远远胜于命令行方式的人机界面，这是使得软件系统赢得广大用户的关键因素之一。在以前，人机交互部分的开发工作量很大，成本较高。近20年来出现了许多支持图形用户界面开发的软件系统，例如窗口系统（如X Window、News、Microsoft Windows）、图形用户界面GUI（如OSF/Motif、Open Look）、可视化开发环境（如Visual C++、Visual Basic、Delphi），它们统称为界面支持系统。这些新出现的软件系统，为人机交互部分的设计提供了非常便利的条件。

若要让人机界面变得友好，还要考虑很多因素。因为人机界面的开发不纯粹是软件问题，它还需要认知心理学、美学和工程学等许多其他学科的知识。在人机交互部分设计阶段的前期仍可以采用界面原型法，与用户协商，让用户满意。图8-1给出了设计人员与用户协作设计人机界面的工作过程。

最初设计人员按设计目标（用户需求）设计出界面（原型），提交给用户去加以评判，即这个初步的界面起抛砖引玉的作用。用户根据自己的经验和需求，对界面进行学习后，经过一定的评判，把结果进行反馈，让设计人员继续设计。这种过程可能要反复进行多次，使得双方的意见达到一致或达到一定程度的一致，直至用户认可为止。

人机界面的开发不仅是设计和实现问题，也包括分析问题。可以在不同的开发阶段，对人机交互部分进行不同的处理。

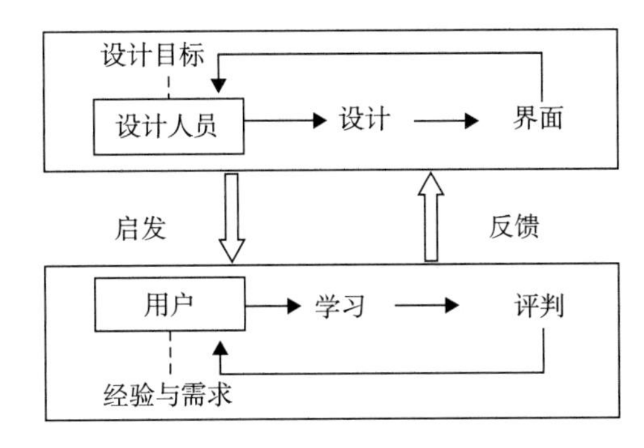

图 8-1　设计人员与用户协作设计人机界面的工作过程

在捕获需求时对用况所做的描述，其实就包含了人机交互部分的信息。在捕获需求时，也可以确定部分用户界面的格式；为了明确用户的需求，在 OOA 阶段可采用界面原型法，那也对人机交互部分进行了分析。这些工作的目标是为了更好地理解系统的需求。尽管那时注重的是系统的功能需求，但也很可能在那时分析人员与用户就系统的界面的框架和内容已经达成了共识。若有必要，在确定了用况模型后，可以紧接着完成人机交互部分的分析工作。考虑到经过了 OOA 阶段，当时的用况模型会有一些变动，以及要考虑用户群的特点等因素，在 OOD 阶段仍有必要重新分析原来所做的人机交互部分的分析结果。

对于人机交互设计部分，由于要考虑与实现有关的因素，还要考虑人机界面部分与问题域部分之间的关系（即人机交互设计包括界面模型设计和界面模型与问题域模型衔接设计），故对人机交互部分的设计要在 OOD 阶段实施。把人机交互部分作为系统中一个独立的组成部分进行分析和设计，有利于隔离界面支持系统的变化对问题域部分的影响。

在人机交互方面，面向对象的设计技术与结构化的设计技术在一些方面有共同之处，如都要进行菜单、表单和报表格式等设计且很多技术都是相同的，但也有很多不同之处。例如，使用面向对象方法就要使用面向对象的概念来对人机界面进行设计。本章讲述了一些通用的设计人机界面的方法与技术，但重点要讲述的是用面向对象方法进行人机交互部分的设计，同时也要讲述如何利用用况对人机交互部分进行需求分析。

8.2　如何分析人机交互部分

要设计人机交互部分，首先要对使用系统的人进行分析，以便设计出适合其特点的交互方式和界面表现形式；然后对人和机器的交互过程进行分析，解决的核心问题是人如何命令系统，以及系统如何向人提交信息。要以捕获需求时获得的用况模型为基础，加之已有的界面原型，进行后一项工作。

1. 分析与系统交互的人员参与者

人对界面的需求，不仅在于人机交互的内容，而且在于他们对界面表现形式、风格等方面的爱好。前者是客观需求，对谁都一样。后者是主观需求，因人而异，如下给出了分析策略：

1）列举所有的人员参与者。

2）对人员参与者进行调查研究。

3）区分人员类型，并了解各类人员的主观需求。

4）统计（或估算）出各类人员的比例。

5）按照一定的准则进行折中与均衡，确定为哪类人设计哪类他们偏好的界面。

有关这方面的更多内容，请参见参考文献［13］。

2. 从用况分析人机交互

我们先回顾一下通常的用况的构成：

1）参与者的行为和系统行为按时序交替出现，形成交叉排列的段落。

2）每个段落至少含有一个输入语句或输出语句。

3）有若干纯属参与者自身或系统自身的行为陈述。

4）可能包含一些控制语句或括号。

从与人有关的用况中抽取人机交互序列的方法为：针对各用况，先删除所有与输入、输出无关的语句和不再包含任何内容的控制语句与括号，剩下的就是对参与者（人）使用系统功能时的人机交互描述。

图 8-2 为一个从用况提取人机交互描述的示例。

```
收款（用况）
输入开始本次收款的命令；
                    做好收款准备，应收款总数
                    置为0，输出提示信息；
for  顾客选购的每种商品 do
 输入商品编号；
  if  此种商品多于一件 then
    输入商品数量；
  end if；
                    检索商品名称及单价；
                    货架商品数减去售出数；
                    if  货架商品数低于下限   then
                     通知供货员请求上货；
                    end if  ；
                    计算本种商品总价并打印编号、
                    名称、数量、单价、总价；
                    总价累加到应收款总数；
end for；
                    打印应收款总数；
输入顾客交来的款数；
                    计算应找回的款数；
                    打印交款数及找回款数；
```

a）

```
收款（人机交互）
输入开始本次收款的命令；
                    输出提示信息；
for  顾客选购的每种商品
 输入商品编号；
 if   此种商品多于一件    then
   输入商品数量；
 end if；
                    if  货架商品数低于下限
                    then
                      通知供货员请求上货；
                    end if；
                    打印商品编号、名称、
                    数量、单价、总价；
end for；
                    打印应收款总数；
输入顾客交来的款数；
                    打印交款数及找回款数；
```

b）

图 8-2　从用况提取人机交互描述

图 8-2a 中的文字为对用况“收款”的描述，其中带有下划线的文字是准备删除的。图 8-2b 中的文字为针对功能“收款”的人机交互序列的描述。该描述加上可能有的界面原型就是针对“收款”这项功能的人机界面部分的需求分析结果。

8.3　如何设计人机交互部分

以往在操作系统和编程语言的支持下，或再加上图形包，进行图形方式的人机界面开发，工作量是很大的。现在，可以使用窗口系统、图形用户界面（GUI）和可视化编程环境这样的级别越来越高的界面支持系统进行人机界面开发。特别是可视化编程环境可以按所见即所得的方式，定制所需的人机界面，如此定义的界面对象可由编程环境提供的工具自动地转化为程序代码，这使得人机界面的设计工作大大简化。然而，仍有一些设计工作要做，其中的很多内容对各种设计方法都是相同的，也有一些是采用OO方法所必须要考虑的。例如，可视化编程环境一般都带有内容丰富的界面类库，界面类库中对大部分常用的界面对象都给出了类的源代码，在进行OOD时要充分地复用这些类。

8.3.1　设计输入与输出

根据前面从用况中提取出来的对人机交互的描述，设计输入与输出。首先要选择界面支持系统，如窗口系统、GUI或可视化编程环境，然后进行输入与输出设计。输入与输出技术正在不断地发展，这里仅就目前常见的输入与输出方式进行阐述。

1. 设计输入

在设计输入时，要进行如下的工作。

（1）确定输入设备

常见的输入设备有键盘、鼠标、磁卡阅读器、条码阅读器、光电字符识别阅读器、扫描仪、触摸屏、电子笔和书写板等。键盘和鼠标属于标准的计算机设备，不考虑在内。对于一些非标准的计算机外部设备的接口程序，可以把它们放在相应的类中。如果要从外系统进行输入，可以把外系统的接口程序放在相应的类中。如果要隔离外部设备或外系统的变化对本系统的影响，可以针对外部设备或外系统的接口程序单设立类。对于某些复杂的情况，可能还需要考虑同步机制。

（2）设计输入界面

在用户的输入界面中，主要的界面元素有窗口、菜单、对话盒、图符、滚动条和按钮等[13]。下面以菜单和对话盒为例，说明如何设计其内容。

菜单是提供给用户的一系列对应着用户动作的条目列表。大部分系统都具有通常形式的菜单，如文件、视图、工具、窗口和帮助等，但也都具有自己的特有部分。在设计特有部分时，要保证术语的一致性与简洁性，并按逻辑对条目进行分组。菜单要设计成面向不同用户的，最好可以进行重组。

对话盒是用来收集用户的输入信息或向用户提供反馈的区域。用于输入时，其上可有一些选择按钮和输入框等元素，可用鼠标在其上选取值，或从输入设备上向其中输入值。在设计对话盒时，要注意如下几点：

- 使用有意义且易于理解的简短标题和输入框名。
- 按逻辑对输入框进行分组并排序。
- 允许对文本型输入框进行简单的编辑。
- 清楚地标出哪些输入框是可选的，哪些是必选的。
- 对输入框要进行必要的解释（如在Windows的状态条上列出解释）。

设计对话盒时，还要注意对输入内容的检查：

- 尽可能地防止错误的输入，当出现输入有误时要提供出错信息。
- 输入框组合控制。检查各输入框中的数据项的可能组合，以保证输入的数据是正确的。例如，参加工作的日期必须晚于出生日期。
- 数据的有效范围控制。检查所输入的数据的合理性。例如，在现今社会，一个人的年龄不应该超过 200 岁。
- 输入框组合的完备性。确保所有必要的输入框都要被输入。例如，在进行身份检查时，除了输入名称，还要输入密码。
- 数据的有效位数的控制。例如，国内身份证上的号码必须是 18 位的。

（3）输入步骤的细化

向系统输入信息，可以一次输入完毕，也可以分为若干小的步骤完成。以较少的步骤完成输入，意味着每一步输入的内容较多，不易记忆；或者要从较多的选项中进行选择，不易发现目标。以较多的步骤完成输入，可以使每个步骤的操作比较简单，并且容易对用户形成引导，但总的操作步骤会增加，使操作效率下降。技能熟练的用户倾向于追求效率，初学者和一般水平的人员更重视系统以较多的步骤，引导他们进行正确的操作。一项输入被细化后，可能变成输入与输出交替的动作序列，其中的输出是系统的计算结果或系统对用户的提示信息等。

2. 设计输出

在设计输出时，要进行如下的工作。

（1）确定输出设备

常见的输出设备有打印机、显示器、绘图仪、文件或数据库表等。对于一些非标准的计算机外部设备的接口程序，可以把它们放在相应的类中。如果要向外系统输出，可以把与外系统的接口程序放在相应的类中。如果要隔离外部设备或外系统的变化对本系统的影响，可以为外部设备或外系统的接口程序单设立类。对于某些复杂的情况，可能还需要考虑同步机制。

（2）确定输出的形式和内容

输出的形式有文本、表格、图形、图像、声音和视频片段等。

输出的内容包括提示信息、系统的计算或处理结果、对输入处理情况的反馈信息等。

提示信息告诉用户下面要进行何种输入以及如何输入。

对于系统的计算或处理结果的输出，总是伴随着用户输入的命令的执行而出现。若要在窗口或打印机上以报表、报告、图形或窗口上的多媒体演示等形式进行输出，则要先确定每种形式的内容要求，然后把它们各对应于一个或几个类。

对于反馈信息，一般是在系统需要较长的时间进行计算时才需要的，表明系统已经接收到命令，正在进行处理，对于这种情况要表示出处理的进度。

（3）输出步骤的细化

如果系统输出的信息量较大，可以分若干步骤进行输出。一种常见的做法是发一条简单的信息，通知用户如何得到更详细的输出信息。另一种做法是为用户设计一些阅读或浏览输出信息的动作，在这些动作的控制下，展示输出信息中用户所关心的部分。这样，一项输出可能被细化为一个输入与输出交织的过程。细化时考虑的主要因素是如何使用户感到方便，以及输出介质（如显示屏、纸张等）的版面限制。

8.3.2　命令的组织

在设计输入与输出时，还有一项重要的工作要做，那就是设计用户使用系统的命令以及对命令的组织。系统可能有大量的命令，且一条命令可能含有大量的参数和任选项，如果对命令不加任何组织和引导，会给用户带来不便。

可采用两种技术措施对命令进行组织：

1）分解：将一条含有许多参数和选项的复杂命令分解为一组较简单的命令。

2）组合：当一个系统的命令很多时，按照它们的功能或者所属于的子系统，组合成命令组，使每组只包含几条命令。这样，命令间就形成了层次结构。

按照下面的概念以及用户需求，运用分解与组合技术，实现对命令的定义与组织。

- 基本命令：使用一项独立的系统功能的命令。一个从用况提取出来的人机交互过程是针对一项系统功能的，基本命令正是开始该交互过程并使用该项系统功能的命令。选中一个基本命令，对应的事件要传送到实现该命令功能的系统成分。也即由人机交互部分的对象接收命令后，向问题域部分中的实现该功能的对象发消息，请求进行处理。
- 命令步：在执行一条基本命令的交互过程中所包含的具体输入步骤。从一个用况提取出来的人机交互过程的各项输入都是这样的命令步。
- 高层命令：如果一条命令是在另一条命令的引导下被选用的，则后者称作前者的高层命令。高层命令是对基本命令的组织，相当于一个命令索引目录。高层命令并不涉及某一项具体的系统功能，只是显示下一层可选的系统功能，以供用户选择。对其常见的设计方式为图符、主菜单条和下拉菜单等。

图 8-3 展示了基本命令及其命令步的结构。

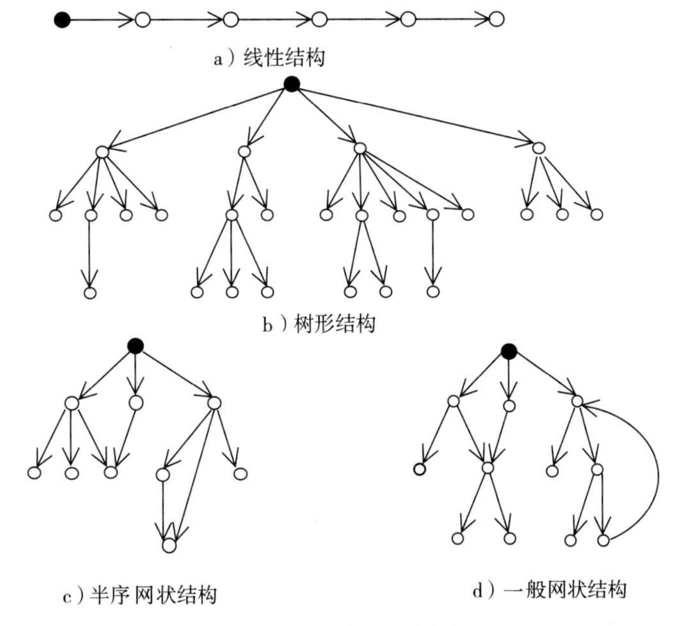

图 8-3　基本命令及其命令步的结构

图 8-3 展示了基本命令以及命令步间的关系，图中的黑点表示一个基本命令开始的命令步，带黑边的白点表示后续的一个命令步。

若基本命令过多，就需要用高层命令进行组织。可按功能的相似性进行组织，如在常见的菜单子系统中，高层命令“文件”下有“创建”“打开”“关闭”和“保存”等基本命令。也可以按子系统结构来组织基本命令，如对于正文编辑子系统和编译子系统，要把属于这两个子系统的全部命令分别组织到高层命令“编辑”和“编译”之下。图 8-4 说明了高层命令及其结构。

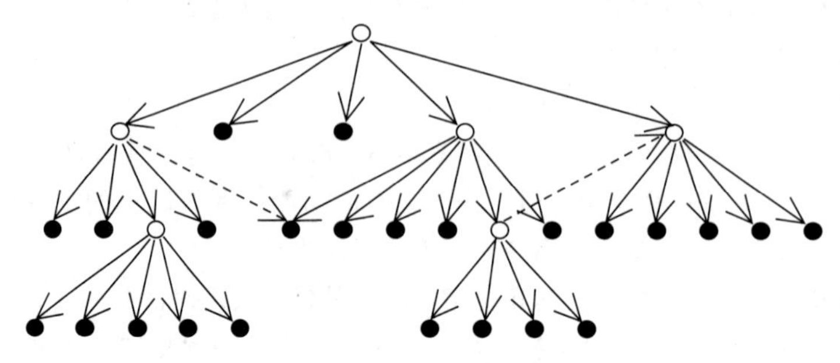

图 8-4　高层命令及其结构

图中的黑点仍表示开始基本命令的命令步，带黑边的白点表示高层命令。根节点表示启动整个系统的命令，或启动系统的一个人机界面的命令。根节点的下一层命令是一个界面启动后在最高层次上的可以被用户选择的命令（如主菜单上的命令）。虚线表示某些上层命令共享某个下层命令，或从下层命令转向高层命令。

在两个命令步之间通常存在输出信息结构，如图 8-5 所示。

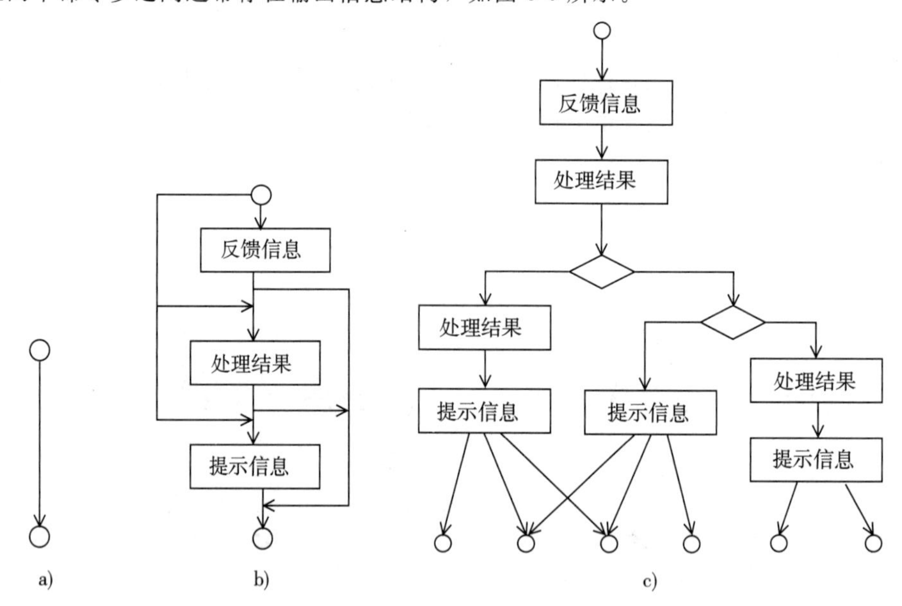

图 8-5　命令步之间的输出信息结构

图 8-5a 表示两层命令步之间不存在着输出信息结构。图 8-5b 表示两个命令步之间可能存在着三种输出信息结构。第一种为反馈信息，在一个命令需要较长的时间执行时，应该向用户显示一个当前命令执行的情况，如给出一个进度条；第二种为处理结果，即要向用户显示的当前命令执行的结果；第三种为提示信息，即对下一步要输入的命令的提示。图 8-5c 表示两个命令步之间的更为复杂的输出信息结构。

在建立命令树时，应遵循如下策略：

1）把使用最频繁的命令放在方便之处（如“文件”通常放在办公软件的菜单系统的最左边），或按照用户的工作步骤进行排列。

2）在命令中发现整体-部分模式，以帮助对命令进行组织。

3）每层命令的个数应遵循 7±2 原则，命令的层次深度要尽量小。

8.3.3　用 OO 概念表达所有的界面成分

按照上述根据人机交互需求所做的设计，要用 OO 概念表达所有的界面成分。如下为一些指导策略：

1）每个窗口对应一个类。

2）在窗口中，按照命令的逻辑，部署所需要的元素，如菜单、工作区和对话框等。窗口中的部件元素对应窗口类的部分类，部分类与窗口类形成聚合关系。

3）发现窗口类间的共性以及部件类间的共性，定义较一般的窗口类和部件类，分别形成窗口类间以及部件类间的泛化关系。

4）用类的属性表示窗口或部件的静态特征，如尺寸、位置和颜色等。如果使用界面生成工具可视化地定义定制界面，这样的属性往往会自动地出现在窗口和部件的属性栏中。重要的是用属性表示逻辑特征，如在菜单类中，每个选项表示一条命令，属性的名称要与它所对应的命令相符。还要注意对表示界面类间的聚合关系的属性的命名，这样的属性要确切地表达每个部件的名称。

5）用操作表示窗口或部件的动态特征，如选中、移动和滚屏等。如果使用界面生成工具，不需要对这样的操作的特征标记花费过多的精力，重要的是对命令进行响应的部分的设计，如选中一个命令按钮后具体要执行什么后续操作。

6）发现界面类之间的联系，在其间建立关联。必要时，进一步地绘制用户与系统会话的顺序图。

图 8-6 中给出的类图描述了一个界面的构成。

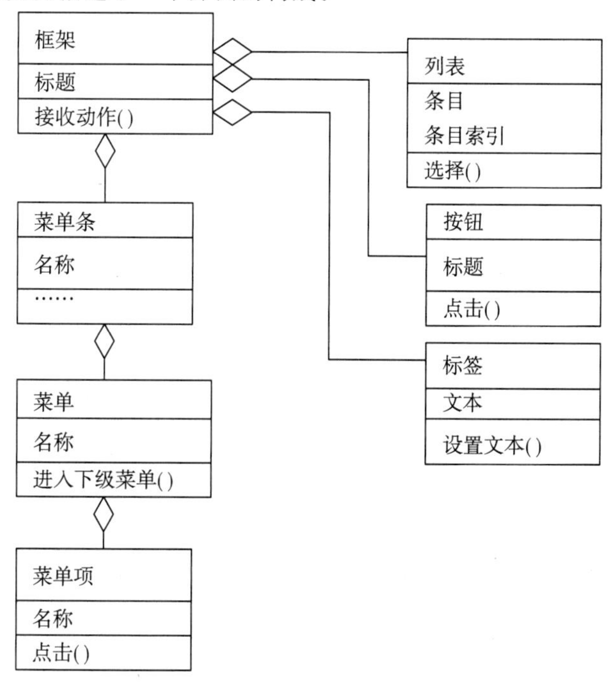

图 8-6　用类图描述界面构成的示例

前面已经提到，在可视化的编程环境下设计工作大为简化，往往不需要建立上面那样的模型。若有必要建立这样的模型，可以直接使用可视化编程环境的类库所提供的可复用类。在复用时，一种方式是直接使用，即把所复用的类标上｛复用｝，在类图中直接使用。另一种方式是对复用类进行继承，以进行扩充。图 8-7 为上述两种复用方式的示例。

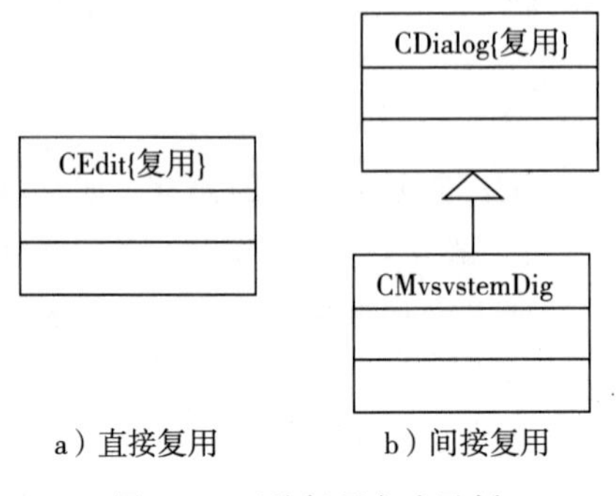

图 8-7　两种复用方式示例

由于可视化编程环境的类库都较为复杂，通常被组织成类树。在建模时，仅引入所需要的那个类即可，把引入的类标上“｛复用｝”。若复用类是特殊类，如何进行复用请参见 7.1 节。

8.3.4　衔接界面模型和问题域模型

有些界面对象要与问题域中的对象进行通信，故要对它们之间的通信进行设计。在具体设计界面模型与问题域模型之间的联系时，设计人员应该注意以下几点：

1）人机界面只负责输入与输出和窗口更新这样的工作，并把所有面向问题域部分的请求转发给问题域部分，即在界面对象中不应该对业务逻辑进行处理。

2）在大多数情况下，问题域部分的对象不应该主动发起与界面部分对象之间的通信，而只能对界面部分对象进行响应，也就是说，只有界面部分的对象才能访问问题域部分的对象。通常把界面对象向问题域部分对象发布命令或传输的信息看作是“请求”，而把从问题域部分对象向界面部分对象传输的信息看作是“回应”或“通知”。

3）尽量减少界面部分与问题域部分的耦合。由于界面是易变的，从易于维护和易于复用的角度出发，问题域部分和界面部分应该是低耦合的。解决问题的一种方法是，二者之间要通过接口来进行通信，见图 8-8。也可以通过在人机交互部分和问题域部分之间增加控制器或协调类的方式解决这种问题，如可采用下面将要讲述的发布-订阅模式（还有一些相关的模式可用以解决这种问题[4]）。

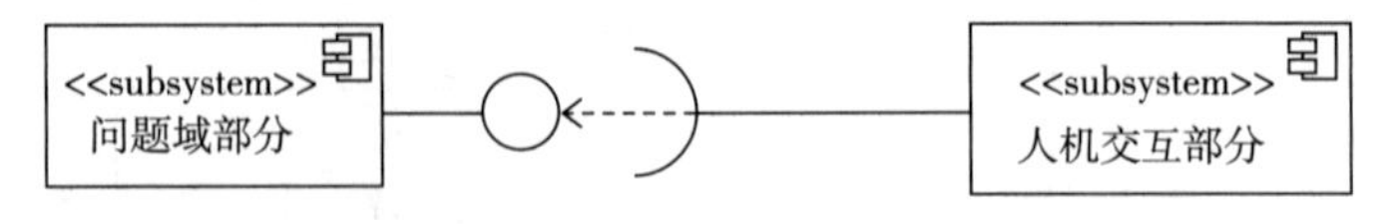

图 8-8　问题域部分与人机交互部分通过接口衔接

如下为两个有关人机界面部分设计的例题。

例 8-1　用发布-订阅模式衔接界面类和问题域部分中的类。

使用该模式可解决一些问题域中的对象与界面对象间进行交互的问题。

图 8-9 说明了对一组不断变化的数据，用三种显示方式进行实时显示。

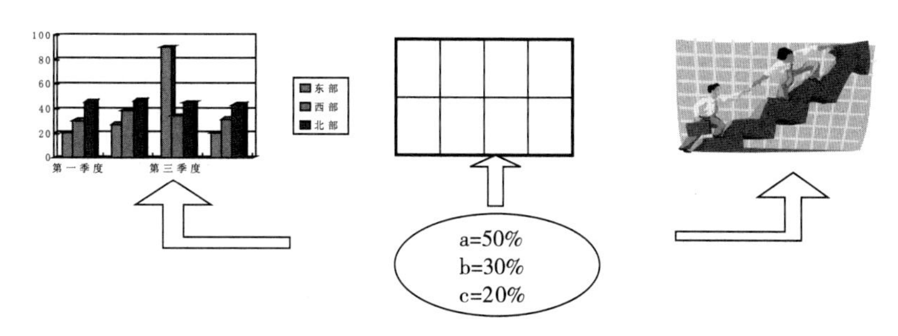

图 8-9 用三种方式对一组不断变化的数据进行实时显示

在针对上述问题的系统中，计算数据的工作由问题域部分完成，显示工作由界面部分完成。由于显示方式是易变的（如图中的三种方式可增减），此处要采用发布-订阅模式[4]来解决这个问题。图 8-10 所示的是采用该模式所建立的一个模型。

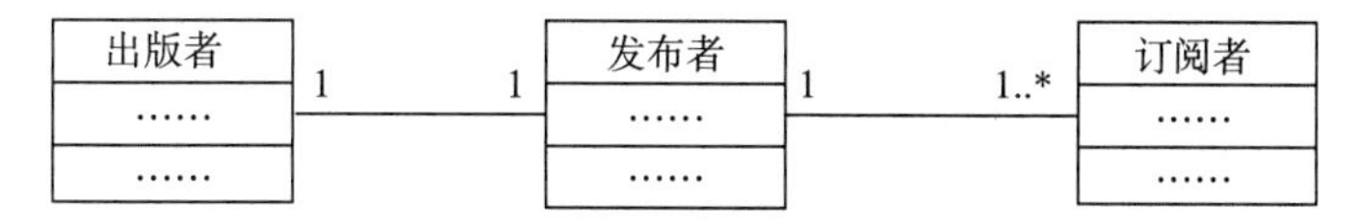

图 8-10 用发布-订阅模式衔接界面模型和问题域模型

该模型表明，订阅者向发布者订阅所感兴趣的事件，出版者向发布者发布事件，发布者维护出版者和订阅者间的映射。当出版者端的数据有变化时，发布者把出版者发布的数据利用消息通知给订阅者。订阅者是人机界面模型中的一部分，出版者是问题域模型中的一部分，发布者是人机交互部分和问题域部分之间的协调器。

在图 8-10 所示模型中，一个发布者可以管理多个订阅者，这样无论增加或减少显示方式，都不影响出版者，而且对出版者的修改，对订阅者也没有影响。有关发布-订阅模式的更多内容请参见 12.5 节。

例 8-2 用视图-帮助者模式衔接界面类和问题域部分中的类。

使用该模式也可解决一些问题域中的对象与界面对象间进行交互的问题，见图 8-11。

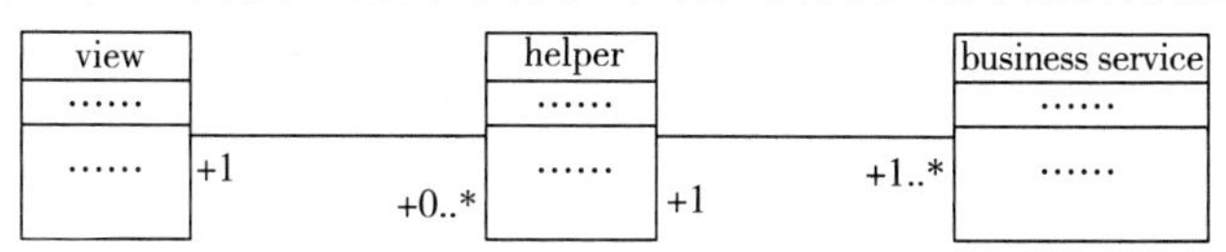

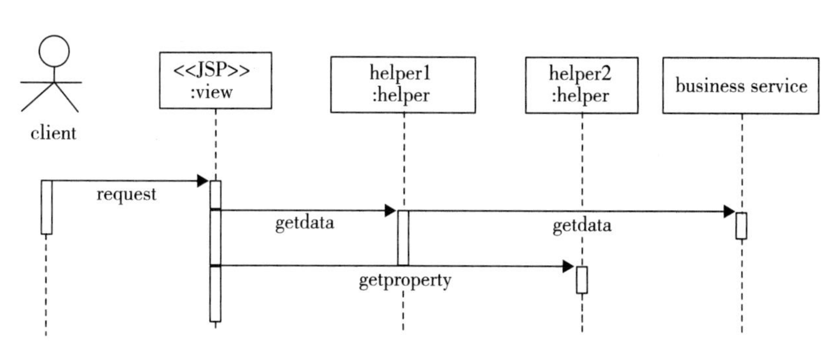

图 8-11 用视图-帮助者模式衔接界面类和问题域部分中的类

在图 8-11 中，类图中的类 helper 是类 view（界面类）和类 business service（问题域部分中的类）之间的协调器，顺序图展示了类 helper 的两个对象用于协调类 view 的对象与类 business service 的对象间的交互。

8.4　人机交互部分的设计准则

有关人机界面的设计原则有很多，都做到是不易的。但必须要保证界面的正确性和用户友好性。如下是一些重要的界面设计原则。

（1）易学、易用、操作方便

易学意味着系统拥有大量的表单、对话框、广泛的提示信息和指导信息等。易用和操作方便意味着系统拥有快捷键、热键和大信息量屏幕显示等功能。易学与易用和操作方便这两方面有时是冲突的，因为有时易学相对于易用和操作方便来说，操作方式过于冗余。对于这种情况最好要由用户来评价，在这两方面进行折中，原则为供用户使用的信息数量要适当，排列要合理，意义要明确。

（2）尽量保持一致性

一致性有助于用户学习，减少了其学习量和记忆量。对窗体的组织方式、菜单项的命名及排列、图标的大小及形状的设置、任务的执行顺序的排列、系统中术语的使用都要尽量保持一致。但有时需要差异性，例如，用户在分离的窗口中与多个任务进行交互时，不同的系统风格可能有助于用户分辨不同的任务。

（3）及时提供有意义的反馈

借助有意义的反馈，用户能知道相应的动作是否已经被接收，是否正确并能得到所需要的信息。诸如及时地给出当前任务的处理进度以及明确地通知用户所提交的事务是否成功之类的处理，都是一个好的系统所追求的。

（4）使用户的注意力集中在当前的任务上而不是界面上

这就要求在界面上仅显示与当前任务有关的信息，而且界面不要花哨，以免分散用户的注意力。

（5）尽量减少用户的记忆

有数据表明，通常人能同时记住 7 条左右的信息[20]。若必要的信息过多，要按逻辑关系对信息进行分组。另外，命令步骤要有启发性，能启发和引导用户正确、有效地进行界面操作。

（6）具有语境敏感的帮助功能

具有语境敏感的帮助功能可帮助用户方便地得到对感到困惑的问题的解答，或能明确地知道其当前要做的工作。

（7）减少重复的输入和操作

任何系统中已有的信息或可由系统生成的信息都不应该再重新输入，如已经输入了身份证号码，就不应该再让用户输入出生日期和年龄。鼠标点击的次数也应尽量地少；若可能，鼠标的移动距离也应该尽可能地短。

（8）防止灾难性的错误

系统要采取保证措施，防止由于用户误操作或因为其他原因造成的诸如数据丢失这样的灾难性的错误。例如，对可能引起不良后果的操作（如删除、不存盘退出）要给出警告，对重要的操作要可撤销（undo），对数据要定时地进行备份。

（9）其他

若有可能，还要考虑界面的艺术性、趣味性、风格和视感等用户感兴趣的方面。

习题

1. 选择一个 Windows 环境下的应用系统的窗口，绘制一幅类图，描述窗口中的各种部件以及其间的关系。
2. 针对一个你所熟悉的问题，选用一种可视化编程环境，决定应该对哪部分界面内容进行建模，并构造该界面。
3. 分析一个你所熟知的软件，看其是如何对命令进行组织的，并分清楚高层命令、基本命令和命令步都有哪些。
4. 依据人机交互部分的设计准则，评价你所在学校的选课系统。
5. 有些系统的设计采用模型-视图-控制器（model-view-controller）模式。查找有关资料，给出该模式的类图和顺序图。现要在分布式环境下使用该模式，请针对某一种情况给出一张顺序图。

控制驱动部分的设计

现实世界中的很多任务都是并发的，我们已经知道要用主动对象来表示这些任务。本章要讲述如何用主动对象来控制驱动（并发），进而建立控制驱动部分的模型。

9.1 什么是控制驱动部分

控制驱动部分是 OOD 模型的一个组成部分，这部分由系统中全部的主动类构成。

控制流是一个在处理机上顺序执行的动作序列。在目前的实现技术中，一个控制流就是一个进程（process）或者一个线程（thread）。每个主动类所创建的一个主动对象是系统中一个控制流的驱动者。

在一个顺序系统中，只有一个控制流。这意味着在一个时间点上，顺序系统有且仅有一件事情在发生。当一个顺序程序开始时，控制处于程序的开头，其中的操作一个接一个地被执行。

我们知道，现实世界中的并发行为是普遍的，现在的很多系统都是并发系统（多任务系统），例如：

- 负责若干设备的数据采集及控制的系统。
- 多用户系统。
- 有多个子系统并发工作的系统。
- 在单（多）处理机中运行的含有多个进程或线程的系统。
- 在网络环境下的计算机中运行的含有多进程的系统。

在这样的并发系统中，往往存在着多个控制流。也就是说，在并发系统的一个时间点上有多于一件的事情在发生。如果在并发系统运行时给它拍一个快照，从逻辑上，你将会看到多个执行点。

对控制驱动部分的设计，要定义和表示系统中的每个控制流，还要对各控制流进行协调，以表达实现所需的设计决策。

9.2 控制流

控制流（control flow）是进程或线程的统称。我们首先简要回顾一下进程和线程的含义，然后进一步地讨论控制流。

1. 进程

进程（process）是具有一定独立功能的程序的一次执行的过程。在大多数操作系统（如

Windows 和 UNIX）中，每个程序都在它自己的地址空间里作为一个进程运行。

进程既是处理机的分配单位，也是其他计算机资源的分配单位。在一般情况下，一台计算机上的各进程竞争这台计算机上的资源。如果在一台计算机上有多个处理器，那么在这台计算机上实现真正的并发是可能的。如果这台计算机只有一个处理器，那么并发只是一种错觉，实际上是各个进程轮流地占用处理器。

2. 线程

在一个进程内部可定义一些能够分别占用处理机，而且要同时进行计算的执行单位，这样的每一个单位就是一个线程（thread）。线程驻留在进程内部，并在进程的地址空间内部运行，由进程进行管理。在一个进程中的所有线程共享该进程所获得的资源；对于处理器资源，每个线程是一个独立的分配单位。

从上述可以看出，进程既是处理机的分配单位，也是存储空间、设备等资源的分配单位，线程只是处理机的分配单位。一个进程可以包含多个线程，也可以是单线程的，见图 9-1。

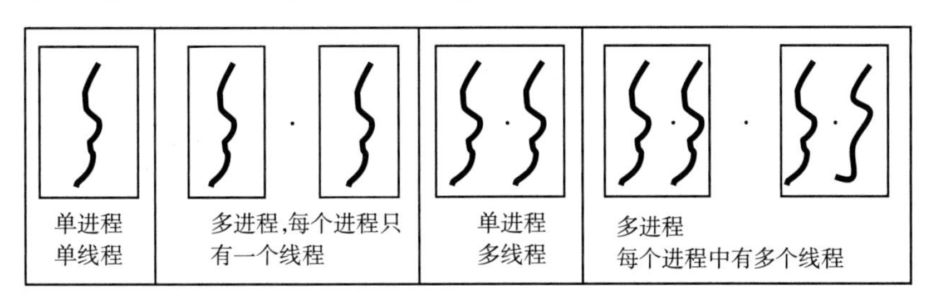

图 9-1　进程与线程的关系

3. 控制流

在面向对象方法中，用一个主动对象表示一个独立的控制流，该对象驱动进程或线程，即每个控制流都以一个表示独立的进程或线程的主动对象为根。这意味着，控制流的创建与撤销的时机分别为：

- 当创建一个主动对象时，就启动了相关的控制流，从此按照程序的操作逻辑逐步执行（如操作的层层调用），形成了一个控制流。
- 当撤销主动对象时，就终止相关的控制流，即在主动对象被撤销后，它所代表的线程或进程就终止了。

建造含有多个控制流的系统，需要对控制流进行设计。这不仅要决定如何在并发的控制流之间划分工作，而且还要正确地设计相关对象之间的通信与并发机制，以确保它们在并发的情况下能正确地工作。

多控制流的语义主要用类图和交互图来描述。用包括主动类的类图描述控制流的静态结构，用包括主动对象的顺序图或通信图描述控制流的动态行为。

9.3　如何设计控制驱动部分

如果系统的执行都是顺序的，即只有一个主动对象，就不需要进行本章所讲述的设计了。下面针对多控制流系统讲述如何进行控制驱动部分的设计。

9.3.1　识别控制流

从如下几方面识别控制流。

(1) OOA 中定义的主动对象

在 OOA 阶段已经识别出来了一些主动类，这些主动类的每个对象都代表一个控制流。

(2) 系统分布方案所要求的多控制流

每一个分布站点上至少有一个控制流，即至少拥有一个主动对象。

(3) 系统的并发需求所要求的多控制流

若系统要求多项任务同时进行，则每一项任务就应该对应一个控制流。例如，在一个销售管理系统中，往往统计与销售并行，统计和销售各为一个控制流。

(4) 为实现方便设立的控制流

常见的情况有：为负责处理机或设备之间通信而设立控制流，针对由时钟驱动的任务而设立控制流。

前一种控制流负责系统与设备或其他系统通信，这种控制流的工作过程可为：该控制流通常处于睡眠状态，当有数据到达或有中断信号到达时，该控制流被唤醒，处理数据后，通知需要知道此事的其他控制流，自己再回到睡眠状态。

后一种控制流按特定的时间间隔被触发，去进行某些处理。像管理周期性地进行数据采集和控制设备的系统就需要这样的控制流。这种控制流的工作过程可为：控制流设置一个唤醒时间，然后进入睡眠状态，等待来自系统的中断（时间到）；若有中断，进行处理后，通知需要知道此事的其他控制流，自己再回到睡眠状态。

(5) 根据任务的紧急程度设置控制流

根据所要完成的各任务的轻重缓急，可考虑为任务设置控制流，并赋予优先级。

- 高优先级控制流：系统中某些任务要求优先完成，这就需要把完成这种任务的操作划到独立的控制流中，并赋予高的优先级。
- 低优先级控制流：把需要进行后台处理的任务赋予较低的优先级，把完成这样任务的操作划到独立的控制流中。例如数据备份、磁盘空间整理和某些数据统计等，通常这样的任务用后台进程实现。
- 紧急控制流：系统在遇到紧急情况时，如发生了断电或其他紧急情况，就要求系统在很短的时间内完成一些事关重要的紧急处理。把完成这种任务的操作划到独立的控制流中。这样的控制流在执行时，其他任何控制流不能对其进行干扰。

(6) 为处理异常事件设置的控制流

由于异常事件的发生，不能在程序的某个可预知的控制点对其进行处理，应该设立专门的控制流用来处理异常事件。

(7) 为实现并行计算设置的控制流

通常用进程实现大的计算任务，用线程实现子任务。图 9-2 说明了如何针对具体问题确定相应的进程以及进程内部的线程。

按图 9-2 所示，整个设计流程分为划分、通信、组合和映射四个阶段：

- 划分：将整个计算分解成一些小任务，尽量寻找并行计算的机会。
- 通信：考虑各任务执行中所需要交换的数据，协调各任务的执行，并由此检验上述划分的合理性。

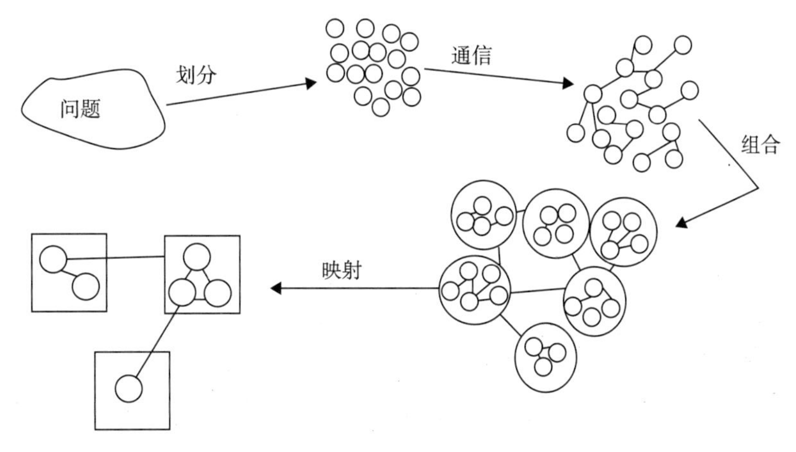

图 9-2　用进程以及其内部的线程设计并行计算

- 组合：按性能和实现要求，考察前两个阶段的结果，考虑将一些小的任务（作为线程）合并成更大的任务（作为进程），以提高性能，减少通信开销。
- 映射：将一个或几个任务（进程）分配到一个处理器上，其目的是最小化全局执行的时间和通信成本，以及最大化处理器的利用率。

(8) 设置起协调者作用的控制流

若有多个控制流需要相互交互，可考虑增设一个或多个控制流，对相应的控制流起协调者的作用。

9.3.2　审查

审查的目的是要去掉不必要的控制流，因为多余的并发性往往需要控制流之间的更多协调，这有损于执行效率。

具体审查的原则为：

1）每个控制流应该具有 9.3.1 节中列举的理由之一，除非明确地有其他理由，否则不要人为地增加控制流。

2）考虑控制流之间职责的均衡分布情况，它们之间协作的情况，以保证每个控制流是高内聚的，且与相关的控制流是松耦合的。

3）综合考虑协调代价。若协调代价过大需要降低系统的并发度，就要有选择地把某些主动对象调整为被动对象。

9.3.3　定义控制流

(1) 对控制流进行描述和说明

首先要对控制流进行命名，并进行简单说明。然后指定各控制流都拥有哪些操作。

要保证每个操作都属于控制流。若一个操作出现在多个控制流中，则应该尽可能地修改操作，使每个操作映射到一个控制流中。否则，多个控制流可能要同时执行这样的操作，此时就要采取同步机制（见 9.3.5 节）。

若控制流由事件驱动，则要描述触发控制流的条件。若控制流由时钟驱动，则要描述触发之前所经历的时间间隔，以及是否需要循环触发。

根据具体的应用，还要定义控制流的其他细节，如描述控制流从哪里取数据和往哪里送数据之类的情况。

（2）控制流的表示

我们已经知道，主动对象是拥有进程或线程，并能启动控制流的对象。用主动对象表示每个控制流，用主动类表示每类控制流。

要区别一个主动对象所表示的控制流是进程还是线程，要在对象名前加上相应的标识≪process≫或≪thread≫，见图 9-3。

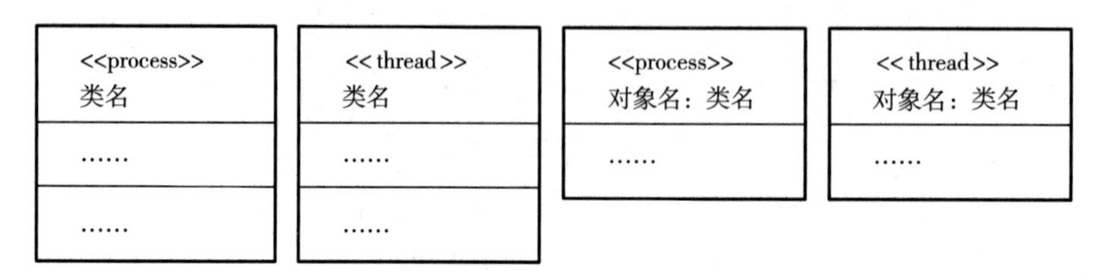

图 9-3　表示进程和线程的主动对象以及其所属的主动类的表示法

一个进程中可能有多条线程，这些线程可能在一个或多个操作中被创建，在含有创建线程的操作的类（如 Java 程序中的 mainclass）和相应的表示线程的类间应该有“创建”依赖。

9.3.4　进程间和线程间的通信

上面已经讲过，可以用进程或线程对并发行为建模，而且要用主动对象表示每个进程和线程。控制流间要通过通信和同步机制来进行交互，在 9.3.5 节讲述控制流之间的同步机制，本节讲述对进程间和线程间的通信建模。

控制流间常用的通信机制主要有：

1）操作调用。

一个控制流中的对象调用另一个控制流中的对象的操作，是通过发送了一条同步消息来实现的。具体的含义为：①调用者调用操作；②调用者等待接收者接收这个调用；③接收者的操作被唤醒；④计算结果返回给调用者；⑤然后调用者继续它的执行。

2）邮箱。

一个控制流中的对象与另一个控制流中的对象通过邮箱通信的含义为：请求者发送信号，然后继续它自己的执行；而接收者只有在准备好时或在适当的时候，才到指定的邮箱去接收信号并进行处理，处理完成后可以向请求者发信号来回传处理结果。

通过邮箱的通信也可以是同步的，但收发信号的双方事先要做好约定：请求者发送信号后等待回应；接收者按约定到指定的邮箱去接收信号并进行处理，处理完成后向请求者发信号来回传处理结果；请求者收到回应后继续它自己的执行。

3）共享存储器。

两个或几个控制流中的对象利用一块公共的存储器，作为通信区域。通常传输具有较复杂数据结构的数据和大量数据时，才使用共享存储器方式。使用此方式，要注意同步问题，如多控制流同时读写存储器就需要同步机制。

4）远程过程调用。

在不同计算机中的并发进程可使用该通信机制。具体的含义为：调用进程标示它想要请求的一个对象的操作，然后把请求放在远程过程调用库中；远程过程调用机制在网络上寻找该对象，找到后将请求打包发送给目标对象；目标方接到后将请求转换成本地格式，执行所请求的操作；执行完毕后，沿请求路径将结果返回给发送方。

下面讲述利用上述的通信机制对线程间和进程间的通信建模。

1. 对线程间的通信建模

同一个进程中的不同线程的对象可以通过操作调用、邮箱或共享存储器进行通信。

图 9-4 展示了一个描述黑板系统的顺序图。Blackboard（黑板）负责保存系统输入、问题求解的局部和中间结果及反映问题求解的状态。KnowledgeSource（知识源）包含对问题求解的条件和执行的操作，以及对控制决策进行评价的知识。BlackboardController（黑板控制器）负责监视黑板上的信息和状态的变化，并根据变化决定采取的行动。

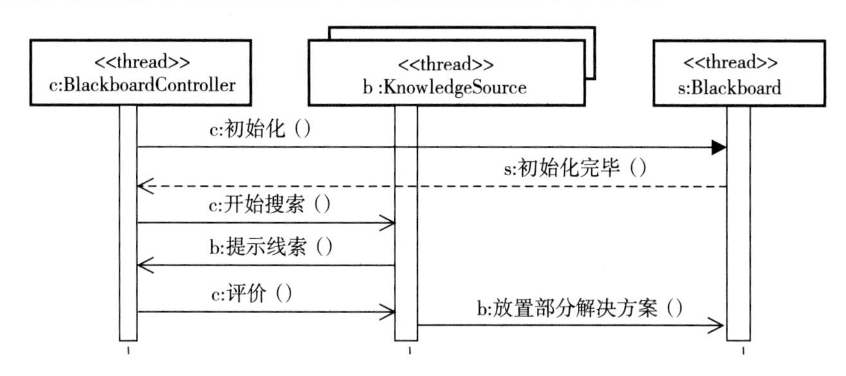

图 9-4　黑板系统的顺序图

图中有三个主动对象 c、b 和 s，分别代表三个线程。消息上的前缀表明了其所属于的控制流序列。主动对象 b 的图符的后面多出一个矩形，这表示有多个主动对象，每个主动对象代表一个知识源。

2. 对进程间的通信建模

可以使用邮箱、共享存储器或远程过程调用进行进程之间的通信。

图 9-5 为一个旅游计划系统的顺序图，其中要解决的问题是：一个单位把一次旅行计划交给一个旅游公司，旅游公司负责订票与预订旅馆。

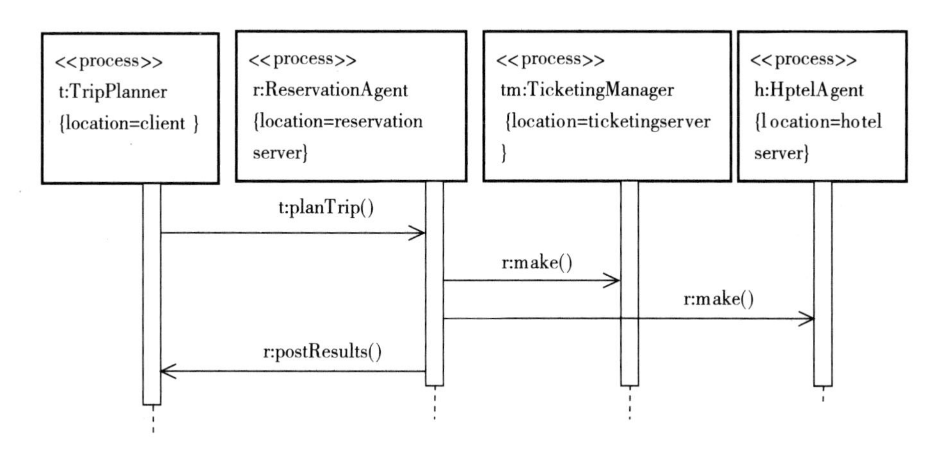

图 9-5　旅游计划系统的顺序图

图中有四个主动对象 t、r、tm 和 h，分别代表四个进程。消息上的前缀表明了其所属于的控制流序列。在图中还以约束的形式给出了主动对象所位于的处理机。

在图 9-4 和图 9-5 中，每个主动对象下都只用了一个执行规约。实际上，每个执行规约都是由一些操作的执行构成的，其细节应该在另外的顺序图中展示。

9.3.5 控制流间的同步

同步的目的是协调并发控制流的执行，以防止多控制流同时读写共享资源以及防止控制流死锁和控制流饿死[⊖]。进行同步还有利于提高资源的利用率，例如常见的一种处理方式为：挂起正等待着数据准备好的控制流，当数据准备好后再通知它。

如下以在一个对象内可能有多于一个控制流同时出现的情况为例，说明为什么以及如何进行同步。

在图 9-6 中，说明有两个控制流同时要经过一个对象。图 9-6a 中有两个控制流同时使用对象中的操作 a，图 9-6b 中有两个控制流同时要分别使用对象中的操作 a 和操作 c。

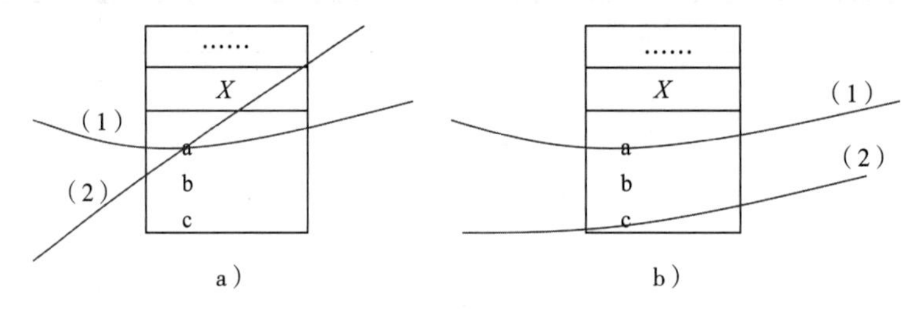

图 9-6 一个对象中有多个控制流通过情况的示意图

若一个对象内在同一时刻有多于一个控制流读写其同一属性，就可能会导致控制流冲突，造成对象的状态混乱。以图 9-6a 为例，假设操作 a 的定义为：

```
void a(n){
x= n;
x= x+ 1;
}
```

操作 a 中的 x 为对象的属性。第一个控制流以 n=4 调用 a，第二个控制流以 n=5 调用 a，当按如下顺序执行时，

```
x= 4;      (第一个控制流)
x= 5;      (第二个控制流)
x= x+1;    (第一个控制流)
x= x+1;    (第二个控制流)
```

计算的结果为 7，这明显是错误的，正确的结果应该要么是 5，要么是 6。

解决这种问题的关键是把所操纵的对象作为临界资源，然后加以同步（具体的内容可参照操作系统中的同步机制）。这里给出三种可供选择的方法，每一种都对在类中定义的操作附加一个同步标记。

方法 1：Sequential（顺序的）

调用者必须在对象外部协调，把整个对象作为一个临界资源，使得在一个时刻这个对象内仅有一个流。调用这样的操作的前提是该对象中没有操作在执行，在执行这样的操作时不能启

⊖ 控制流饿死是指，由于控制流的优先级别过低，而总也得不到执行的情况。

动该对象的其他操作。否则，当有多个控制流出现时，就无法保证该对象的语义正确性。

方法 2：Guarded（受监护的）

当有多个控制流出现时，通过把对该对象的受监护的操作的所有调用顺序化，即把所有的标有 Guarded 的操作作为临界资源，以此保证该对象的语义正确性。调用这样的操作的前提是该对象无标有 Sequential 的操作在执行，且无标有 Guarded 的操作在执行，在执行这样的操作时不能启动该对象的标有 Sequential 的操作和标有 Guarded 的操作。效果是，在一个时刻该对象只能有一个受监护的操作被执行，也就是使同时发生的对受监护操作的调用顺序化。

方法 3：Concurrent（并发的）

如果出现了对一个对象的具有该标记的操作同时进行调用的情况，则要保证所有的调用应按正确的语义并发执行，即声明一个操作是可并发的意味着可以并发地执行这个操作而无危险。调用这样的操作的前提是该对象无标有 Sequential 的操作在执行，可以有其他操作在执行，但对当前被调用的操作的执行，要保证所有的调用应按正确的语义并发执行。执行这样的操作时不能启动该对象的标有 Sequential 的操作，可以启动该对象的其他操作，但要保证所有的调用应按正确的语义并发执行。

图 9-7 是一个调用带有同步标记的操作的示例。

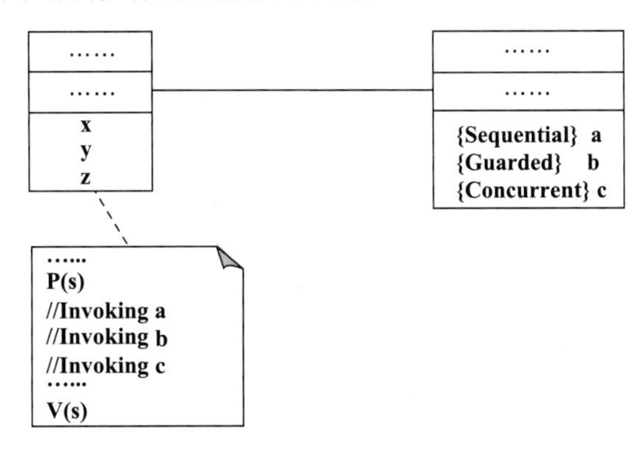

图 9-7　调用带有同步标记的操作的示例

图 9-7 中以注释的形式给出了操作 z 的部分实现片段，说明了在其中调用操作 a 时要采取的同步措施。按照同步标记，该同步措施要做到，在 z 中进行调用时：

1）要调用 a，右边类的对象没有操作在执行；在执行 a 时，不能同时再执行 a、b 和 c。

2）要调用 b，右边类的对象的 a 和 b 没有在执行；在执行 b 时，不能同时再执行 a 和 b。

3）要调用 c，右边类的对象的 a 没有在执行；在执行 c 时，不能同时再执行 a。

某些编程语言直接支持这些构造。例如，Java 语言支持的 synchronized，与此处的 guarded 含义相同。使用支持并发的编程语言，结合使用操作系统中的信号量、临界资源和临界区这些概念，可实现控制流间的同步。

进一步地，对于多个需要相互交互的控制流，可考虑使用一个或几个控制流，起协调者的作用，图 9-8 给出了一个示例。

图 9-8 表明一个控制流协调者可负责协调多个控制流。类“控制流”中展示的属性与操作是在该类原有的基础上（没作为主动类考虑之前）新加的。图中的操作“协调”负责对类“控制流”的对象所代表的各控制流的协调（包括同步）。

例如，设计一个主进程，负责对系统的启动和初始化，以及其他进程的创建与撤销、资源

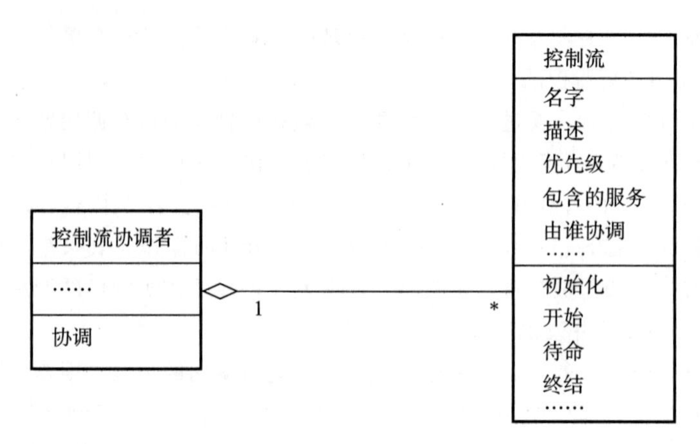

图 9-8　设立协调者来协调控制流

分配、优先级的授予等工作。也可以把负责协调的控制流设计成一个进程，而把其他控制流设计成它的内部线程。

要针对具体情况，决定设置几个控制流协调者。例如，针对整个系统设置一个控制流协调者，或针对一个主动类设置一个控制流协调者，还可以针对一个用况（其实现需要主动类）设置一个控制流协调者。

习题

1. 为什么要用主动对象表示控制流？
2. 针对一个你所熟悉的并发系统，用顺序图对控制流之间的交互进行建模。
3. 怎样协调控制流？
4. 一个对象中有一个操作附有标记 {Sequential}，另一个操作附有标记 {Guarded}，这两个操作能同时执行吗？请说明理由。
5. 简述控制流间常用的通信机制。
6. 给出一个控制流示例，并进行描述。

CHAPTER 10

第 10 章 数据管理部分的设计

数据管理部分负责利用文件系统、关系数据库系统或面向对象数据库系统存储和检索持久对象。

10.1 什么是数据管理部分

需要长期存储的对象，在概念上称为持久对象（persistent object），其所属于的类称为持久类（persistent class）。数据管理部分负责存储和检索持久对象。此外，该部分还要封装对这些对象的查找和存储机制，以隔离数据管理方案对其他部分的影响，特别是对问题域部分的影响。

可以选择文件系统、关系数据库系统或面向对象数据库系统来存储系统中的持久对象，不同的选择对数据管理部分的设计有着不同的影响。

无论用什么系统进行存储，对需要存储的对象，都只需存储对象的属性值部分。

10.2 数据库和数据库管理系统

数据库是长期存在计算机内、有组织、可共享的数据的集合。数据库管理系统是用于建立、使用和维护数据库的软件，它对数据库进行统一管理和控制，以保证数据库的完整性和安全性。图 10-1 描述了数据库和数据库管理系统的组成及其对外的接口[15]。

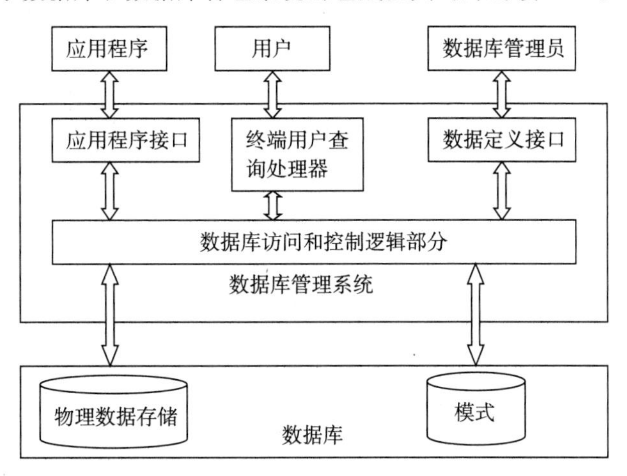

图 10-1 数据库和数据库管理系统的组成及其对外的接口

数据库中的物理数据存储是用来存储数据库原始比特和字节的存储区域。模式是对物理数据存储或数据库的结构（如数据元素的类型和长度、数据元素的位置、对数据元素的索引和排序）、内容以及访问控制（如特殊数据元素的允许值、多重数据元素之间的值依赖关系以及允许读取和更新数据元素内容的用户列表）的描述。

数据库管理系统中的数据库访问和控制逻辑部分由一组底层的数据访问程序构成，三个接口分别供应用程序、用户和数据库管理员使用。

10.2.1　关系数据库

关系数据库就是采用关系模型的数据库。关系模型用二维表结构来表示各种实体以及实体间的联系。二维表由行和列组成，每一行为一个元组（也称为记录），每一列为一个属性（也称为字段）。一个关系数据库可由多张表组成。图 10-2 是两个二维表示例。

人员ID	人员姓名	地址	身份证号
9001	张进	海淀路11号	213125125
9005	李前	清华西路123号	125551254
9071	张进	天津海河路2号	5626 4246

a）

人员ID	籍贯
9001	山东
9005	云南
9071	浙江

b）

图 10-2　二维表示例

图 10-2a 中的人员 ID、人员姓名、地址和身份证号为表的属性，属性栏下面的每一行为该表的一个元组。同样，图 10-2b 中的人员 ID、籍贯是表的属性，属性栏下面的每一行为该表的一个元组。

对于每一个表，都需要一个或一组其值能唯一地标识表的每个元组的属性。每个这样的属性或属性组，叫作该表的一个候选关键字。对于一个表，要指定一个候选关键字，作为该表的主关键字（也称为主键或键码）。

在访问表时可能需要把表连接起来，把用于连接表的属性称为外键。外键是一个表中的一个和几个属性，同时也是另一个表的主关键字或候选关键字，如上面两个表中的属性“人员 ID”都可作为连接表的外键。

数据库中的表要满足一定的范式，如下为几个范式的定义[18]：

- 第一范式：关系（表）的每个属性都是原子的。
- 第二范式：如果一个关系在第一范式中，而且所有非关键字属性都只依赖整个关键字，则该关系在第二范式中。
- 第三范式：如果一个关系在第二范式中，且没有传递依赖，则该关系在第三范式中。
- Boyce-Codd 范式（BCNF）：如果一个关系的每个决定因素都是候选关键字，则该关系在 BCNF 中。
- 第四范式：如果一个关系在 BCNF 中，而且没有多值依赖，则该关系在第四范式中。

10.2.2　面向对象数据库

面向对象数据库是采用面向对象模型的数据库。它有两方面的特征：一方面，它是面向对象的，支持对象、类、属性、继承、聚合、关联等面向对象概念；另一方面，它也具有数据库所应具有的特性和功能。

由于面向对象数据库与使用面向对象方法开发的应用系统都采用了面向对象模型，对类图中的持久类及关系不需要再进行数据模型的转换，只需对要存储的对象及关系所对应的类及关系进行标记，就可直接在面向对象数据库系统中进行存储与检索。也不需要再设计负责保存与恢复持久对象的操作或类，因为每个类的对象都可以直接在面向对象数据库系统中存取。

自 20 世纪 80 年代以来，面向对象数据库系统产品陆续问世。其产品大概分三类。第一类是在面向对象编程语言的基础上，增加存储、管理和检索持久对象的功能。第二类是对关系数据库管理系统进行扩充，使之支持面向对象数据模型，在关系数据库模型基础上提供存储、管理和检索持久对象的功能，并向用户提供面向对象的应用程序接口。第三类是按“全新的”面向对象数据模型进行设计的。

目前，面向对象数据库还没有被广泛接受的标准。对象数据库管理组（Object Database Management Group，ODMG）提出了一些数据库标准。例如，对象定义语言（Object Defination Language，ODL），作为一种描述对象数据库结构和内容的语言，正在为越来越多的人所接受。在若干年后，面向对象数据库有望得以普遍应用。

10.3　如何设计数据管理部分

首先要选择存储持久对象的系统，目前典型的有文件系统、关系数据库系统和面向对象数据库系统。以下先讨论如何利用关系数据库系统进行数据存取的设计，然后讨论如何利用面向对象的数据库系统和文件系统进行数据存取的设计。

10.3.1　针对关系数据库系统的数据存取设计

利用关系数据库系统对持久对象进行存取，是当前使用最为广泛的方法。

1. 面向对象、实体-联系模型以及关系数据库中的概念间的对应关系

下面对照面向对象、实体-联系模型和关系数据库中的概念，来理解对象存储。

从表 10-1 中能够看出：类与数据库表对应；用数据库表的行存储对象，对象的属性与数据库表的列对应；用数据库表存储类的对象之间的关系，或者就把类的对象之间的关系用类所对应的数据库表来存放。

表 10-1　面向对象、实体-联系模型以及关系数据库中的概念间的对应关系

面向对象	实体-联系模型	关系数据库
类	实体类型	表
对象	实体实例	行
属性	属性	列
关系	关系	表

数据管理部分的模型主要是由类以及其间的关系等元素构成的，该模型要与关系数据库管理系统相交互。通过该模型，把系统中的持久对象及关系存储到关系数据库中，或者从关系数据库中把持久对象及关系检索出来，再恢复成持久对象和相应的关系。图 10-3 为反映应用系

统与关系数据库管理系统之间的联系的一个示意图。

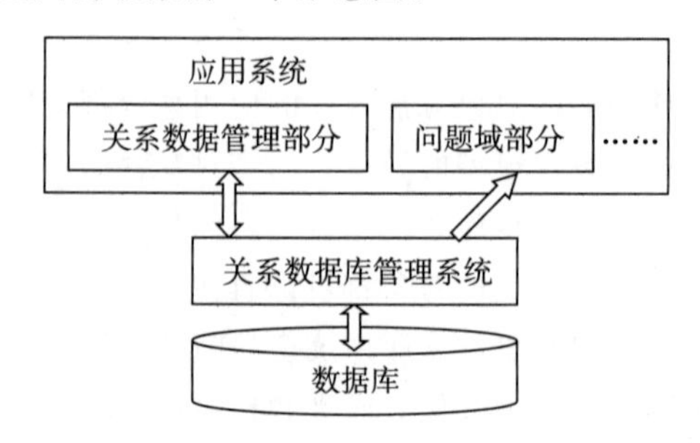

图 10-3 应用系统与关系数据库管理系统之间的联系

在一般的情况下，数据管理部分负责持久对象及关系的存储与检索。有时应用系统的其他部分也需要直接通过数据库管理系统使用数据库中的数据，但并不把所使用的数据描述为对象，例如，问题域部分从数据库中读出一批数据，进行统计并形成报表。数据库中的数据也不一定都是通过数据管理部分存储进来的，如有可能是人工直接录入的和从其他系统导入的（本图没有展示这些内容）。

2. **对持久类的存储设计**

对每个持久类设计表，用以存储其持久对象，如下为具体的做法。

1）确定要存储对象的哪些属性值（不一定对象的所有属性值都需要存储），据此列出一个持久类的相应属性。

2）按时间与空间要求进行权衡，对这些属性进行规范化，规范化后的属性至少应满足第一范式。

要把一个类的属性列表映射到满足第二范式或更高范式的数据库表，有两种处理方法：

- 通过对类的拆分，使得修改后的类所对应的表都满足范式的要求。该方法的优点是每个类的属性和它的数据库表的字段直接对应，缺点是要修改问题域模型，这样会造成类图与问题域的映射不直接。
- 不修改类，而是让一个类对应两个或多个表，让每个表满足范式要求。该方法的优点是类图贴近问题域，缺点是数据的存储与检索要经过一定的运算才能把类与表对应起来。

3）定义数据库表。

把规范化之后的类的一个属性作为表的一个字段，要存储的每一个对象作为表的一个元组。

根据需要，也可以把相互之间有关系的几个持久类的对象用一个表存储，具体的情况请见下面的内容。

3. **对关系的存储设计**

不但对持久类要进行存储设计，对两个或多个持久类间的关系往往也要进行存储设计。

（1）对关联的存储设计

按下述方法对关联进行存储设计：

- 对于每个一对一的关联，可在类对应的表中用外键隐含（参见例 10-1），也可把两个类和关联映射到同一张表中。
- 对于每个一对多关联，可在多重性为“多”的类对应的表中用外键隐含（参见例 10-2），也可映射到一张独立的表，该表的结构由两个进行关联的表的主关键字构成。
- 对于多对多的关联，可映射到一张独立的表，该表的结构由两个进行关联的表的主关键字构成；或者先在类图中把它转化为一对多的关联，然后再按一对多的方式进行处理（参见例 10-3）。

例 10-1　将一对一关联映射到表。

图 10-4 中有两个持久类，二者之间有一个一对一关联。

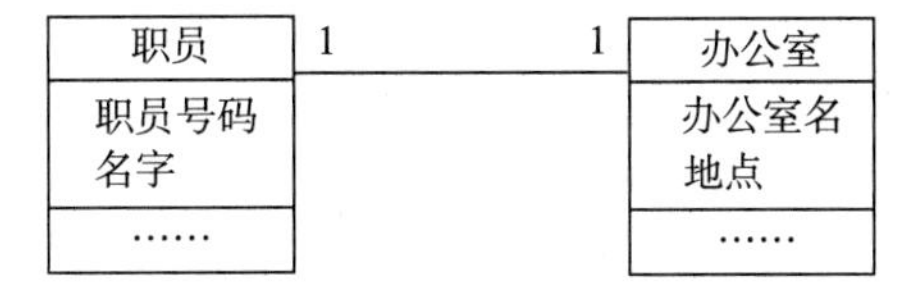

图 10-4　持久类及其间的一对一关联示例

把持久类分别映射到一个表，并把类之间的关联也映射在一个类对应的表中。图 10-5 给出了表的结构。

表	属性
职员	职员号码，名字，办公室名
办公室	办公室名，地点

图 10-5　把持久类以及其间的一对一关联映射到两个表

图 10-5 中的两个表与类“职员”和类“办公室”分别相对应，带下划线的属性为主关键字，在第一个表中用外键“办公室名”隐含了两个类之间的关联。

常见的做法是把上述两个类的属性合并，映射到一个表，其中的关联就隐含在表中。

例 10-2　将一对多关联映射到表。

图 10-6 中有两个持久类，二者之间有一个一对多关联。

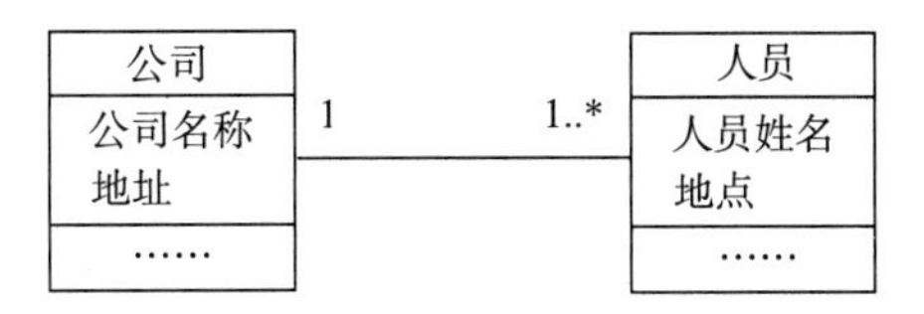

图 10-6　持久类及其间的一对多关联示例

把多重性为多的类“人员”和关联映射为一个表，类“公司”映射为另一个表。图 10-7 给出了表的结构。

表	属性
公司	公司 ID，公司名称，地址
人员	人员 ID，人员姓名，地点，公司 ID

图 10-7　把持久类以及其间的一对多关联映射到两个表

图 10-7 中带下划线的属性为主关键字，人员表中的属性“公司 ID”是连接表的外键。

例 10-3　将多对多关联映射到表。

图 10-8 中有两个持久类，二者之间有一个多对多关联。

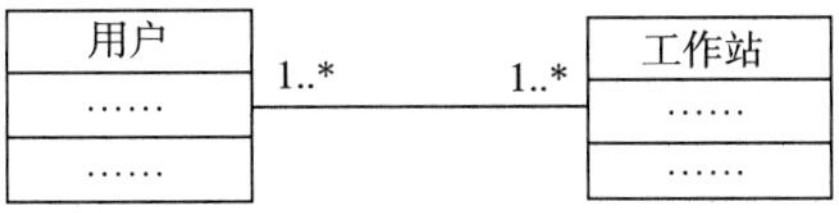

图 10-8　持久类及其间的多对多关联示例

把该多对多关联转化为图 10-9 所示的一对多关联。然后再按对一对多关联的处理方式进行处理。

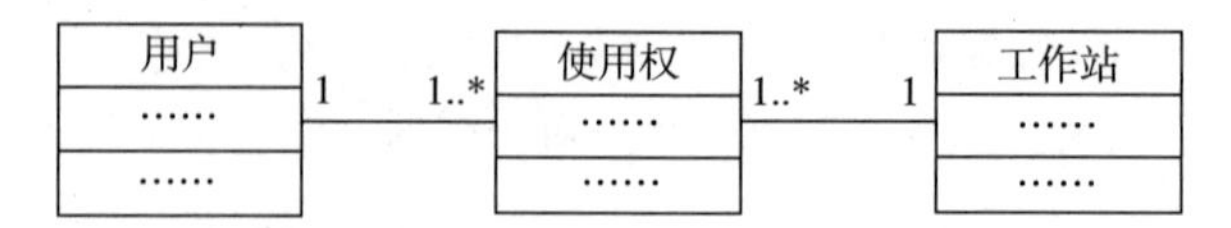

图 10-9　一个多对多关联转化为两个一对多关联示例

（2）对聚合的存储设计

由于聚合就是一种关联，故聚合的存储设计与关联的存储设计的规则是相同的。要说明的是，在设计存储聚合时，不要根据聚合的一端是整体就决定在这端的类对应的表中存储关系，而是要像设计存储关联那样考虑多重性。

（3）对继承的存储设计

可采用下述方法之一，对继承进行存储设计：

方法 1：把一般类的各特殊类的属性都集中到一般类中，创建一个表。

方法 2：在一般类创建对象的情况下，可为一般类创建一个表，并为它的各个特殊类各创建一个表，要求一般类的表与各特殊类的表要用同样的属性（组）作为主关键字。

方法 3：如果一般类为抽象类，则要把一般类的属性放到各特殊类中，为它的特殊类各建立一个表。若一般类不为抽象类，也可采用该做法。

上述是对单继承的处理方法，对于多继承的处理与此类似。

例 10-4　将继承结构映射到表。

图 10-10 中有三个持久类，其中类“设备”与类“水泵”和类“热交换器”之间有一个继承关系。

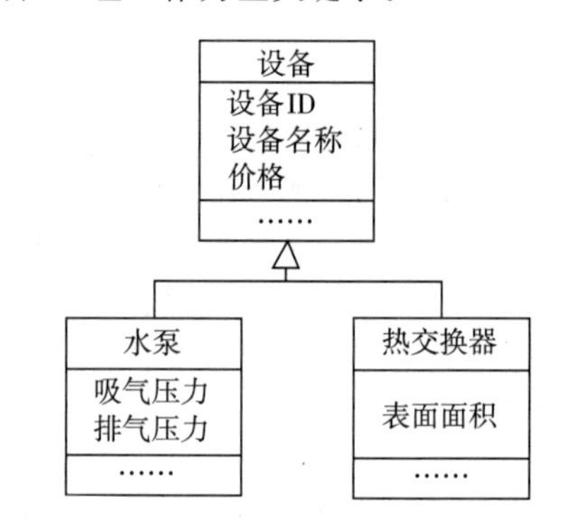

图 10-10　具有继承关系的持久类示例

方法 1：仅一般类对应一个表，即一般类和特殊类创建的所有对象都使用同一个表存储，图 10-11 给出了表的结构。

表	属性
设备	设备 ID，设备名称，价格，设备类型，吸气压力，排气压力，表面面积

图 10-11　仅一般类对应一个表

图 10-11 中的设备类型用于区分本元组的数据是描述水泵的，还是描述热交换器的。

这种方法的缺点是每个存储对象的元组都有多余的字段，因为一个元组要么存储水泵信息，要么存储热交换器信息。

方法 2：一般类和特殊类各对应一个表，图 10-12 给出了各表的结构。

表	属性
设备	设备 ID，设备名称，价格，设备类型
水泵	设备 ID，吸气压力，排气压力
热交换器	设备 ID，表面面积

图 10-12　一般类和特殊类各对应一个表

图中的第一个表的主关键字为设备 ID，第二个表和第三个表的主关键字也是设备 ID。当从特殊类对应的表开始检索时，根据提供的设备 ID 查找特殊类对应的表中的元组，再在一般类对应的表中，用设备 ID 查找表中的元组，即检索出该设备的所有信息。当从一般类对应的表开始检索时，根据提供的设备 ID 和设备类型，用设备 ID 查找一般类相应表中的元组，用设备类型确定查哪个特殊类所对应的表，再在特殊类对应的表中用设备 ID 查找表中的元组，即检索出该设备的所有信息。

这种方法很好地反映了继承结构，但访问数据时需要连接表。

方法 3：如果类“设备”为抽象类，则可以采取每个特殊类各对应一个表的方法，图 10-13 给出了各表的结构。

表	属性
设备	<u>设备 ID</u>，设备名称，价格，吸气压力，排气压力
热交换器	<u>设备 ID</u>，设备名称，价格，表面面积

图 10-13　每个特殊类各对应一个表

采用这种方法存取对象，为新增加的特殊类构造表时不要忘记一般类的属性，当修改一般类的属性时不要忘记维护特殊类对应的表结构。

4. 设计数据管理部分的类并修改问题域部分

问题域中的每个持久对象数据都需要被存储；在需要的时候再用这些数据把对象进行恢复，或直接把它们用于某些运算。用关系数据库对每个持久对象数据进行存储，有如下两种方案。

方案 1：类的各对象自己存储与检索自己。

在问题域部分中的需要存储与检索其对象的类中增加一个属性，用来记录该类所对应的数据库的表名；增加两个操作，一个用来存储对象，另一个用来在数据库表中进行检索。持久类的结构如图 10-14 所示。

图 10-14 中的持久类的属性和操作是新增加的，该类原有的属性和操作仍然保留。

如果编程语言支持继承，可把持久类中增加的属性与操作放在一个一般类中，供每个持久类来继承。

方案 2：数据管理部分设立一个或几个对象，负责问题域部分所有持久对象的存储与检索。

在很多情况下，在数据管理部分设立一个对持久对象进行存储/检索的对象就够了。有时（如在多数据源的情况下）需要在数据管理部分设立几个负责对持久对象进行存储/检索的对象。图 10-15 为用于方案 2 的持久存储类。

持久类
类名 - 数据库表名 ……
存储对象 检索对象 ……

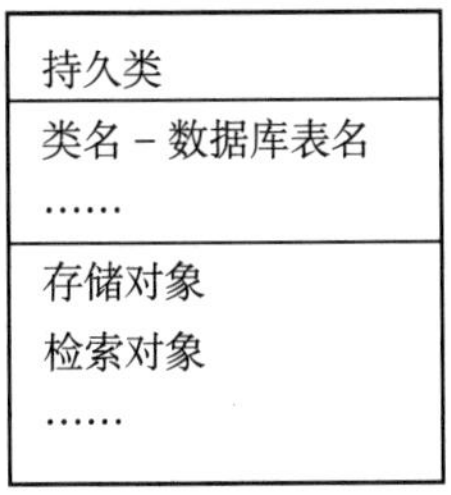

图 10-14　用于方案 1 的持久类

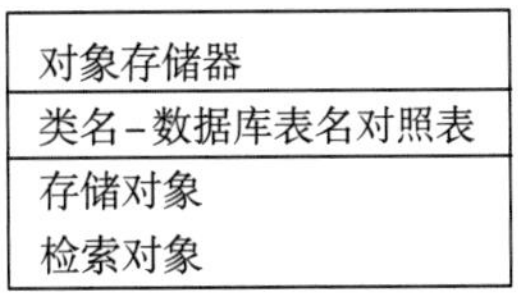

对象存储器
类名 - 数据库表名对照表
存储对象 检索对象

图 10-15　用于方案 2 的持久存储类

该类属于数据管理部分，用它的对象来管理问题域部分中的持久类的对象的存储与检索。该类中的属性“类名-数据库表名对照表”用于表明在哪个表中存取哪一个类的对象。

无论采用哪种方案，在所定义的用于存储的类中或在原有的持久类中，都至少应该有一个属性，用于记录要存取哪一个（些）表；至少应该有两个操作“存储对象”和“检索对象”，供设计中的其他操作使用。

上述的操作“存储对象”和操作“检索对象”需要知道被保存的对象的如下信息：

- 它是内存中的哪个对象，从而知道从何处取得要保存的对象，或者把表中的数据恢复到何处。
- 它属于哪个类，从而知道应该把它保存在哪个数据库表中，或要到哪个数据库表中去读取它。
- 它的主关键字，从而知道该对象对应数据库表的哪个元组。

不同的对象调用类“对象存储器”的对象的操作时，所使用的参数是不同的，即作为参数的属性的个数和类型以及对象变量的类型（即对象的类）是不同的，而且对不同的表而言，主关键字所包含的属性名也往往是不同的。解决的方法可为：1）在类“对象存储器”的操作中把对每个数据库表进行操纵的语句都预先编写出来；2）在访问类“对象存储器”的对象的操作中动态地按数据操纵语言（如 SQL）构造对数据库操纵的语句，然后作为参数值传送给类“对象存储器”的对象的操作。

按照上述工作，确定了存取持久对象的类，就搭建起了问题域部分和数据管理部分联系的桥梁。

在数据库中，经常要使用一些约束规则。例如，诸如作用在属性上的一组有效值或一个值域那样的约束，是检查性约束；限制一个属性或一组属性中的数据必须是唯一的约束，是唯一性约束。对于这样的代码，可写在问题域部分的类中或数据管理部分的类中，也可写在数据库管理系统中，作为相应的约束条件。

如下给出的是应用系统保存和恢复对象的一些时机：

- 系统启动时，要恢复一些所需要的持久对象。
- 系统停止时，要保存在本次运行时使用过的但未曾保存过的持久对象。
- 系统自启动以来首次使用一个未曾恢复过的持久对象。
- 按照某种规则，需要保存某个（某些）持久对象。
- 在与其他系统共享对象数据的情况下，根据共享机制所要求的数据一致性保证策略，存储或检索对象。

10.3.2 针对面向对象数据库系统的数据存取设计

由于面向对象数据库系统与面向对象的应用系统采用的数据模型是一致的，因而采用面向对象数据库系统存储与检索持久对象，就不需要对持久类增加属性与操作，也不需要再专门设立负责存储与检索的类。只把需要长期保存的对象标记出来即可，至于如何保存和恢复，由面向对象数据库系统自己去处理。

在面向对象数据库系统中，用数据定义语言实现对类和对象等概念的定义（即标记），用数据操纵语言实现对对象数据库的访问，这些都属于实现阶段的工作。

10.3.3 针对文件系统的数据存取设计

使用文件系统存取对象，对应用系统的对象模型不会产生本质性的影响。与使用数据库系统相比，只是设计数据管理部分的工作相对来说要麻烦一些。使用数据库系统存取持久对象，就不必操心并发存取和进行记录更新期间的锁定和安全问题，而利用文件进行存储，可能就要考虑这方面的问题。使用文件系统可能还要考虑对文件进行高效检索等问题。

使用文件系统进行数据存取设计的具体方法与使用关系数据库系统进行设计类似。首先根据需要存储的对象的属性值，列出持久类的相应属性，使类的属性列表符合所需要的范式定义，再把符合范式定义的每组属性定义为文件逻辑结构，进而按逻辑结构读写文件，或按串读写文件。至于对持久类之间的关系的存储设计，参见利用关系数据库系统对关系的处理。

在持久类或所定义的负责存取的类中，都至少应该有一个属性，记录要打开哪一个（些）文件；都至少应该有两个操作“存储对象”和“检索对象”，供设计中的其他操作使用。

由于对文件的存取在速度上较慢，根据性能要求，可以对文件进行索引。

习题

1. 说明存取持久对象的意义。
2. 如果使用关系数据库系统存储持久对象，说明如何存储持久类之间的一对多聚合关系，如何存储持久类之间的多继承关系。
3. 说明使用专门设立的类进行存取持久对象的过程。
4. 查找资料，了解面向对象数据库系统的产品化程度，并分析其对面向对象概念的支持程度。
5. 一张表中要有一个主关键字，该表与其他表连接时还要使用外键。请考虑主关键字和外键的联系，并考虑由此而带来的数据冗余性。
6. 列举一个持久类间的多对多关联，并设计存储它们的数据库表。
7. 为如下的持久类以及其间的关联设计数据库表。

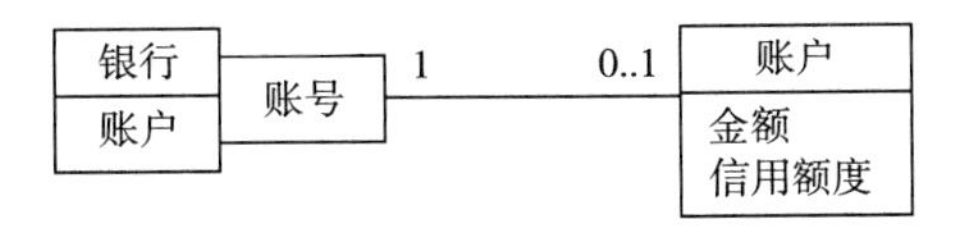

CHAPTER 11

第 11 章

构件及部署部分的设计

在面向对象设计阶段的后期，可考虑如何对系统的构件进行设计，以及如何在计算节点上部署实现构件的制品。

UML 支持对构件以及构件之间的关系建模，支持对实现构件的制品建模，也支持对部署制品的节点以及节点之间的关系建模。本章讲述构件图和部署图，它们分别用于对系统进行构件设计和部署设计。

11.1 构件设计

11.1.1 概念与表示法

通常采用 UML 的构件图进行构件设计。构件图是描述构件、构件的内部结构（哪些系统元素形成了哪些构件）和构件之间关系的图。基于构件图，进而可对实现构件的制品建模。

1. 构件

构件（component）是系统中可替换和可复用的模块化部分，它封装了自己的内容，利用供接口和需接口定义自身的行为；它起类型的作用。

按照 UML 对构件的规定，构件具有如下的含义：

1）一个构件是系统的一个模块，而且是一个自包含的单元，它封装了其内部成分。

2）构件通过它的供接口和需接口展现行为，构件可具有属性和可见性，并能参与关联和泛化。若构件的行为和状态复杂，可用用况图、活动图、顺序图和状态机图加以描述。

3）构件是可替换的单元，在设计时和运行时依据接口的兼容性，若一个构件能提供另一个构件所具有的功能，则前者可替换后者。

4）构件是可复用的单元，只要应用它的各环境需要它的供接口且满足它的需接口，就可把它应用在其中。

5）构件是可组装的，方法为把它们的请求和提供接口连接在一起，可形成粒度更大的构件。

6）构件起类型作用，意味着构件是可实例化的。实例化的方法是，用制品实现构件，然后把制品部署到运行环境中运行。

把构件表示为带有≪component≫的矩形，其右上角可放一个图标，该图标由一个矩形加上在其左侧边放置的两个突出的小矩形组成，如图 11-1 所示。

也可以把构件表示为分了栏的矩形，如图 11-2 所示。

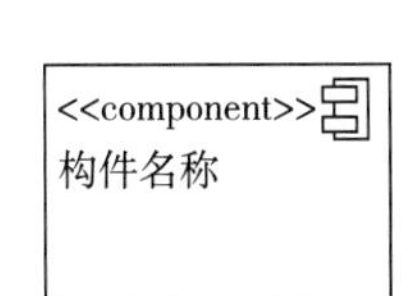

图 11-1　构件的表示法

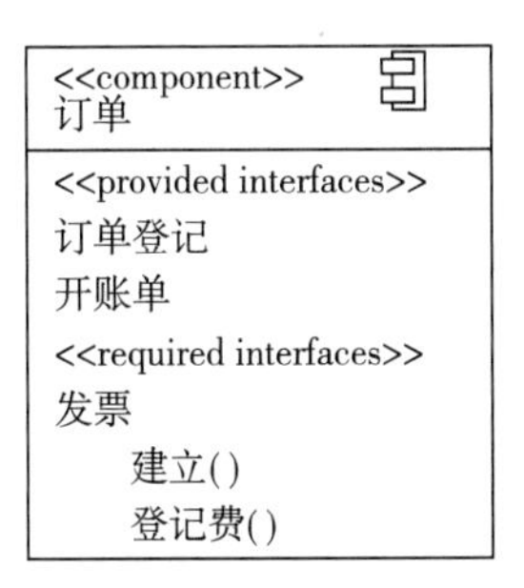

图 11-2　具有分栏结构的构件表示法示例

构件“订单”具有两个供接口，一个需接口，该需接口内有两个操作。下面具体讲述构件的接口。

2. **构件的接口**

接口声明了一组操作，用以刻画模型元素对外提供的服务或者它所需要的外部服务。接口也指定了一个契约，这个契约必须由实现和使用这个接口的构件所遵循。进一步地，可以用约束描述接口，约束可为前置条件和后置条件，也可为接口中的操作规定使用次序。

构件的供接口（provided interface）是构件实现的接口，这意味着构件的供接口是用于为其他构件提供服务的。实现接口的构件支持由该接口所拥有的操作和约束。

构件的需接口（required interface）是构件需要使用的接口，即构件向其他构件请求服务时要遵循的接口。

一个构件依据供接口和需接口，详述了它提供给其他构件的服务的规约，以及它向其他构件请求的服务的规约。

一个给定的构件可以实现多个接口，也可以请求多个接口。一个接口可以由多个不同的构件实现。

如果一个构件处于某应用环境中，且另一个构件遵从该构件的供接口和需接口以及约束，则它也能在该环境中执行。也就是说，只要其他的构件能够实现一个构件的供接口且遵循它的需接口和约束，就可以用这样的构件替换该构件。

正是构件拥有的供接口和需接口，形成了把构件衔接在一起的基础。

可以用三种图形的方式表示构件和接口之间的关系。第一种方式是用简略的图符形式表示接口：把供接口表示成用线连到构件的一个圆（“球”），把需接口表示成用线连到构件的一个半圆（“穴”），并把接口的名字写在图符的旁边，如图 11-3 所示。第二种方式是用扩展方式表示接口，这种方式可以展现出接口的操作，如图 11-4 所示。第三种方式是用分栏矩形的接口分栏来表示接口，如图 11-2 所示。

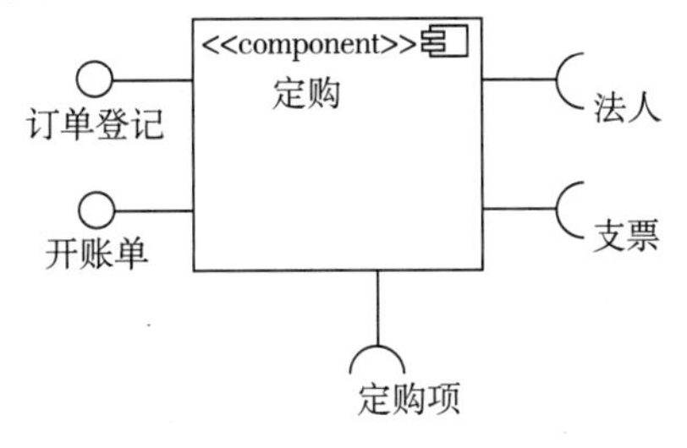

图 11-3　具有两个供接口和三个需接口的构件

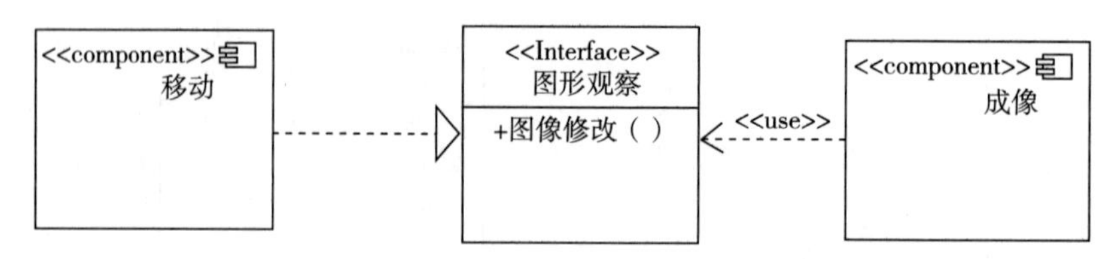

图 11-4　构件与用扩展方式表示的接口

用实现关系把实现接口的构件连接到接口上，用使用依赖（≪use≫依赖）把使用接口的构件连接到接口上。

3. **构件的端口**

接口对声明一个构件的总的行为来说是有用的，构件的实现仅需保证要实现供接口中的全部操作且遵循所设计的需接口和约束。使用端口（port）是为了能进一步控制这种实现。

作为构件的一个部件㊀，端口描述了在构件与它的环境之间以及在构件与它的内部部件之间的一个显式的交互点。也就是说，端口是一个封装构件的显式的对外窗口，所有进出构件的消息都要通过端口。这明确地指出，构件可以拥有内部结构和规约其交互点的一组端口。构件的外部可见行为是它各端口上的行为总和。

一个构件可以通过一个特定端口同另一个构件通信，而且通信完全是通过由端口支持的接口来描述的。供接口说明了通过端口来提供服务，需接口说明了通过端口从其他构件获得服务。使用端口能在更大的程度上增加构件的封装性和可替代性。

可以按端口把构件的接口分组。需接口可以是构件的请求端口的类型，供接口可以是构件的提供端口的类型。

把一个端口表示成一个跨在构件边上的小方块——它代表了一个穿过构件的封闭边界的一个窗口。可以把供接口和需接口附属到端口图符上。每个端口都有一个标识，它与构件名一起唯一地标定一个特定构件上的端口。

图 11-5 展示了一个带有端口的构件“售票处”[5]。这个构件具有“正常售票”“优先售票”“节目收集”和“信用卡处理”四个端口，它们的类型分别由其上的接口所规定。

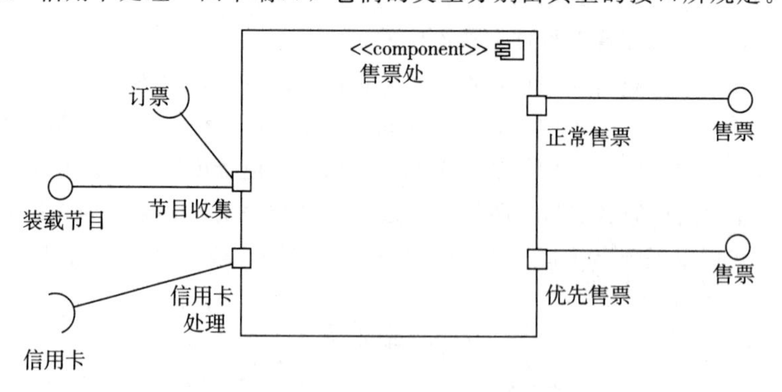

图 11-5　构件中的端口与接口

构件“售票处”所对应的实际事物是为一些影剧院售票的代理机构。构件“售票处”的两个端口“正常售票”和“优先售票”，一个为普通用户提供服务，另一个为特殊用户提供服务。

㊀ 构件内部的一个部件可以是另一个构件、一个类或一个端口。

在它们上都附属有类型为“售票”的供接口。端口“信用卡处理”上有一个需接口“信用卡”，其中含有要对外请求的处理信用卡信息的操作。端口“节目收集”上既有供接口也有需接口。使用接口“订票”，构件“售票处”查询有关影剧院是否需要售票，若需要则进行订购。使用接口“装载节目”，剧院将演出节目的内容及票的信息录入到售票系统的数据库，以便出售。

构件内部的部件实例能用端口名标识收发消息的端口，如图 11-6 所示。

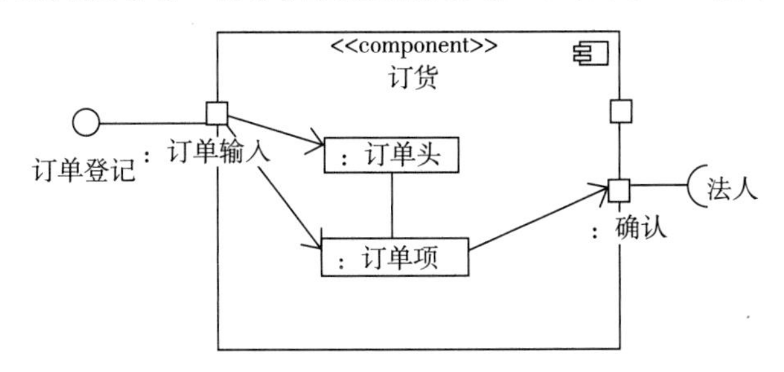

图 11-6　构件上的端口与其内部成分的连接

构件“订货”内部的箭线表示它对消息的分发处理，这样的箭线就是下一小节要讲述的连接件。

可用显式的对象实现端口，它也可能只是一个虚拟的概念。对于前一种情况，端口的实例随着它们所属的构件的实例一起被创建和撤销。一个端口也可以具有多重性，用于指定在构件实例中该端口的实例的可能数目。虽然一个端口的多个实例都能接收同种请求服务，但它们可能有不同的状态和数据值。可赋予端口的每个实例一个不同的优先级，具有较高优先级的端口实例优先被满足。

4. **连接件**

要通过端口把构件连接起来。连接的规则为：如果一个端口上有一个供接口而另一个端口上有一个需接口，且二者是兼容的，那么这两个端口便是可连接的（参见图 11-7 中的三个构件实例间的连接）。连接端口意味着请求端口要使用提供端口中的操作，以得到所需的服务。设立端口和接口的优点在于：两个构件彼此不需要了解对方的内部，只要它们的接口是相互兼容的即可通过端口通信；如果需要使用新的构件，可以把这些端口重新连接到其他提供相同接口的构件上。连接件（connector）就是通过端口实例或接口用于构件实例间通信的部件。

用连接件可以把两个同层次的构件实例连接起来，也可以把复合构件（即由其他构件构成的构件）实例和作为它的内部成分的构件实例连接起来。为此，UML 定义了两种连接件：装配连接件和委托连接件。

装配连接件（assembly connector）是两个构件实例间的连接件，通过它一个构件实例使用另一个构件实例提供的服务。具体地，装配连接件用于把一个需接口或端口实例与一个供接口或端口实例连接起来，在执行时，消息起源于一个请求端口实例，沿着连接件传递，被交付到一个提供端口实例。

表示装配连接件的方法为：如果两个构件实例有匹配的接口，则可以使用一个“球-穴”标记来表示构件实例之间的连接关系。

图 11-7 中的构件“接收订单”和“订单处理”的实例间的连接件以及构件“订单处理”和“库存”的实例间的连接件都是装配连接件。

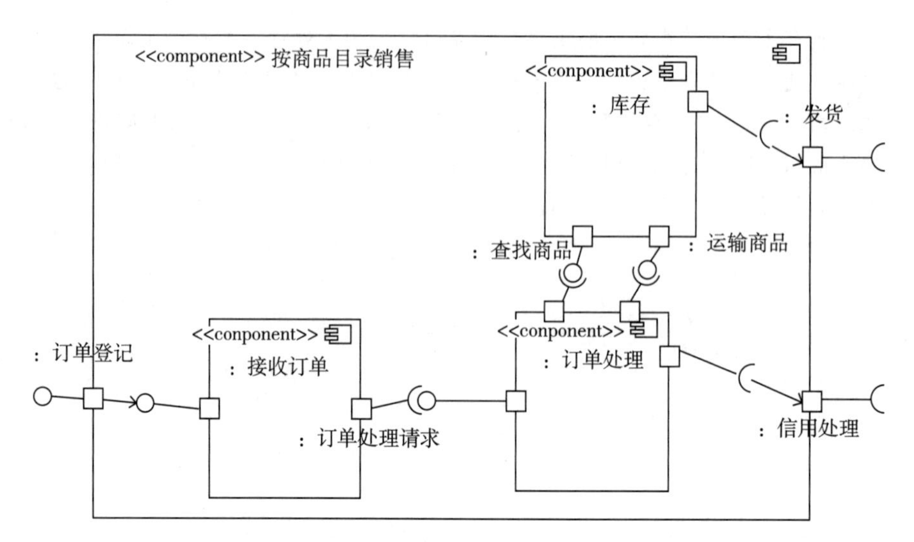

图 11-7　装配连接件

委托连接件（delegation connector）把外部对构件端口实例的请求分发到构件内部的部件实例进行处理，或者通过构件端口实例把构件内部部件实例向构件外部的请求分发出去。在这样的情况下，这些被委托的端口实例必须提供被委托的功能。注意，必须在两个提供端口实例间或两个请求端口实例间定义委托连接件。

对于来自外部端口实例的消息被委派给内部部件实例，把委托连接件表示为从源端口实例到处理请求的目标对象的线段；对于源自内部对象的消息被委派给外部端口实例，把委托连接件表示为从发出请求的对象到处理请求的目标端口实例的线段，见图 11-6。另一种情况是，要把构件的供接口和需接口放在委托连接件上，图 11-7 构件“按商品目录销售”的实例按这种表示形式有三个委托连接件负责其内外交互。

有了上述知识，下面解释图 11-7 的具体含义。该图展示了一个构件的内部结构和对外的端口。在端口“订单登记”的实例上的外部请求被委派给内部构件“接收订单”的实例的端口实例，接下来这个构件实例通过它的端口“订单处理请求”的实例对外请求。这个端口的实例用“球-穴”的图标与构件“订单处理”的实例相连接。构件“订单处理”的实例与构件“库存”的实例通信，以去库中查询。一旦在库存中找到了所需要的商品，构件“订单处理”的实例就访问外部的构件，以确定信用情况，这通过到名为“信用处理”的端口的实例的委托连接件来发出请求。如果从外部得到了有关于信用为可信的回应，构件“订单处理”的实例就与构件“库存”的实例上的端口“运输商品”的实例通信。构件“库存”的实例通过端口“发货”的实例向外部构件的实例请求进行发货。

按照委托连接件定义，委托有这样的含义：具体的消息流将发生在所连接的端口实例之间，可能要跨越多个层次，最终到达要对消息进行处理的最终部件实例。这样，可使用委托连接件按照层次分解的方式对构件建模。

上面的例子都是实例级的，即使用连接件展示构件的内部结构时，是在构件的实例级别上建模。若不展示构件的内部结构，只是要表明构件通过接口连接，是在构件的类型级别上建模，见图 11-8a。若只是想概略地描述构件间的请求与服务关系，就在其间使用一般的依赖，见图 11-8b。

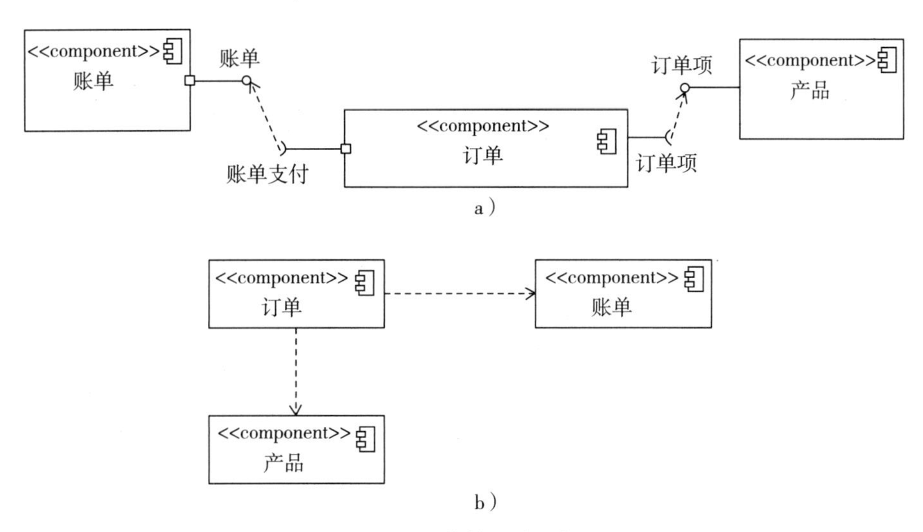

图 11-8　构件连接示例

11.1.2　构件的内部结构

不但可以用一个或多个供接口和需接口描述构件的外部规约，而且还可以对实现构件的一组元素建模。本节主要讲述构件是如何由一个或多个部件构成的。

可以在构件的矩形图符上加一个分栏中来列出其内部组成元素（如接口、部件和连接件），如图 11-9 所示。

在图 11-9 中，标有≪realization≫的分栏说明构件“订单”有 2 个内部成分，标有≪artifact≫的分栏说明构件“订单”的物理实现体为 Order. jar。

也可以在构件图符的内部展示构成构件的部件，见图 11-10。

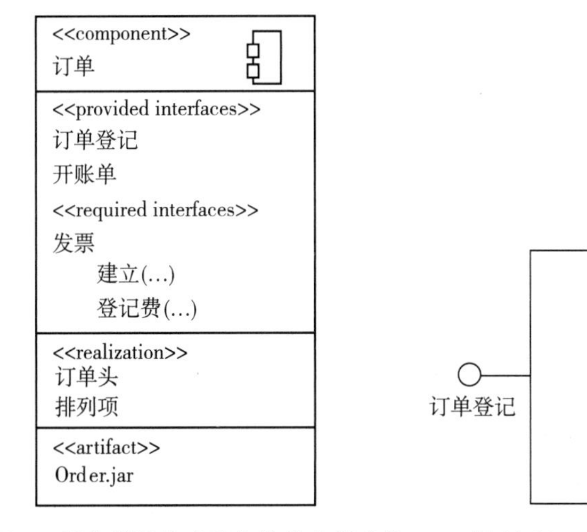

订单　<<component>>
订单头
0..*
1
排列项
订单登记
法人

图 11-9　用分栏结构表示构件的内部成分　　图 11-10　在构件图符的内部展示构成构件的部件

如果需要较为详细地描述构件的实例级的内容，可为构件定义由部件实例和连接件组成的内部结构，见图 11-7 和图 11-12。

若有必要，对一个构件内部的部件实例用名称来加以区别。例如，在图 11-11 中，构件“飞机票销售”具有分别为贵宾和普通顾客服务的构件“销售”的两个实例，因为服务的内容是不一样的，所以要用不同的实例名字来区别它们。

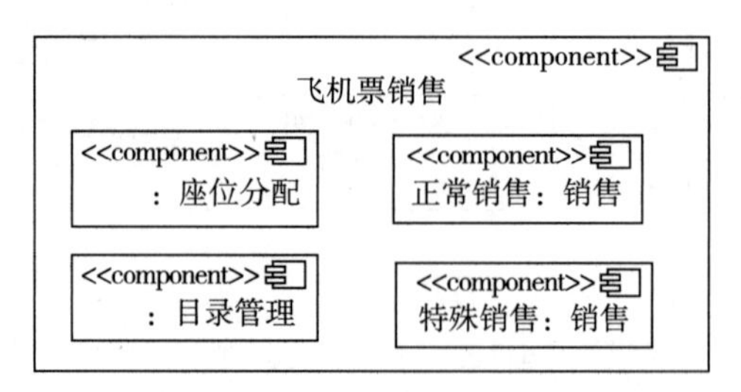

图 11-11　对同类型的部件的处理

图 11-12 所示的是用连接件展示一个构件的内部结构的实例。

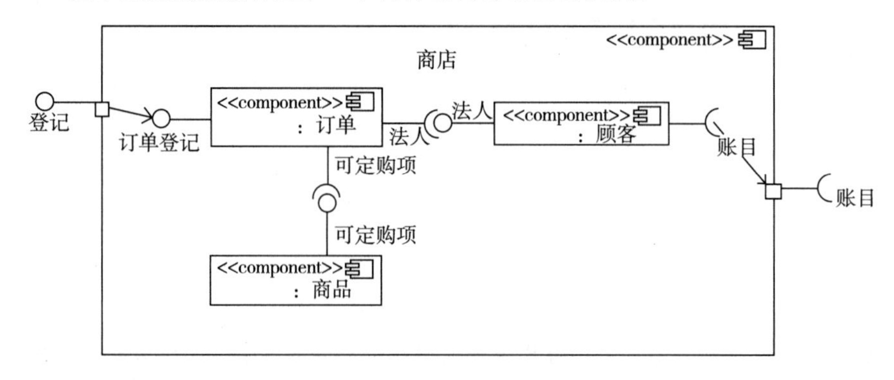

图 11-12　构件的内部结构示例

图 11-12 也展示了如何在构件的内部实现外部的功能。

11.1.3　对构件的行为建模

前述的状态机图和交互图可用于对构件的行为建模，即可为接口、端口和构件建立状态机图，可使用交互图描述构件接口中的操作的执行顺序，也可使用交互图描述构件实例间的交互。

图 11-13 所示的是一个用顺序图描述构件实例间交互的示例。

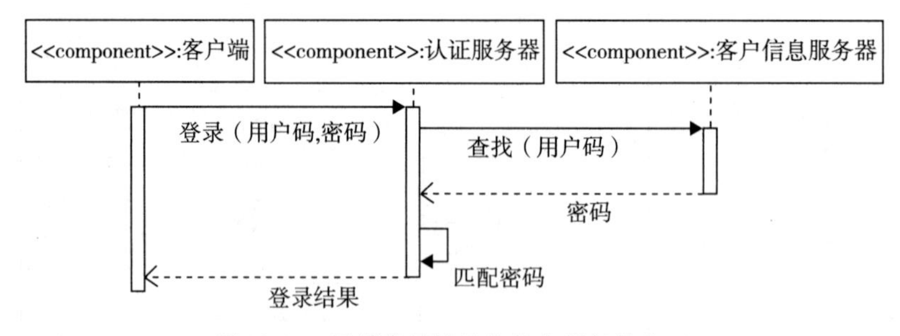

图 11-13　用顺序图描述构件实例间的交互

在图 11-13 中描述的是常见的验证用户密码的情形。

图 11-14 描述了如何用顺序图对构件实例间的事务建模，其中用注释的形式表明事务的起止。

图 11-15 所示是构件“报警控制器”的状态机图，把这样的模型图作为构件规约的一部分有时是必要的。

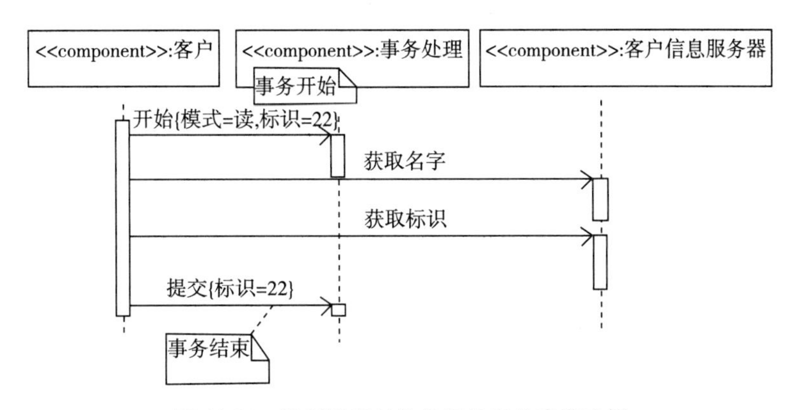

图 11-14　用顺序图对构件间的事务建模示例

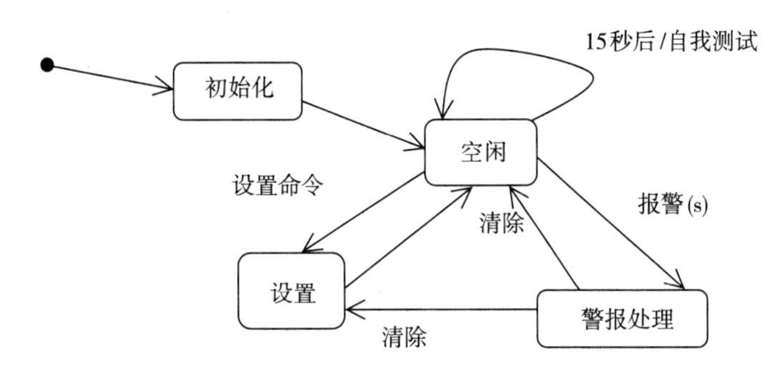

图 11-15　构件“报警控制器”的状态机图

11.1.4　对构件的实现建模

前面讲述了如何定义构件以及构件间的关系，下面讲述如何用制品（artifact）——所开发出来的具体物理产品，对构件的实现建模。

可把制品分为两种：

1）工作产品制品。这类制品是开发过程的产物，如实现构件的模型文件和源代码文件等，但这些制品并不直接地参加系统的执行。

2）部署制品。这类制品用于构造可执行的系统，如动态链接库（DLL）、可执行程序（EXE）和数据文件都是可部署的制品。

图 11-16 为制品的图符示例。

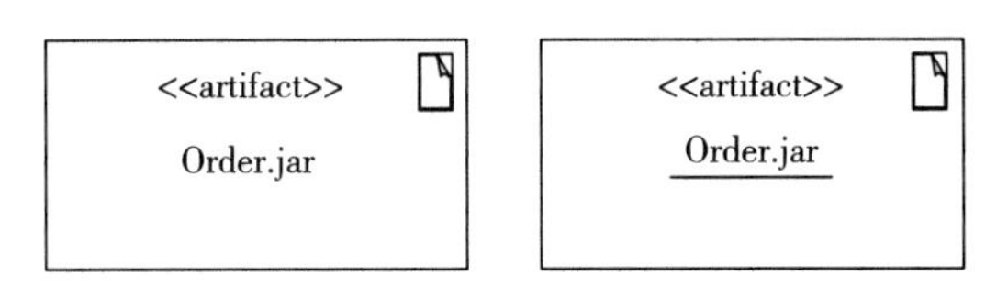

图 11-16　制品图符示例

图 11-16 中的制品一个是类型级的，另一个是实例级的。

制品可以有属性和作用于其上的操作，制品间也可以有关联和依赖关系。同一制品的不同实例可部署到不同的执行环境中。

下面是三种常见的对构件的实现建模的情形，其中包括可执行程序、库、表、文件和文档等。

1. 对实现构件的源代码建模

1）识别出一组相关的源代码文件，并把它们建模成标记为≪artifact≫的文件制品。

2）考虑设置标记值，用它给出源代码文件的版本号、作者名或最后修改日期等信息。

3）用依赖关系对这些文件之间的编译依赖关系建模。

图 11-17 是对实现一个构件的源代码文件建模的例子。

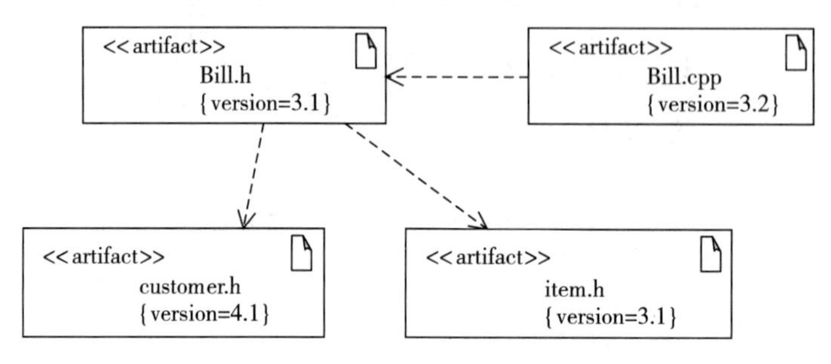

图 11-17　对实现构件的源代码文件建模示例

图 11-17 中的 Bill. cpp 使用（依赖）它的头文件 Bill. h，Bill. h 使用 customer. h 和 item. h。

2. 对实现构件的部署制品建模

1）决定构件由哪个（些）可部署制品实现。

2）决定可部署制品之间的关系。

图 11-18 是一个对实现一个构件的部署制品建模的示例。

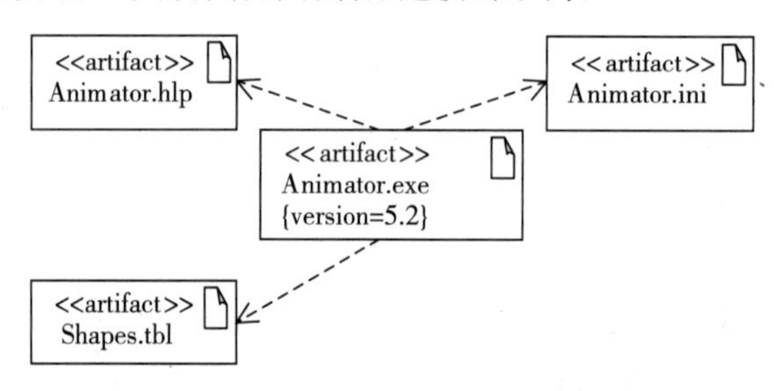

图 11-18　对实现构件的部署制品建模示例

图 11-18 中的可执行制品 Animator. exe 使用三个文件：Animator. hlp（帮助文件）、Animator. ini（初始化文件）和 Shapes. tbl（表）。

3. 对构件及实现构件的部署制品建模

可用分栏结构表示构件及实现构件的部署制品（见图 11-9），通过实现关系也可把实现构件的制品与构件关联起来，见图 11-19。

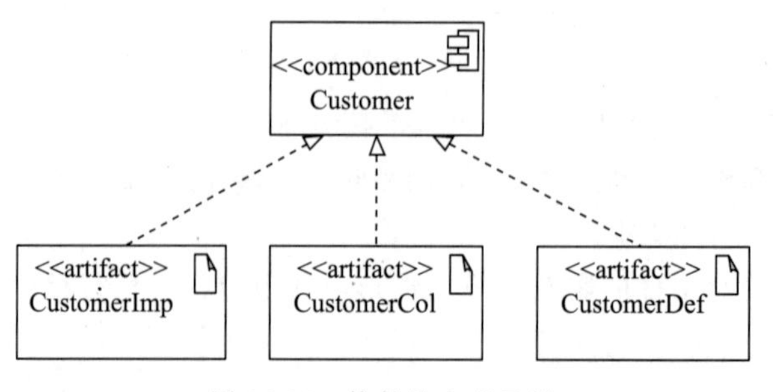

图 11-19　构件的实现示例

由于在“2. 对实现构件的部署制品建模”中已经确定了一个构件由哪些部署制品实现，现要按照构件间的关系决定部署制品间的关系。

下面对一个自主机器人系统中的构件及实现它的部署制品（一部分）进行建模[5]，见图 11-20。

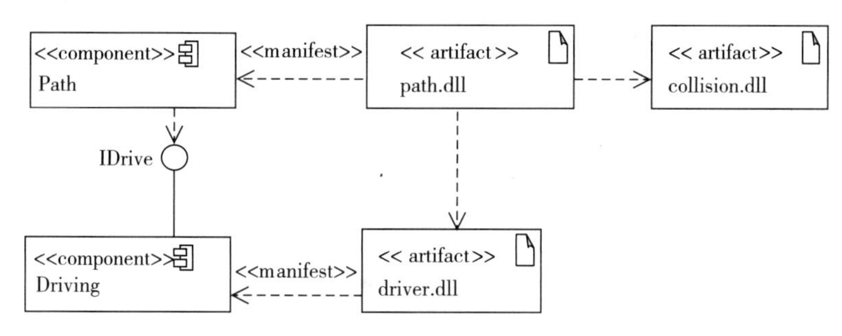

图 11-20　对一个自主机器人系统中的构件及实现它的部署制品（一部分）进行建模的示例

图 11-20 中的带有关键字≪manifest≫的依赖关系（在 UML 中称为承载依赖）表示用一个制品实现一个构件。制品 path. dll 承载了构件 Path，制品 driver. dll 承载了构件 Driving，制品 driver. dll 和 path. dll 间的依赖实现了构件 Path 和 Driving 间的通过接口 IDrive 的供需关系。图中还有一个制品 collision. dll，它也承载了一个构件（在图中没有给出）。

11.2　部署设计

UML 不但支持对构件建模以及对实现构件的制品建模，还支持用部署图对系统的网络拓扑结构建模以及对可执行制品的部署建模。

11.2.1　概念与表示法

节点（node）是制品可部署并执行在其上的计算资源，并能够通过通信路径互联。通常把节点看作是一个可以在其上部署可执行制品的运行环境。

嵌入式系统和分布式系统等中的处理器和具有运算能力的设备，都可以用节点进行建模。进一步地，使用节点和节点间的关系可以对系统在其上运行的拓扑结构建模。

用一个立方体表示一个节点，如图 11-21 所示。

节点名称

图 11-21　节点的表示法

构件部署是指，在一个节点上可部署一个或多个制品，如可执行文件和相应的部署文件。当然，一个制品也可以部署在一个或多个节点上。

可在类型的层次上定义构件部署，如在应用服务器上部署订单处理程序，见图 11-22a；也可以在实例的层次上定义构件部署，如在具体应用服务器上分别部署购物车处理程序的实例，见图 11-22b～图 11-22d。

图 11-22a 所示的是要把两个制品部署到一个节点上，而图 11-22b 和图 11-22c 所示的是要把两个制品实例分别部署到一个节点实例上。图 11-22d 所示的也是实例级，其中要把 6 个制品实例部署到一个节点实例上。

对于复杂的部署，往往需要详细描述一些性质。部署规约（deployment representation）详述了一组性质，用于确定部署到节点上的制品的执行参数。用图 11-23 所示的图符表示部署规约。

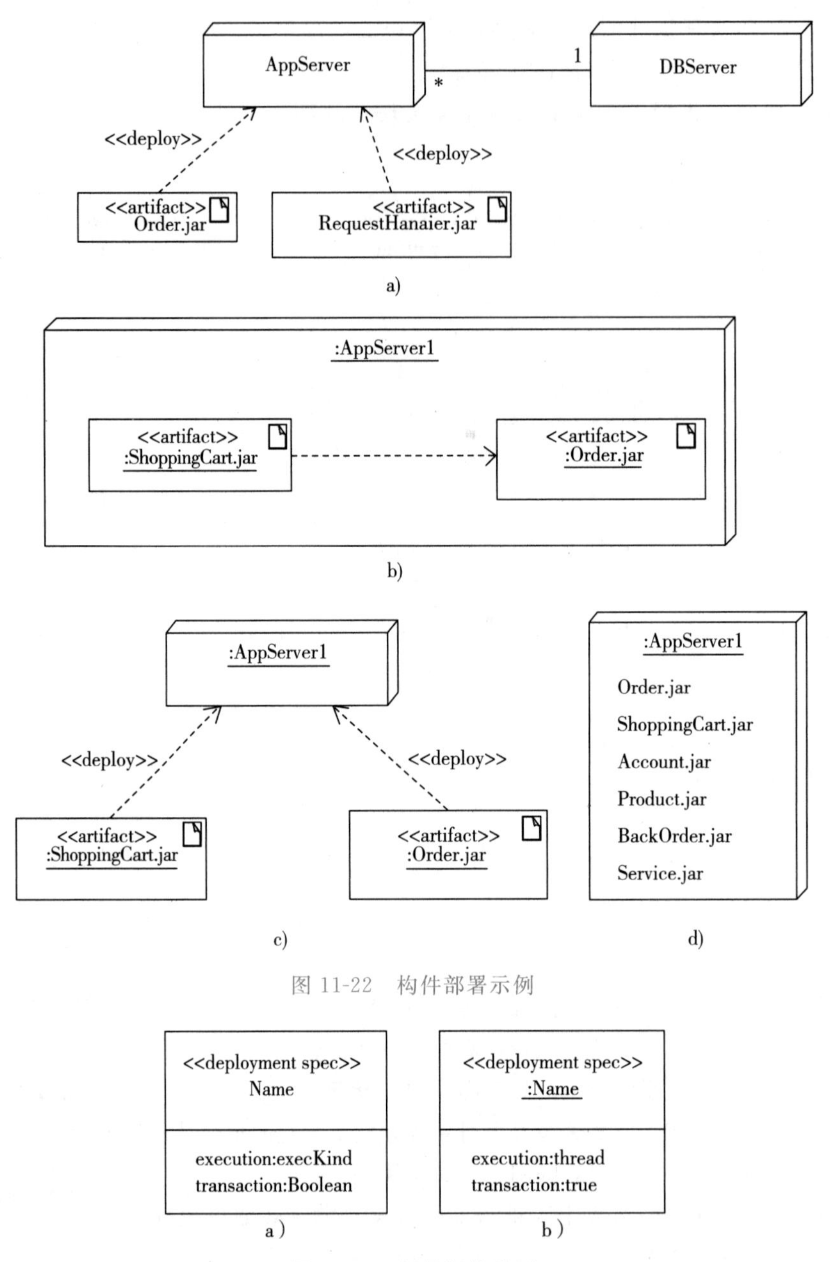

图 11-22　构件部署示例

图 11-23　部署规约示例

图 11-23a 是一个部署规约示例，其中有两个属性，该示例是类型级的。图 11-23b 是一个实例级的部署规约示例。

图 11-24 给出了两个实例级的部署规约示例。

图 11-24a 表明一个较复杂制品实例 ShoppingApp. ear 有一个部署规约 ShoppingApp-desc. xml 的实例，且它由两个作为成分的制品实例组成，其中 ShoppingCart. jar 依赖 Order. jar，Order. jar 也有一个部署规约 Orderdesc. xml 的实例。

在图 11-24b 中，用一个部署依赖表明把制品实例 Order. jar 部署到一个节点实例上，其上有一个部署规约 Orderdesc. xml 的实例。

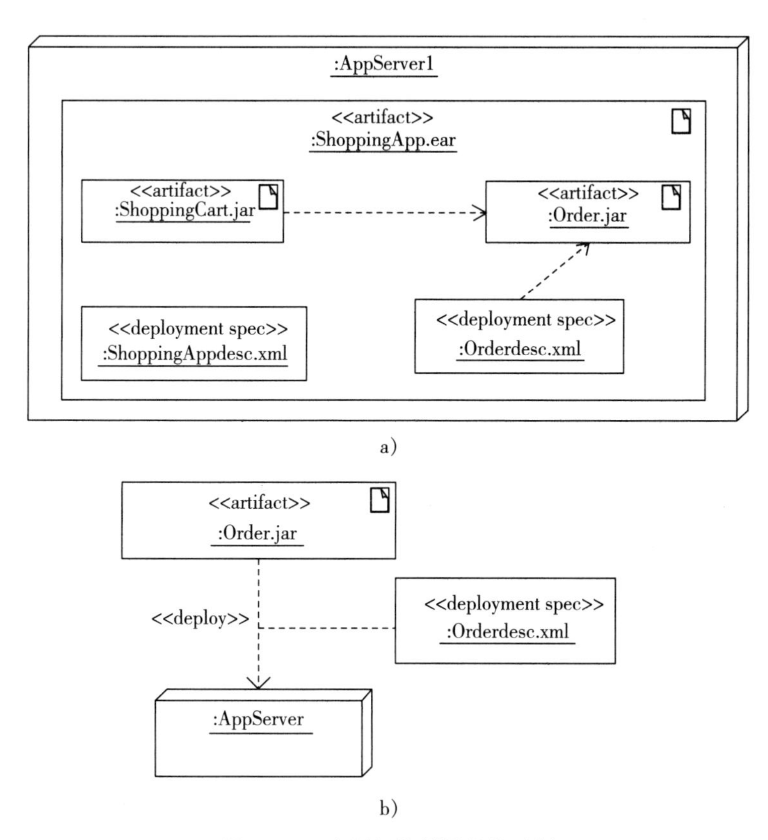

图 11-24　实例级的部署规约示例

前面讲过，通常把节点看作是一个可以在其上部署可执行制品的运行环境，若需要详细表明，就用≪device≫和≪executionEnvironment≫分别加在表示节点的立方体上，用于分别描述设备和执行环境。设备就是物理的可计算资源，具有部署和处理可执行制品的能力，执行环境是位于设备之中。典型的执行环境有≪OS≫、≪workflow engine≫、≪database system≫和≪J2EE container≫。图 11-25 给出了一个示例。

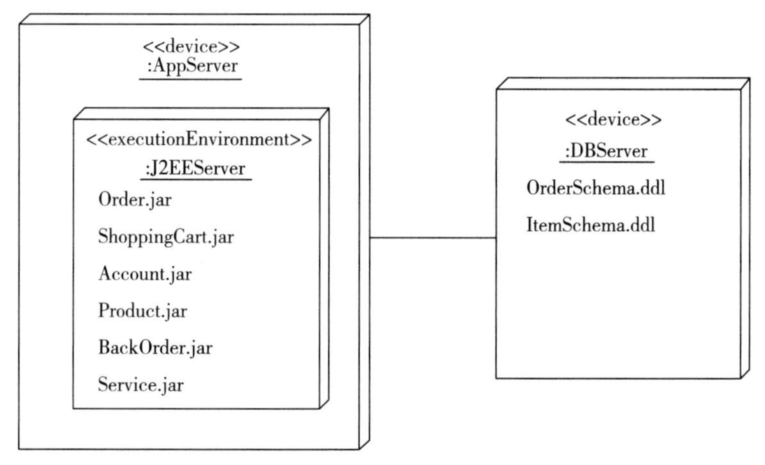

图 11-25　设备和执行环境示例

节点之间最常见的关系是关联，用来表示节点之间的物理连接。图 11-26 中的节点间连接使用了以太网连接协议（10-T Ethernet）和串口连接协议（RS-232）。

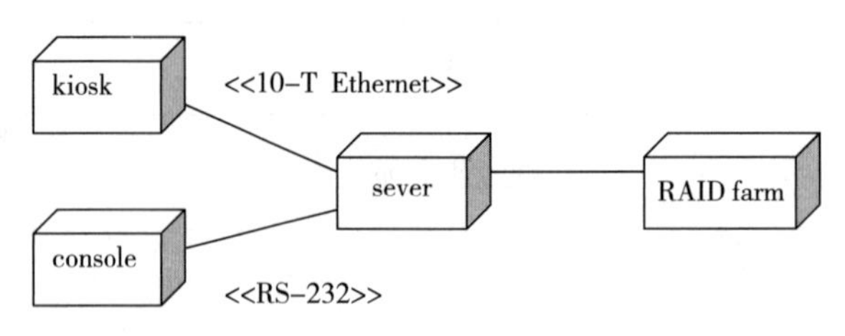

图 11-26　节点之间的连接

也可以利用关联表示节点间的间接连接，例如远程服务器之间的卫星通信连接。图 11-27 给出了一个示例。

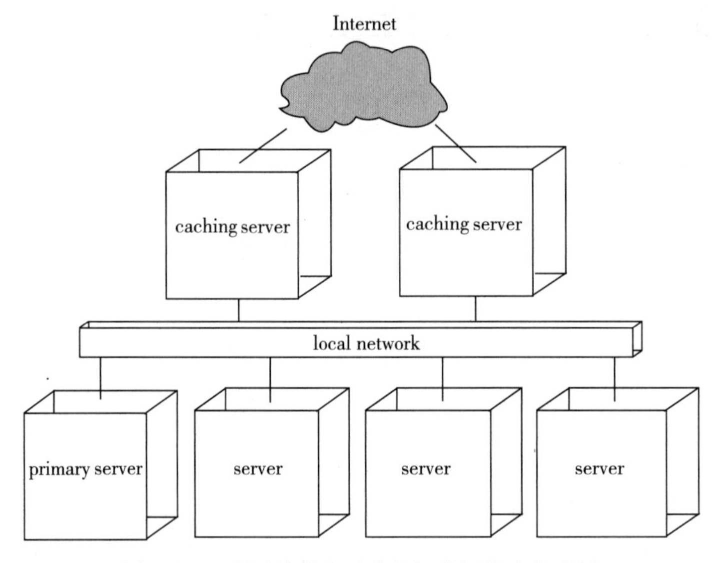

图 11-27　利用关联表示节点间的间接连接示例

在图 11-27 中，用云状图表示节点间通过 Internet 连接。

若系统比较复杂，还可以用包组织节点，如图 11-28 所示。

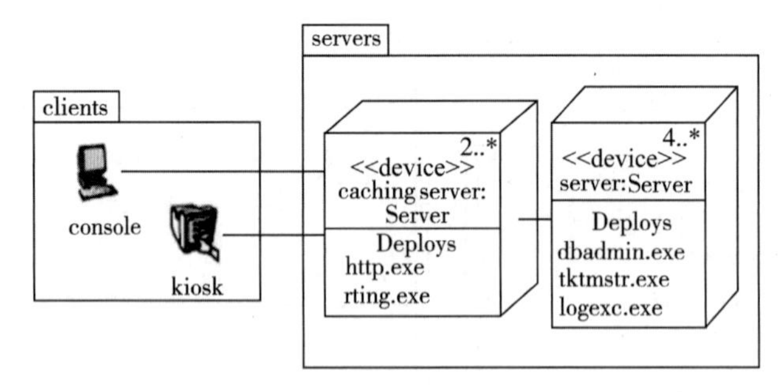

图 11-28　用包组织节点

图 11-28 中的左边的包中含有两个节点示例，为了掩盖细节和直观起见，用户用自定义的图符直接表示了它们。图 11-25 中的右边的包也含有两个设备示例，每一个有一个部署栏列出了所部署的制品。

11.2.2　对系统的部署建模

部署图用于描述节点、节点间的关联以及实现构件的制品与节点间的部署关系。

在对嵌入式系统或分布式系统建模时，经常使用部署图。下面简要说明使用部署图对这两种系统的建模。

1. 对嵌入式系统建模

嵌入式系统是软件和硬件的协作体，其硬件与物理设备连接，软件包括控制设备（如马达、传动装置和显示器等）的软件和接收传感器信息的软件等。

用部署图对组成嵌入式系统的处理器、设备以及部署制品在其上的分布情况建模。

2. 对分布式系统建模

将在不同地点、具有不同功能或拥有不同数据的多个节点用通信网络连接起来的，协作完成信息处理任务的系统，就是通常所说的分布式系统。

这样的系统要求各节点之间用网络连接，系统中的制品要物理地分布在各节点上。用部署图描述系统的网络拓扑结构以及部署制品在其上的分布情况。

习题

1. 构件图的用途是什么？
2. 找出一个系统硬件拓扑结构图，用 UML 的部署图描述它。
3. 描述构件图中接口和端口的作用，说明二者之间的关系。
4. 思考：

   （1）如何通过使用接口来体现构件的新增加功能。

   （2）如何通过使用接口和构件来体现系统的新增加功能。
5. 举例说明连接件是如何实现的。
6. 查找有关文献，看有哪些聚类技术可用于从类图中识别构件，即用哪些类构成一个构件。
7. 针对你所编制过或熟知的一个系统，绘制构件图、制品图和部署图。

若干典型的设计模式

人们已经在软件开发实践中总结出了一些设计方案，用于解决特定类型的问题。这些解决方案能提高设计效率和质量，并使所设计的软件易于扩展和复用。

12.1 引言

著作《Design Pattern Element of Reusable Object-Oriented Software》[4] 指出，设计模式（design pattern）是对用来在特定场景下解决一般设计问题的类和相互通信的对象的描述。在构成上，每一个设计模式确定了所包含的类和对象、它们的角色和协作方式以及职责分配。在使用上，每一个设计模式都针对一个特定的面向对象设计问题或设计要点，描述了约束条件、使用时机和使用效果等。

目前，人们从实践中已经总结出了很多设计模式。在 OOD 模型的各个部分，根据具体问题，应考虑使用设计模式。因为设计模式都是一些公认的设计方案，设计人员使用它们可以更好、更快地完成系统设计。使用设计模式还有利于复用和系统维护。通过对设计模式的掌握，可加深对面向对象思想的认识。

设计模式有很多，本章旨在通过对若干典型的设计模式的讲述，使读者能够掌握设计模式的原理与应用技术。

参考文献 [4] 中的设计模式分类为：

1）结构型：该类模式通过用接口将实现与抽象联系起来的方式把已有对象组合起来进行建模。

2）行为型：该类模式通过对变化进行封装使得所建立的模型可以提供灵活的行为方式。

3）创建型：该种模式用于对创建对象建模。

本章在以上每一类模式中分别选取了两个模式进行讲述：外观与适配器（结构型）、策略与观察者（行为型）以及抽象工厂与工厂方法（创建型）。这六个设计模式是常用的，也是参考文献 [4] 的作者建议要掌握的。本书并不是讲述设计模式的专著，有关设计模式的更多内容请看参考文献 [4]。

目前存在着几种典型的描述设计模式的格式。为了突出重点且易于学习，本书选取了参考文献 [4] 推荐的格式的一部分，见表 12-1。

表 12-1　设计模式的参考描述格式

描述项	解　　释
名称	设计模式的名字
意图	设计模式的目的

（续）

描述项	解　释
问题	设计模式要解决的问题
解决方案	设计的组成部分及职责、各部分间的相互关系及协作方式
协作者	设计模式中的元素（如类或对象）
效果	模式对目标的支持，使用模式要进行的权衡，独立的变化性
一般性结构	展示设计模式结构的标准图

在设计模式中，强调如下原则[4]。

（1）针对接口编程，而不是针对具体实现细节编程

在前述章节关于接口的讲述中已经指出：接口规定了使用接口和实现接口的双方都要遵循的契约。使用接口减少了双方的依赖，这意味着双方在遵循共同接口的前提上，均可独立变化，而不影响对方。鉴于此，在设计时要注重使用接口，将来的编程也是如此。

（2）优先使用组合，而不是继承

使用组合和继承均能达到功能复用的目的，但各有优缺点。

使用继承，特殊类继承一般类的属性和操作，特殊类还有自己的属性和操作，且可对继承来的属性和操作进行重定义。

从另一方面看，正是特殊类对一般类的继承，使得特殊类对一般类的依赖过于紧密，一般类的变化要影响特殊类。一种解决办法是把一般类定义为抽象的，但这并不总是可行的。

使用组合，只要设计好整体类和部分类间的接口，在运行时，就可根据需要替换部分类对象。只要遵循共同的接口，整体类和部分类均可独立变化。

对于参考文献［4］的这条原则，应该根据情况运用，因为继承和组合毕竟是不同的建模元素，只是在允许的情况下，优先考虑使用组合。该书的作者也指出，继承和组合经常一起使用。

（3）正确地使用委托

使用委托的典型情况是，一个对象接收一个请求，它要进行一定的逻辑分析，然后决定让哪个（些）对象来实施进一步的计算。使用委托的主要优点是便于在运行时组合对象的操作以及按需要改变组合。

一个对象在决定向哪个（些）对象进行委托时，要涉及一些参数，且要动态使用这些参数，这对理解模型会造成困难。一般是在使用委托能简化设计时才运用该原则。

（4）找出变化并进行封装

在面向对象建模中，可以对数据、实现细节、特殊类、创建对象的规则等进行封装。在设计模式中，确定设计中哪些地方可能变化，然后进行封装，要做到以后的变化不会影响到别的地方。

12.2　外观模式

外观（facade）模式用于为子系统中的一组对象提供统一接口，使得系统更易于使用。或者是，在原系统的基础上，再在高层定义接口，通过这样的接口只展示出特定的功能，隐藏原系统复杂性。也可以说，通过“量身定做”来建立提供所需功能的接口。

现有两个客户类 A 和 B，它们的对象都要读取类“院系信息”“专业信息”和“教师信息”的对象的信息，如图 12-1a 所示。通过增设一个类“读取信息”提供查询接口，则图 12-1a 所示的结构变为图 12-1b 所示的结构。明显地，图 12-1b 所示的结构更为合理。

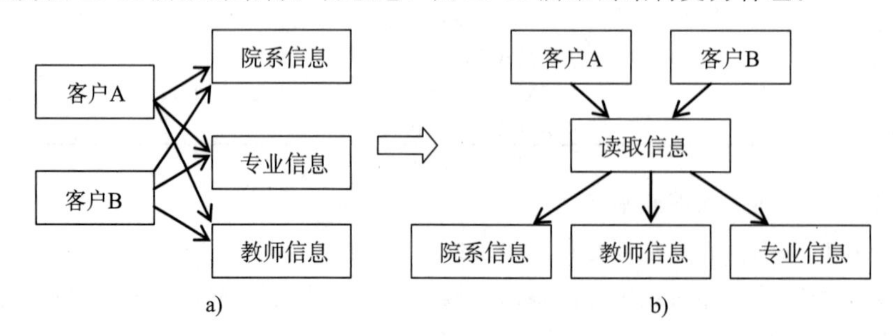

图 12-1　外观模式应用示意图

外观模式的关键特征见表 12-2。

表 12-2　外观模式的关键特征

描述项	解　释
名称	外观模式（facade pattern）
意图	通过定义所需要的接口，简化原有系统的使用方式
问题	只使用原系统的部分功能，或以特殊的方式与系统交互
解决方案	为原有系统的用户提供新的接口
协作者	系统、接口、客户
效果	简化了所需子系统的使用方法
一般性结构	见图 12-2

图 12-2 所示为外观模式的一般性结构。

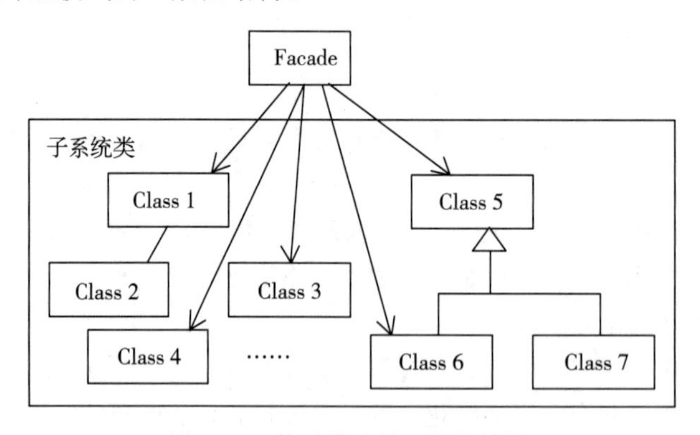

图 12-2　外观模式的一般性结构

大方框里面的类是在子系统中的类，这些类所实现的行为由 Facade 对外展现。

可灵活应用外观模式，例如：

1）为原系统增加新的功能，通过新增接口的方式体现出来，而不改动系统已有的接口。

2）原系统的展示功能有所改动，若希望原有用户不受影响，原有用户仍使用原有接口，新用户使用新增接口。

3）对遗产系统进行包装，通过提供新的接口，以新的面貌出现。

4）为了有助于监控系统，使所有的访问都要通过接口。

12.3 适配器模式

适配器（adapter）模式用于将类的一个接口转换为另一个类所需的接口，以使由于接口不兼容的类能够一起协作。

现以开发一个绘图系统为例，说明适配器模式的含义。图12-3给出了一个绘图系统中的类图片段。

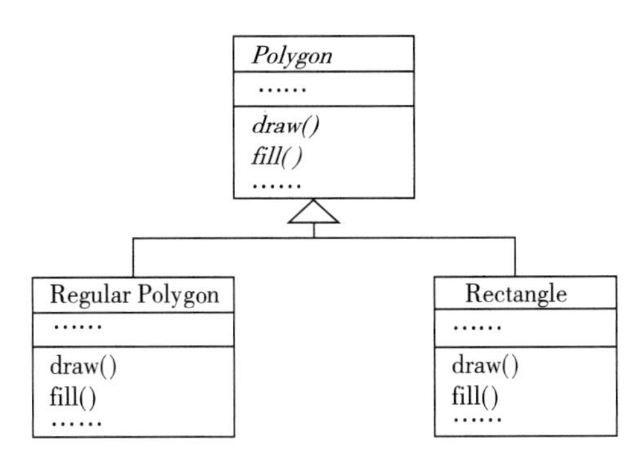

图12-3 一个绘图系统的类图片段

现系统要增加绘制圆形的功能，并且要求复用一个绘制圆形的类Circle。若类Circle中的绘图和填充操作的特征标记与类Polygon的并不一致，则无法使用图12-3中运用的多态机制。解决该问题的一个方法是修改类Circle中的特征标记。若类Circle中的特征标记已经用在其他的类中，则会引起一系列的修改问题。况且修改他人的代码有时还会出现难以预测的副作用。

下面用适配器模式解决上述问题，见图12-4。

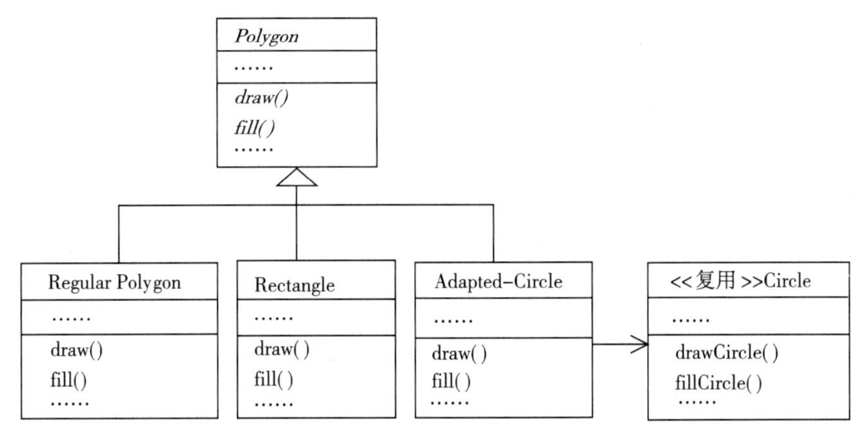

图12-4 一个运用了适配器模式的类图片段

在图12-4中，类Adapted-Circle对复用类Circle做了适配，在它的操作draw()和fill()的方法中分别要调用类Circle中的操作drawCircle()和fillCircle()。这样，类Polygon中的操作与复用类Circle中的操作的特征标记的不匹配问题，通过加入起适配器作用的类Adapted-Circle得以解决。

适配器模式的关键特征见表12-3。

表 12-3　适配器模式的关键特征

描述项	解　　释
名称	适配器模式（adapter pattern）
意图	使一个类的接口与一个结构（通常是使用多态机制的继承结构）中的类的接口相匹配
问题	一个类的操作的语义与一个结构中的类的接口相一致，但特征标记有差异
解决方案	该模式提供了起包装作用的类，以使得接口相一致
协作者	适配者、被适配者、一般类、客户
效果	使得原有类与所需结构的接口相匹配
一般性结构	见图 12-5 和图 12-6

图 12-5 所示为适配器模式的一般性结构。

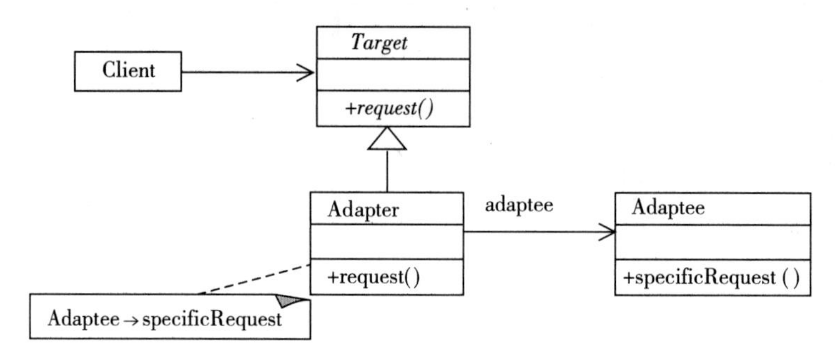

图 12-5　适配器模式的一般性结构之一

在图 12-5 中，在起适配器作用的类 Adapter 的操作 request 中要使用类 Adaptee 中的操作 specificRequest，这使得类 *Target* 中的操作与类 Adaptee 中的操作的特征标记的不匹配问题得以解决。图 12-5 所示的结构在参考文献［4］中称为对象适配器模式，原因是它依赖于对象组合方式来使得接口适配。

在参考文献［4］中还给出了类适配器模式，图 12-6 给出了它的结构。

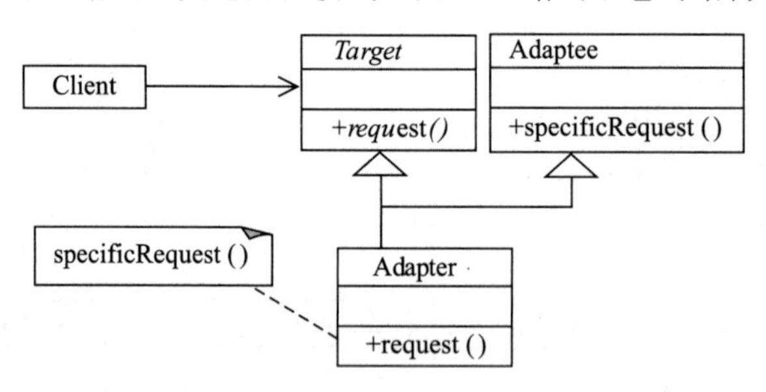

图 12-6　适配器模式的一般性结构之二

图 12-6 中的注释指明，类 Adapter 中的操作 request() 的方法中使用继承而来的类 Adaptee 中的操作，以此来达到接口相匹配的目的。

外观模式与适配器模式都是用于解决接口问题的，但二者之间是有差异的，表 12-4 给出了对它们的差异对比。

表 12-4　外观模式与适配器模式的差异对比

	外观模式	适配器模式
按特定接口设计	否	是
使用多态机制	否	可能
目标接口更简单	是	没变化

12.4 策略模式

策略（strategy）模式描述了怎样按需要在一组可替换的算法中选用算法，即把所定义的一些算法各自封装起来，可根据客户的需要分别使用它们。该模式可使算法独立变化而不影响它的客户。该模式既注重算法使用的灵活性，又注重应对需求的变化性。为了达到这个目的，该模式的设计基于如下原则：

1）针对接口进行编程。

2）优先考虑使用聚合关系。

3）封装需求变化点。

为了清楚地理解策略模式，本节先分析一下企业征税问题。企业种类有很多，现假设一个税务系统能计算国营企业的税额，其中的部分模型如图 12-7 所示。

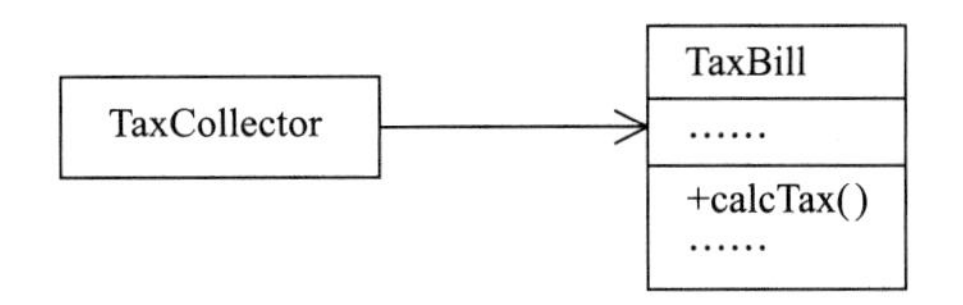

图 12-7　计算国营企业税额的模型之一

图 12-7 中的类 TaxCollector 负责当客户请求上税时，予以确认，并让 TaxBill 做进一步处理。类 TaxBill 的职责为：1）提供用户界面，以填入必要的信息；2）计算税额；3）输出税单。

现假设有了新的需求，该系统还要计算外资企业的税额，且计算税额的规则发生了变化。一种做法是建立一个用于计算外资企业税额的新类 FCTaxBill，让它作为类 TaxBill 的特殊类，用新的方法替代类 TaxBill 中的 calcTax() 的原有方法并按需要重定义 TaxBill 中的属性和其他操作，以计算外资企业的税额。新的模型如图 12-8 所示。

如果再加入计算合资企业和私营企业等税额的功能，一种自然的想法是继续采用上述的方法进行处理。

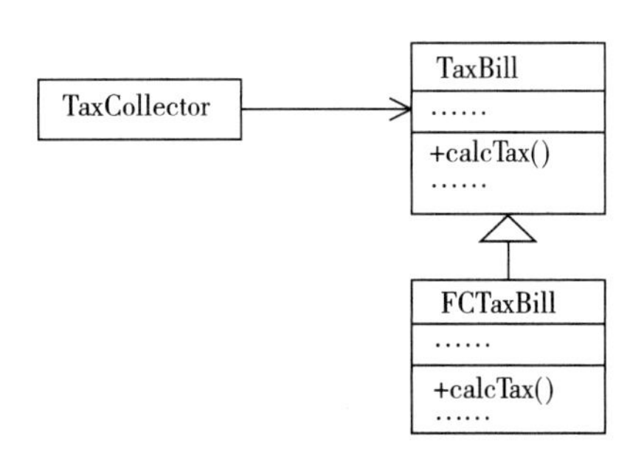

图 12-8　计算企业税额的模型之二

上述的方法存在着一定的问题。计算国营企业的税额时要使用类 TaxBill 中的操作，计算外资企业的税额时使用类 FCTaxBill 中的操作，对于其他类型企业的税额计算要使用相应类中的操作，而这些判断要由类 TaxCollector 负责，致使类 TaxCollector 增加了额外的功能，这改变了设计它的意图，也有损于功能的高内聚性。此外，税额计算种类的增减会影响 TaxCollector，这致使类 TaxCollector 与类 TaxBill 以及它的特殊类有着强的关联性，不利于维护。

按照本节开始提出的三个原则，对模型进行修改。图 12-9 给出了修改后的模型。

在图 12-9 中，计算这种企业税额的变化性被封装在图的右侧的继承结构中，这个结构作为类 TaxBill 的一个成分，且 TaxBill 只使用类 *CalcTax* 定义的操作（这些操作形成了一个接口）。TaxCollector 不用关心计算税额要使用哪个类中的操作，它的对象把企业类型通过参数传递给类 TaxBill 的对象，TaxBill 的对象负责究竟使用定义在哪个类中的操作来计算税额。

表 12-5 列出了策略模式的关键特征。

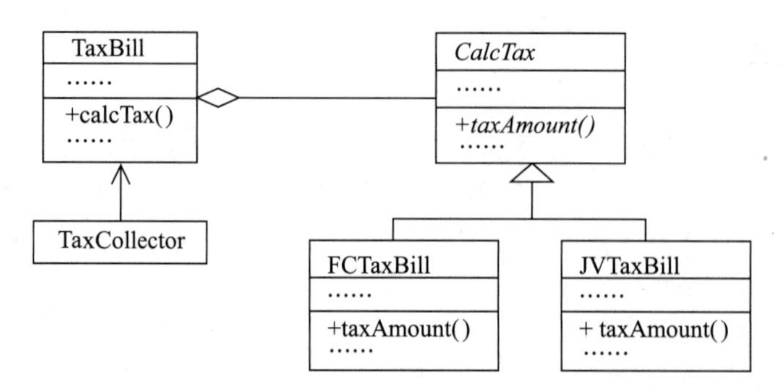

图 12-9　计算企业税额的模型之三

表 12-5　策略模式的关键特征

描述项	解　释
名称	策略模式（strategy pattern）
意图	根据语境使用不同的业务规则或算法
问题	处理客户数据的算法种类可能发生变化，且要根据需要选择算法
解决方案	把对算法的选择和算法的实现相分离，并根据语境选择算法
协作者	语境、抽象策略、具体策略
效果	按需要定义算法，并可按相同的方式使用；封装了算法种类的变化性
一般性结构	见图 12-10

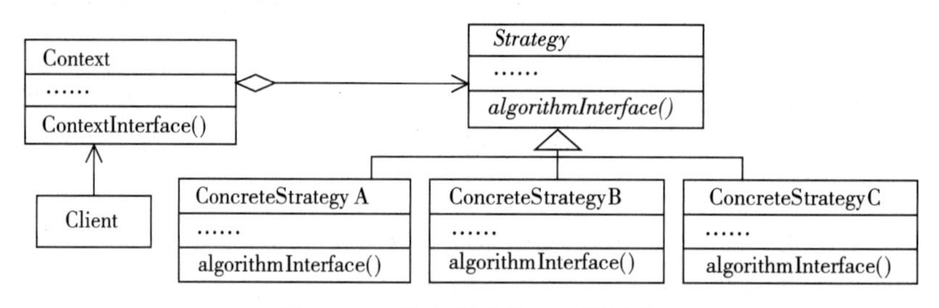

图 12-10　策略模式的一般性结构

12.5　观察者模式

观察者（observer）模式用于定义对象间的一对多的依赖关系，当一个对象发生变化并对外发布消息时，所有依赖它的对象都将得到通知并可进行更新。后半句话中的那组对象是观察者，它们要在发布消息的对象中进行登记（订阅），以便在发布消息时能找到它们。按照上述含义，该模式也称为发布-订阅（publish-subscribe）模式。

采用该模式的一个直接益处在于，观察者的群体发生变化时，只需在发布消息的对象中增减对象标识即可，而不需进行其他改动。

作为观察者的对象往往属于不同的类，且接收消息的接口往往也不同。如果不采用该模式，发布消息的对象就可能要分别调用观察者对象的不同操作来进行通知，这会致使发布消息的对象与观察者对象紧密耦合，不利于维护。

采用观察者模式，要在发布消息的对象中设立增减观察者对象的操作，并为观察者对象建立一个统一的用于接收消息的接口。

8.3.4 节采用了该模式，用于衔接人机界面和问题域部分。下面再讨论一个运用观察者模式的例子。一个锅炉检测系统要及时把所检测的信息送到相应的信息处理系统进行图形化显示。采用观察者模式对该系统建模，负责监测的对象是信息的发布者，相应的锅炉检测系统中的显示对象都是观察者，所建立的模型如图 12-11 所示。

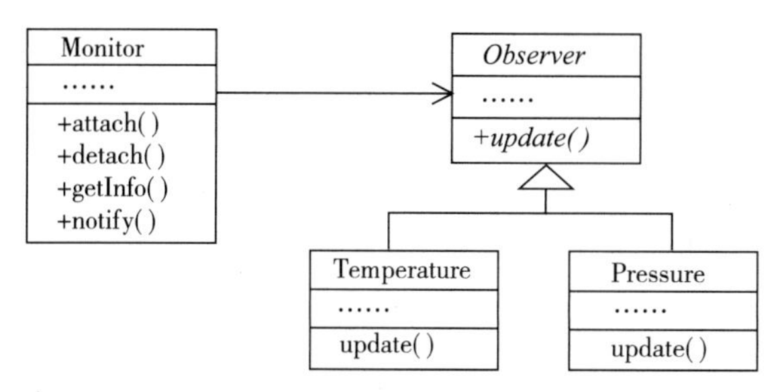

图12-11　采用了观察者模式的锅炉检测系统的部分模型

在图 12-11 中，类 Monitor 创建的对象用于监测锅炉，在其中：操作 attach 和 detach 分别用于把观察者对象标识添加到或移出它的登记列表；操作 getInfo 用于获取锅炉的压力和温度，若有变化则调用操作 notify；notify 用于遍历类 Observer 的对象的注册列表，调用类 Observer的各对象中的操作 update 进行通知。类 Observer 的操作 update 由其各子类予以具体实现，即在类 Temperature 中给出更新温度曲线的算法，在类 Pressure 中给出更新压力曲线的算法。

表 12-6 中列出了观察者模式的关键特征。

表 12-6　观察者模式的关键特征

描述项	解　释
名称	观察者模式（observer pattern）
意图	用于定义对象间的一对多的依赖关系，当一个对象发生变化并对外发布消息时，所有依赖它的对象都将得到通知并进行更新
问题	当一个对象发生变化并对外发布消息时，需要向对象数目不定的对象集发出通知
解决方案	观察者将监测事件的责任委托给一个专门对象
协作者	事件发布者、具体事件发布者、观察者、具体观察者
效果	如果某些观察者只对一部分事件感兴趣，那么它们可只订阅这些事件。发布者和观察者均可独立变化，只是二者中已规定的操作除外
一般性结构	见图 12-12

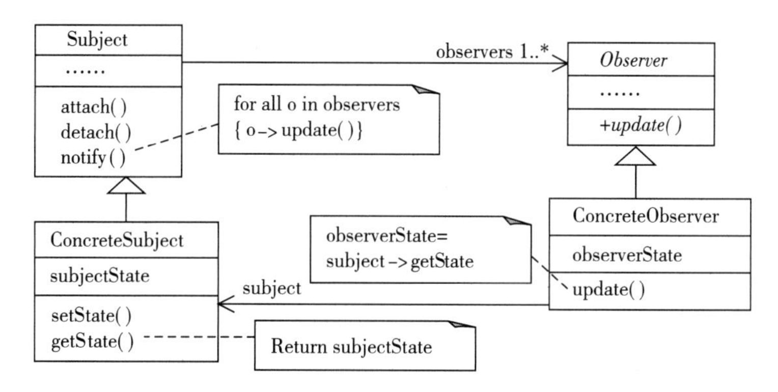

图 12-12　观察者模式的一般性结构

在图 12-12 中，类 Subject 是事件发布者，类 ConcreteSubject 是具体事件发布者，类 Observer是观察者，类 ConcreteObserver 是具体观察者。类 ConcreteSubject 中的属性 subjectState 用于记录该类的对象的当前状态，由操作 setState 设置；若其发生变化，setState 要用 notify()按照对象登记列表通知观察者。观察者得到通知后，调用类 ConcreteSubject 中的操作 getState 来得到新信息，并放在类 Observer 的对象的属性 observerState 中，附属在类 ConcreteSubject 的注释也说明了这一点。

12.6 抽象工厂模式

抽象工厂（abstract factory）模式为创建一组相关或相互依赖的对象提供一个接口，而不需要指出用于创建对象的具体类。

复杂的客户管理系统往往把客户分组管理。例如，客户分为个人客户和团体客户等，对于不同种类客户的产品优惠价和积分奖励等是不一样的。

解决上述问题的一种方案是设计一个类，其中有两个操作，一个用于计算优惠价，一个用于计算积分，在每个操作中判断是个人客户还是团体客户。这种做法把对客户的判断与计算的算法混合在一起了，这使得操作的内聚性降低。若增加新的客户种类，要修改上述的两个操作。随着计算种类和客户种类的增减，这种做法会给维护带来困难。

若从计算类型入手，把计算个人积分和计算团体积分作为计算积分的特殊类，把计算个人优惠价和计算团体优惠价作为计算优惠价的特殊类，CRControl 分别创建并使用它们，则形成图 12-13 所示的模型。

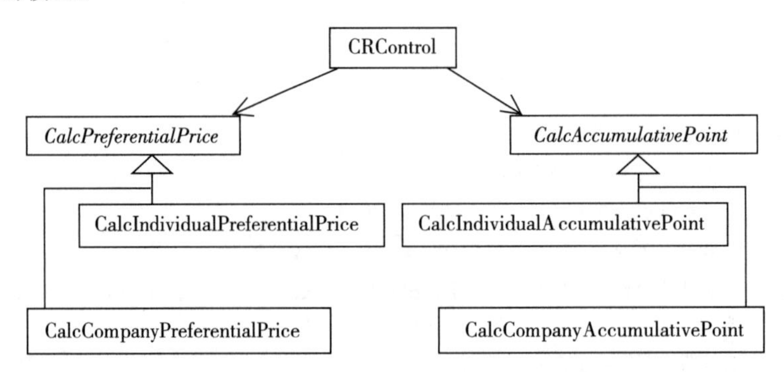

图 12-13 进行积分和优惠价计算的改进模型

在图 12-13 中，类 CRControl 只负责要计算积分还是优惠价，而不单独考虑究竟是针对团体还是个人计算积分或优惠价。

下面讨论创建对象的问题。

若用 CRControl 创建四个具体类的对象，在增加新的计算类型的情况下，则对 CRControl 要进行维护。

下面设立一个对象 ObFactory，用它负责创建所需要的对象，把这个对象称为工厂对象。图 12-14 给出了一个从工厂对象获得所需要对象的顺序图。

从图 12-14 可以看出，类 ObFactory 的对象负责创建对象，而类 CRControl 的对象只是使用所创建的对象。这样增加了类 ObFactory 和类 CRControl 的内聚性。

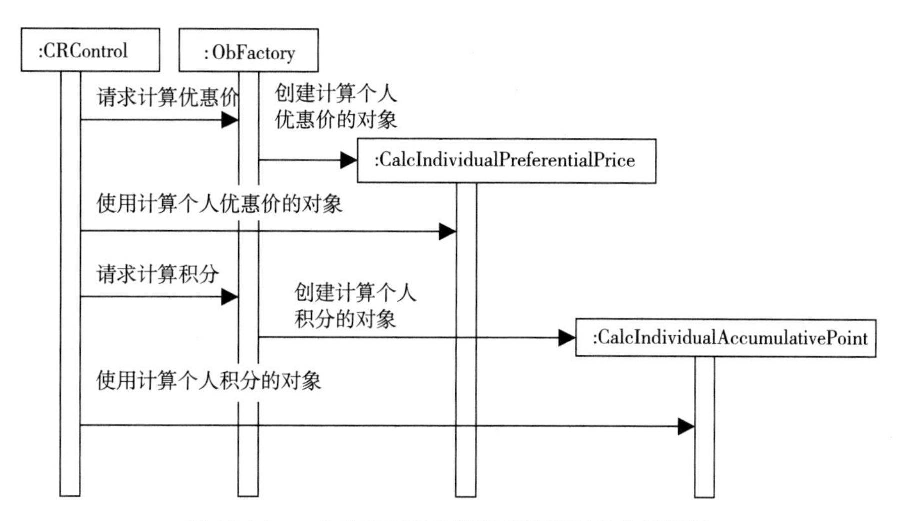

图 12-14　一个从工厂对象获得所需要对象的顺序图

图 12-15 给出了使用抽象工厂模式针对不同客户进行不同计算的设计方案。

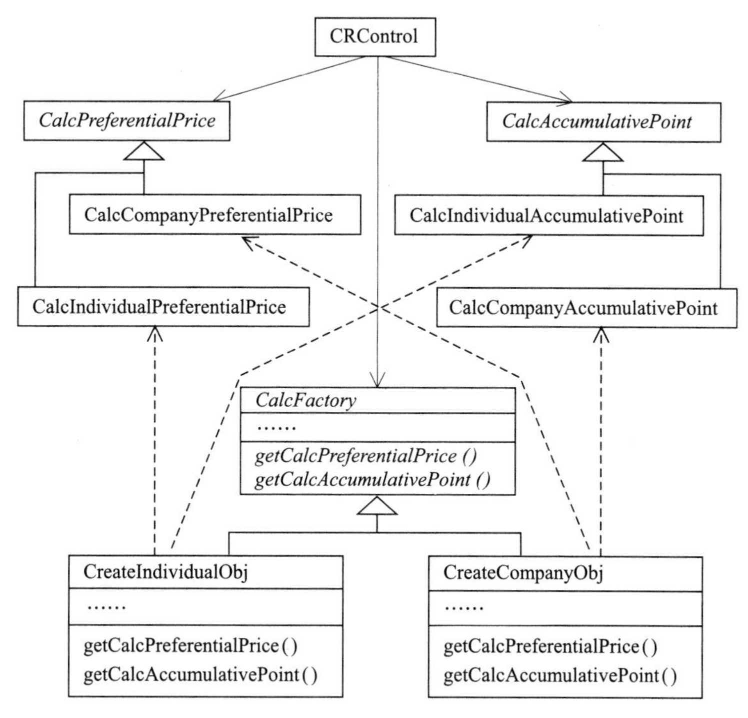

图 12-15　使用抽象工厂模式针对不同客户进行不同计算的设计方案

在图 12-15 中，在类 CalcFactory 下增加了两个特殊类：CreateIndividualObj 和 CreateCompanyObj，分别用于针对个人和团体创建计算积分和优惠价的对象。类 CRControl 的对象按所创建的对象进行相应的计算。出于简洁且不影响理解起见，本章用带箭头的虚线表示创建对象，箭头指向被实例化的类。

表 12-7 列出了抽象工厂模式的关键特征。

表 12-7　抽象工厂模式的关键特征

描述项	解　　释
名称	抽象工厂模式（abstract factory pattern）
意图	为特定的客户提供一组对象
问题	需要实例化出一组相关对象
解决方案	提供一种方式，把创建对象的规则从使用这些对象的客户对象中提取出来，放在负责创建对象组的工厂对象中
协作者	客户、抽象产品、具体产品、抽象工厂、具体工厂
效果	把使用哪些对象与创建这些对象的逻辑分开
一般性结构	见图 12-16

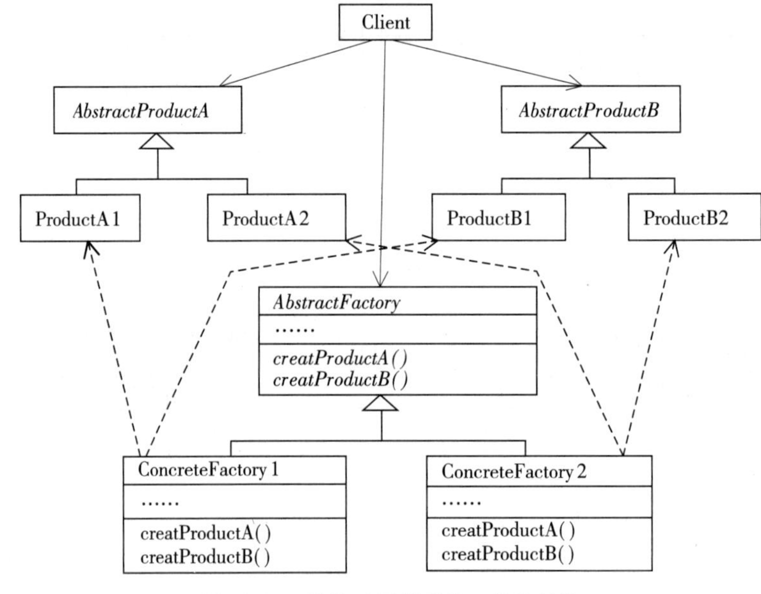

图 12-16　抽象工厂模式的一般性结构

在这个模式中，客户对象只知道向谁请求所需要的对象和如何使用对象。类 AbstractFactory 为创建不同类型的对象各定义抽象操作，具体的工厂对象用于创建对象。

12.7　工厂方法模式

工厂方法（factory method）模式在一般类中定义一个用于创建对象的接口，让特殊类的对象决定实例化哪一个类。该模式把创建对象的工作推迟给特殊类的对象。

例如，要建立一个通用的数据库查询模型，由于不同数据库的操纵方式有差异，故在一个类中处理各种数据库的查询的做法是不合适的。一种行之有效的做法是设立一个用于数据库查询的通用接口，然后在针对特定数据库的具体类中定义查询操作，图 12-17 给出了一个符合这个思想的模型。

图 12-17 中的类 Query 中的操作 doQuery 的实现为：

```
doQuery(DBName, querySpecification){
    String dbCommand;
    //……
```

```
//根据 DBName 确定的具体数据库,用 makeDB()创建数据库对象,并把对象标识放在 DBName 中
dbCommand= formatConnect (DBName);//打开数据库
//……
dbCommand= formatSelect (querySpecification); //查询
//……
//返回查到的数据
}
```

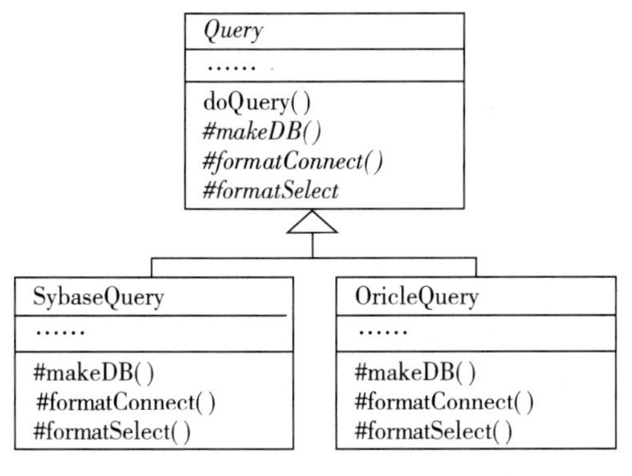

图 12-17　一个通用的数据库查询模型

上述的模型就是对工厂方法模式的一个应用。其中的 makeDB 就是本模式的工厂方法，用它根据需要创建不同的数据库对象。

表 12-8 列出了工厂方法模式的关键特征。

表 12-8　工厂方法模式的关键特征

描述项	解　释
名称	工厂方法模式（factory method pattern）
意图	定义一个用于创建对象的接口，让特殊类的对象创建对象，即把创建工作推迟给特殊类的对象去完成
问题	需要创建不同种类的对象，但不知道创建哪一种，而让特殊类的对象去决策
解决方案	特殊类的对象负责创建对象
协作者	抽象产品、具体产品、抽象创建者、具体创建者
实现	在抽象类中定义抽象操作（即工厂方法），而让其特殊类予以实现
效果	通过创建者的特殊类，客户可得到所需要的对象
一般性结构	见图 12-18

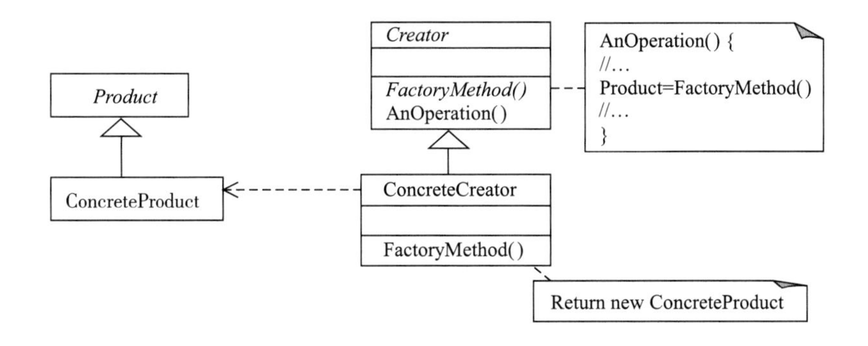

图 12-18　工厂方法模式的一般性结构

习题

1. 在什么情况下，应该编写一个新系统而不使用外观模式？请举例。
2. 对比类适配器与对象适配器的工作原理。
3. 列举一个可使用策略模式解决的问题。
4. 在图 12-11 所示的模型中，如果还要检测二氧化碳的浓度，那么应该怎样修改模型？若要复用显示温度和压力的类，又该怎样修改模型？
5. 在抽象工厂模式中，类 AbstractFactory 的作用是什么？其下的具体子类的作用又是什么？
6. 工厂方法模式命名中的 Factory 和 Method 的含义是什么？
7. 本章中的设计模式对变化性解决的侧重点各是什么？
8. 针对观察者模式，建立一张顺序图。

CHAPTER 13

第 13 章

OOD 的评价准则

正确的设计不是唯一的，较大的系统经常面临多种方案选择。追求一个好的设计，以及设计完成后评价它是不是好的设计，不是一个笼统的概念，有一些具体的评判准则。典型地，Coad P 和 Yourdon E 的《Object-Oriented Design》[3] 中给出了一些实用的评判准则，本章中一些准则来自该著作。

下面从 OOD 模型中的建模元素间的耦合性、内聚性和复用等方面讲述 OOD 的评价准则。

13.1 耦合

用耦合（coupling）来描述 OOD 成分之间联系的紧密程度。考虑耦合问题的目的在于：改动一部分，对其他部分的影响应尽量地小；阅读一部分，需要查阅的其他部分也要尽量少。

1. 交互耦合

OOD 中的交互耦合指的是模型成分间通过消息的交互程度。OOD 模型成分间的交互耦合越低越好。

一般说来，一条消息中的参数不应过多，参数过多会导致相关模型成分间的强耦合（高度耦合）。此外，还要减少由一个对象发送和接收的消息的数目。如果一个对象的进出消息太多，则会引起对象间的强耦合。强耦合容易引起修改的波动效应，即对一个对象的改动可能要过多地涉及其他对象。若设计中出现了强耦合，就需要考虑重新进行设计。

2. 继承耦合

继承耦合是指特殊类继承一般类的属性和操作的数量程度。对继承而言，强耦合为好，强的继承耦合是 OOA 和 OOD 努力追求的目标。为了在系统中达到强的继承耦合，每个特殊类应该真正地是一般类的特殊类，即特殊类不应该拒绝或不使用一般类中的较多属性或操作。如果设计中的继承耦合不强，就要重新组织类，调整原有的模型。

13.2 内聚

用内聚（cohesion）来描述一个 OOD 成分内所完成功能的紧密程度。

1. 操作内聚

若一个操作只完成一项功能，则说它是高内聚的。若一个操作实现多项功能，或只实现一项功能的部分功能，则这个操作是不理想的，即它是低内聚的。

一般而言，一项操作的功能若能用一个简单的句子描述，它就可能是高内聚的。从实现上看，一个操作的方法中若分支语句过多，对外调用过多，或涉及的嵌套层次过深，其内聚性可能就不好。

2. **类内聚**

类内聚指的是一个类内的属性和操作都应该描述该类本身的责任（而不应存在其他的属性和操作），属性均与操作相关，而且其内的所有操作作为一个整体也是紧密相关的。

3. **继承内聚**

在考虑继承内聚时，要把继承结构作为一个整体来看待。在概念上（包括命名），继承关系要讲得通。特殊类应该真正地描述了一般类的特化，特殊类确实要继承一般类的许多属性和操作。

13.3　复用

因为可复用的软件制品都应该是经过实际检验的，复用已有的软件制品，能节省软件的开发成本，提高软件的质量和生产率。

从复用的级别上看，可对可执行代码、源代码、分析结果、设计结果或体系结构描述进行复用，也可以通过继承的方式对一些建模元素进行复用。甚至像各种可行性研究报告、测试用例这样的文档都可以拿来进行复用。

对 OOD 而言，应该充分利用已有的类库、模式库和其他制品库，复用其中的类、模式和其他制品。

13.4　其他评价准则

除了上述的评价准则外，还有一些值得遵循的评价准则。

1. **清晰度要好**

设计的清晰度要好，是指设计文档较易看得懂和读得通。要使设计有较好的清晰度，应该考虑以下的主要因素。

（1）使用一致的词汇表

如同在 OOA 阶段，在 OOD 阶段不但多次出现且实质上是相同类型的元素的名字要一致，模型元素的名字也应该与读者的日常理解尽量相一致。例如，人机交互部分的类名应该反映用户与系统进行交互时所使用的输入与输出的种类，控制流部分的类名应该描述任务分工，数据管理部分的类名应该反映数据管理技术。对于属性名和操作名也应该遵循类似的原则。

（2）遵循已有的协议

开发团队要指定一系列开发协议（如控制流和数据表的命名规则等），并要认真地遵循。

（3）消息模板要少

尽可能地对消息进行分类，根据情况分别建立一致的消息模板，避免建立过多的消息形式。

不但消息的模板要少，消息的参数个数也不应该过多。对于参数的命名，不使用“协议隐语”，例如，不要使用诸如 x、y、a1、a2 这样的没有字面意义的参数名。

(4) 明确定义类的职责

类的职责应该由类名确切地表达出来，并且在描述类的职责时不能使用像“有时”“有点”和“如同”这样的词汇。

(5) 把策略方法与实现方法分开

策略方法是指负责做出决策和管理全局资源那样的方法，如监控系统的运行状态、掌管对出错的处理和管理资源等。具体的策略与具体应用紧密相关。实现方法仅针对具体数据完成特定的处理，常用于实现复杂的算法。如发现了错误，实现算法只返回执行状态而不对错误采取行动。这样的算法是自含式的，相对独立于具体应用，有可能对其直接复用。

2. 继承的层次深度要适当

继承的层次深度最好仅为几层。若继承的层次过深，对其不易于理解，更不易于进行修改。

3. 保持对象和类的简单性

对于软件开发而言，追求简单性是一种美德。像前面所倡导的那样，要保持对象和类的简单，保持消息协议简单。如下还指出了一些应该遵循的准则。

(1) 避免过多的属性

无用的绝对不设。若一个类所需要的属性确实都有用且数目过多，则应该使用继承或聚合来对类进行分解。

(2) 考虑对象之间的协作最小化

在协作的对象能正确地完成预定任务的前提下，参与协作的对象个数应该尽量地少。

(3) 避免一个对象中有太多的可见性为公共的操作

一个对象中的可见性为公共的操作的数目应该为 7±2 个；当然其内可有若干可见性为其他的操作。

(4) 保持操作的简单性

通常每个操作的代码不要太多，要保证操作的高内聚性。

4. 所有需要的属性和操作都要被适当地使用

被适当地使用的含义是：一是都被用；二是正确地使用，例如，用属性作为操作的参数，要保证在调用操作之前，这个属性具有有效的值。

5. 尽量地使用与提炼设计模式

在可能之处，要使用设计模式。还要注意从反复出现的设计块中提取设计模式，放在模式库中，以便以后复用。

6. 考虑设计易变性的最小化

由于一些原因（如发现了需求错误），有时需要对 OOD 进行改动。这时要观察改动的影响范围有多大。总体上，改动的影响应该有随时间下降的趋势。

类应该只对外提供接口，而把属性和一些操作隐藏起来。私有操作和属性用于服务公有操作，这样对它们修改只影响本类。一个操作也不要访问过多的其他操作，否则对其不易理解和修改。遵循复用以及使用相应的设计模式的准则，也有助于易变性的最小化。

习题

1. 找出两个设计模式，看它们是如何考虑使设计易变性最小化的。
2. 查找软件工程的书籍，阅读有关模块内聚与耦合的内容，进一步领会OO中对内聚和耦合的要求。
3. 查找有关对类库（如C++类库或Java类库）的评价资料，或选取一个你熟悉的用面向对象方法开发的软件，按照OOD的评价准则分析评价其合理性。

第四部分

PART FOUR

系统与模型

CHAPTER 14

第 14 章 系统与模型

当系统规模较大且较为复杂时，往往难以直接对其进行建模。这就需要把系统分解成子系统，再对子系统进行建模，然后再形成整个系统的模型。这样一来，不但要对子系统建模，而且还要对其间的关系建模。

本章首先讲述如何把一个较为复杂的系统划分成一组子系统，定义子系统之间的接口，并说明如何对系统或子系统进行建模；在后半部分讨论模型及视图，并阐述如何检查模型的一致性。

14.1 系统与子系统

14.1.1 概念与表示法

系统（system）是由为了达到特定目的而组织起来的模型元素构成的，可用从不同抽象层次和不同角度建造的模型来描述它。

如果一个系统较为复杂，可把它分解为一组子系统（subsystem）。每个子系统要完成特定的功能，有自己的应用环境，通过接口与系统的其他子系统交互。

如图 14-1 所示，用如下图符来表示系统和子系统，以及系统与子系统间的组合关系。

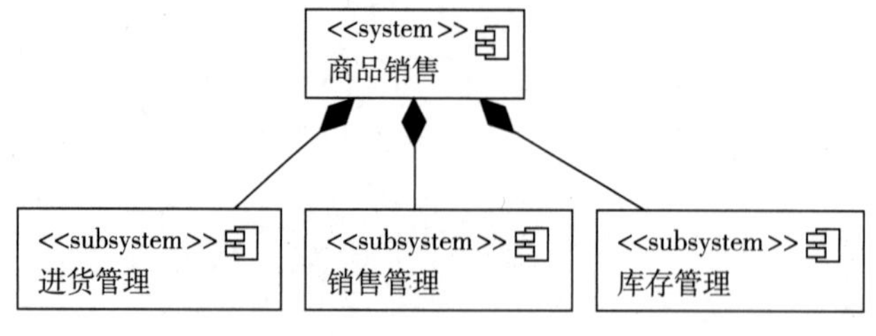

图 14-1 系统与子系统以及它们之间的组合关系实例

图 14-1 中的≪system≫和≪subsystem≫分别用于表明它们所标记的是系统和子系统，而且我们能够看出在系统与子系统间存在的是组合关系。

子系统具有向外提供操作的供接口。对于子系统供接口中的每个操作，子系统要予以实现，以供其他子系统使用。一个子系统不但有供接口，也可能有需接口，用以请求其他子系统向外提供的操作，图 14-2 给出了一个示例。

在图 14-2 中，子系统“客户应用服务器”和“事务处理”各实现了一个向外提供服务的供接口，子系统“Web 服务器”和“业务应用”通过使用依赖来使用这两个接口。通过一般的依赖关系，子系统“Web 浏览器”和“客户端”要分别使用子系统“Web 服务器”和“业务

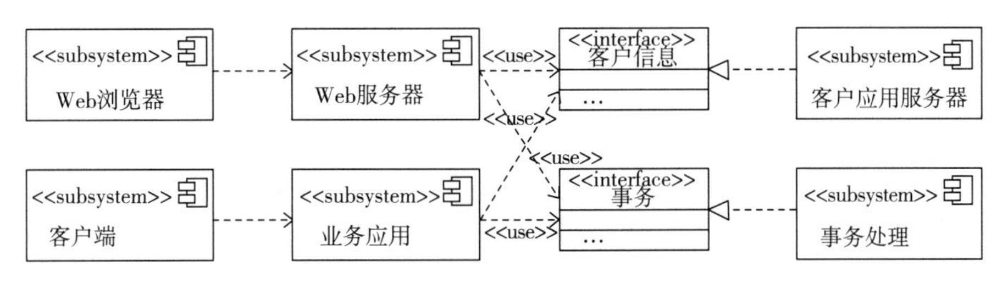

图 14-2 子系统之间的关系示例

应用”提供的服务，这是一种简易表示子系统间交互的方式。

根据需要，可以选择用顺序图进一步描述子系统间的交互。做法为：把图中的对象表示符替换成表示子系统的标识符，如图 14-3 所示。

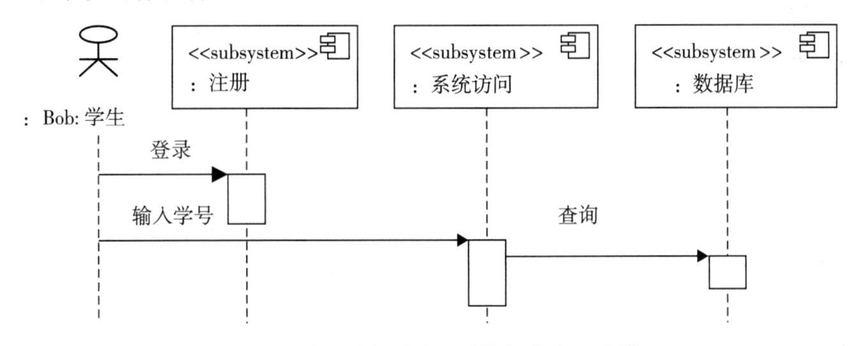

图 14-3 用顺序图对子系统间的交互建模

图 14-3 中的子系统名前都带有冒号，表示这是子系统实例（即构件实例）间在交互。

14.1.2 对体系结构模式建模

体系结构模式是在建立系统体系结构的实践中总结与抽象出来的。使用这样的模式，可以指导其他系统的建立。

现在有很多关于体系结构模式的文献，此处不做过多的介绍，只简介两个体系结构模式，主要是想说明其构成及应用。

1. 三层体系结构模式

在三层体系结构模式中，第一层描述用户界面，中间层描述业务逻辑，另一层描述数据管理，见图 14-4。

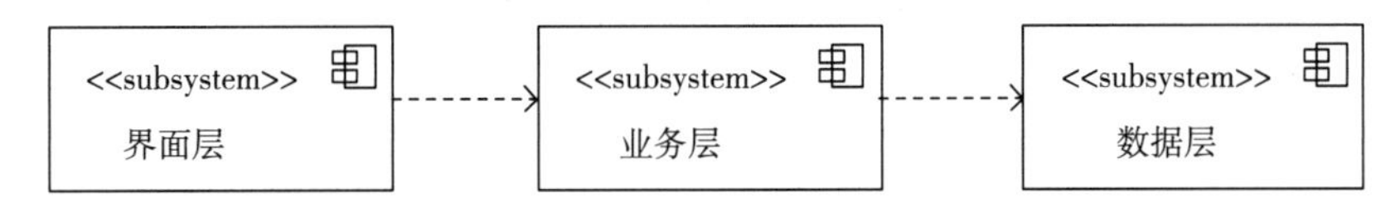

图 14-4 对三层体系结构模式建模

图中的带箭头的虚线表示一般的依赖。

2. 管道过滤器型体系结构模式

该模式的基本思想为：把数据输入到某模块，该模块处理这些数据，然后把处理结果输出；另一个模块接收这些输出，进行处理，再输出；如此等等。该模式的每个模块都是独立的，并不需要知道其他模块内部是如何工作的。图 14-5 给出了一个该模式的应用示例。

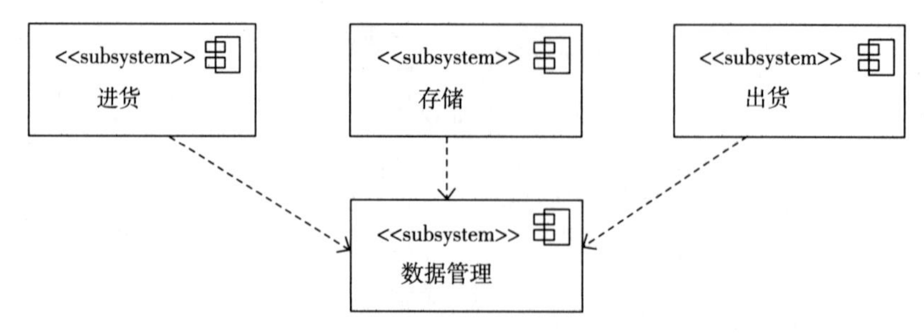

图 14-5　管道过滤器型体系结构模式的应用示例

在图 14-5 中，可以在不改变其他子系统的前提下，改变、添加或替换子系统，以应对新的需求，只是要考虑数据管理部分的规约。

14.1.3　划分子系统

把一个大而复杂的问题分解为一系列较小而简单的问题，再分而治之，这是人们解决问题的日常思维方式。因而，对于一个大而复杂的系统，也要把它分解成若干较小的子系统，再对每一个子系统进行求解，最后把这些子系统集成为系统。

对系统的分解要着重考虑如下的因素：

- 系统功能。
- 可使用的体系结构风格和模式。
- 系统的网络拓扑结构和系统的软件分布情况。
- 对系统使用的约束。
- 与外系统的结合情况。
- 系统的成本、灵活性和最优性等。

对子系统还可进行分解。若需要再分解，针对子系统要继续考虑上述因素。

在分解后，要确保所有的系统需求都被一组协作的子系统所实现。从系统划分出来的每个子系统在功能上应该是高内聚的，子系统之间的联系是低耦合的。也就是说，每个子系统要完成特定的功能，其内部的各成分之间要具有强的聚合性，并且子系统之间不应该有复杂的联系。

自上而下的需求细化分解是一种实用的方法，但要注意，此处的这种细化分解是在系统的宏观层次上进行的。

对于各子系统，先确定功能规格说明、接口和约束等，然后按子系统进行任务分工，进而对子系统进行开发。

实际上，开发子系统的方法与前述章节讲述的开发面向对象软件系统的方法是一样的，只是在划分子系统时，在系统的需求之上，往往要派生出新的需求，而这样的需求往往并不是用户直接提出来的。例如，为了实现系统功能，就要考虑子系统间进行通信所产生的需求。

一个抽象级别上的子系统对于负责开发这个子系统的小组而言，也可以看作一个完整的系统。一个子系统参与者，不但要包括已有的人员、设备和外系统，还要包括所有与它交互的子系统，所以要从系统的高度对各子系统进行设计，并确定其间的交互。在上述意义上，子系统也是系统。在不至于混淆的情况下，有时也用系统代替子系统。这样，对各子系统也要形成一套单独的文档。

既然对每个子系统，要像对待整个系统一样对其建模，就需要描述其语境，进而进行开发。在整个系统的设计阶段的前期，根据具体的实现环境，往往要对子系统的划分进行调整，还要进一步地设计子系统之间的接口以及子系统与外系统之间的接口。

14.2　模型

将一个系统分解为子系统的目的是分别开发和部署这些部分。通过建模用模型表示系统或子系统，是为了更好地理解正在开发和部署的系统。例如，飞机是一种复杂系统，它由许多子系统（如机身、推进器、航空电子设备和旅客子系统）组成，对各子系统要由不同团队分别进行设计，并综合考虑，再对它们进行生产和组装。在设计飞机的各子系统时，要从多个不同的方面（例如结构、动力或电气等）进行建模，然后再把它们作为一个整体。

如下为使用模型的主要目的：

- 从多方面理解系统。
- 便于各类人员的交流与协作。
- 创建完整的、经过验证的无二义的编程规格说明。
- 有利于维护。
- 协助项目的规划和管理。
- 支持质量保证和验证活动。

14.2.1　模型的含义

系统模型是为了更好地理解所要建造的系统，通过对现实世界的简化而构造的系统语义抽象。通常要在不同抽象层次从不同的视角对系统建立模型。典型地，要进行面向对象分析、面向对象设计和面向对象编码。我们也知道，进行面向对象分析与设计都从结构方面和行为方面建模；若视角为使用用况来描述与捕获需求，建模人员就认为参与者处于系统之外，而用况处于系统之内，并且不关心系统从内部看起来像什么。在某抽象层次上从某一个建模视角出发，对被开发系统进行抽象的结果就形成了一个模型。

综上所述，一个模型是在给定的抽象层次上从给定视角对所建模系统的描述，其中的模型元素是从问题域和系统责任中抽象出来的。

常见的一种做法是，用图和模型规约来构成模型。要强调的是，模型元素与图元素不同，图元素是构造模型的符号，所提供的信息有助于理解模型，只反映出了相应的模型元素的部分语义，每个图元素的背后还应该有相应的规约。进一步地讲，图不等于模型，应该说模型是由图和相关的文档组成的，例如用况模型是由用况图、用况定义和参与者定义等组成的。

模型有其存在的语境。模型的语境包括模型所对应的问题域和系统责任部分、抽象层次与视角、模型与其他模型之间的关系以及关于模型存在的假设条件等。

14.2.2　模型和视图

视图（view）是系统模型在某一侧面的投影，即它是观察或突出所被建模的系统的一个侧面（视角），其中要忽略与这一侧面无关的其他方面。

从系统的体系结构上考虑，可从五个角度[5]、两个方面对系统建模，所产生的模型集构成了系统模型。从五个角度，得到五个视图，见图 14-6。两个方面是指系统的静态方面和动态方面。系统的静态方面强调软件系统的结构和组织；系统的动态方面强调系统的行为，注重于控制、时序和对事件的处理。

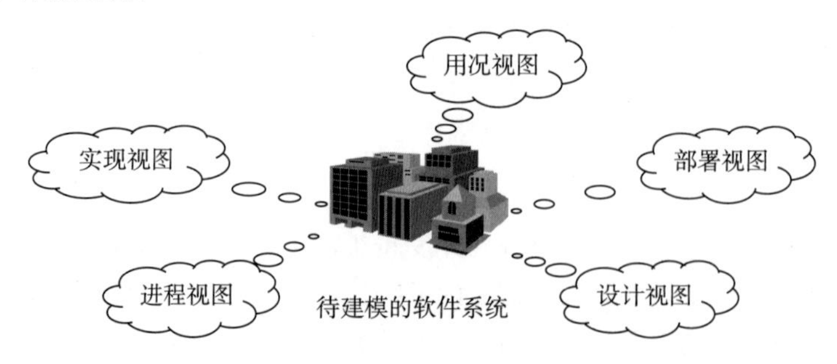

图 14-6 系统模型中的视图

表 14-1 给出了描述每种视图的方面和成分。

表 14-1 视图的构成

	设计视图	进程视图	实现视图	部署视图	用况视图
静态方面	类、对象图、组合结构图	同左	构件图、组合结构图	部署图	用况图
动态方面	交互图、状态机图、活动图	同左，注重进程、线程	交互图、状态机图、活动图	同左	同左

设计视图注重于软件系统的功能需求，即软件系统提供给最终用户的服务。进程视图注重于描述线程和进程。实现视图注重于配置和发布软件系统的制品。部署视图注重于系统的硬件拓扑结构和对组成物理软件系统的制品在其上的分布。用况视图注重于软件系统的内外交互情况，主要供用户、分析人员和测试者使用。

这五种视图中的每一种都可以单独使用。根据需要也可对这些视图进行选取，结合起来使用，如部署图中的节点拥有的实现构件图中的构件的制品，而这些构件又由描述设计视图和进程视图的类图中的类、接口以及主动类构成。至于描述各种视图中的图，可根据需要进行取舍。

无论从哪个视图进行建模，都会产生系统的一个局部模型，该模型由相应种类的图描述。从表 14-1 中可以看出，每个视图可由多种图描述，每种图可以有多张，每张图用于描述系统的一个局部模型。由小的局部模型构成大的局部模型，最终由所有的局部模型构成系统模型。

用带有一个小三角图符或≪model≫的包表示模型。若包的大矩形部分用于展示包中的内容，就把小三角或≪model≫放到小矩形中。图 14-7 给出了一个示例。

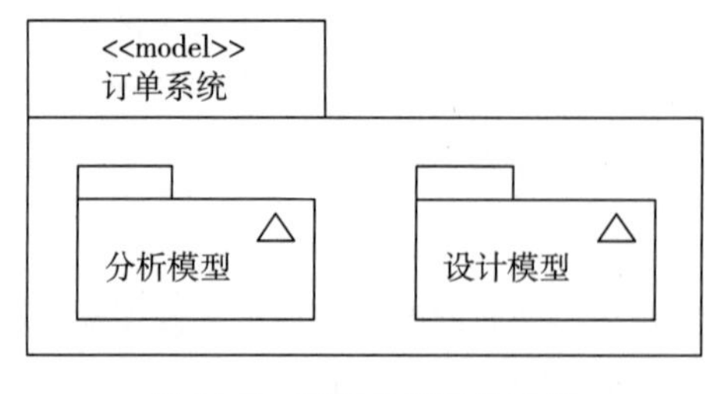

图 14-7 模型的表示法示例

图 14-7 表明，订单系统的模型由分析模型和设计模型组成。

14.2.3　模型的抽象层次

前面已经指出，对系统建模要区分所建立模型的抽象层次。

在项目的需求捕获阶段建立的模型要描述系统的需求，所建立的模型为对整个系统建模的起点，此阶段应该用用况图描述用况模型，如果需要，还可以选用活动图等进一步地详述用况模型。

在分析阶段要结合问题域和系统责任，以用况模型为基础，对系统建模。用类图等描述模型元素以及其间的关系，强调系统的逻辑结构和系统的组织；用交互图、状态机图或活动图描述系统型的行为方面，强调系统中模型元素间的动态联系。

在设计阶段，以分析阶段的结果为基础，进行问题域设计，但注重考虑与实现有关的因素。此外还要进行人机交互、控制流、数据管理以及系统的实现与部署等方面的设计。

从大的方面讲，从实现模型到设计模型、从设计模型到分析模型以及从分析模型到用况模型，其中的模型元素间存在着跟踪关系。例如，设计模型中的类与分析模型中的类之间就存在着跟踪关系。若要表示这个关系，就用带有≪trace≫的虚箭线（表示追踪依赖）从低层模型中的元素指向其相邻高层模型中的元素。

14.2.4　模型间的一致性检查

一个系统可能要由多个模型描述，每个模型都有其特定的抽象层次和关注方面，且模型往往是相关联的。因而，在建模过程中，不但要对模型的语法正确性进行检查，对建模中的众多信息也要进行一致性检查。下面说明几种应该着重检查的情况，并给出了实施一致性检查机制的建议。

1. 描述相同事物的模型之间的检查

（1）在不同抽象层次上检查描述相同事物的模型的一致性

开发人员在不同的开发阶段看待问题的抽象层次是不同的。例如，静态模型中的类图，在分析阶段注重于概念建模，而在设计阶段注重于与实现细节有关的问题。在一个抽象层次上的模型发生变化，可能会影响到其他抽象层次上的模型。例如，在设计阶段要进一步地对分析阶段的类图调整，允许对类进行增加、合并或修改，这就要保证两个阶段中的相应的类和类之间的关系的语义一致性。由于需求的变化，要对分析阶段的类图进行改动，这要影响到设计阶段已产生的类图，这时也要进行一致性检查。

（2）同一模型在不同的侧面上的一致性检查

同一个模型可能在不同的图中展现。例如，可以用顺序图和通信图从不同的方面展现同一个模型。二者若同时存在，在信息上是有冗余的，在这样的情况下应保持信息的一致性。

2. 不同模型之间的检查

一个模型中的元素与其他模型中的元素间可能有着相关性。例如，类图中的类、关联与顺序图中的对象、链之间，用况图中的参与者与顺序图中的参与者，都属于这种情况。这就要保证不同模型中的相关元素的语义要一致。

下面谈一下有关对模型进行一致性检查的时机问题。

随着软件项目规模的增大，单靠人来保证模型的各部分间的语义一致性以及模型图与文档的一致性是很困难的。Internet 环境下的大型软件项目的各模型间的协作和约束关系往往更为复杂。因此有必要利用建模工具对模型进行一致性检查。

(1) 全局检查

在建模者认为合适的时候，使用工具对模型进行全面的检查。对检测到的不一致之处，给出警告信息或错误信息。

(2) 动态检查

由工具进行实时地检查，捕获引起不一致的操作。如下给出了三种检查策略：

- 工具中的编辑操作一般都附加有强制条件，若在建模时不满足条件，就不能继续进行。若有这种情况发生，可能是操作违背了建模语言的语法规则，也可能是违反了模型的一致性规则，无论是哪种情况都要给出错误的原因和修正的建议，并要求进行改正。
- 工具检查到错误，给出警告，但允许继续进行建模。
- 当工具检测到已发生的不一致时，要确定这种不一致所涉及的范围，并自动地进行一定程度上的修正。例如，在一个包中定义的类的名称发生了变化后，在其余的对它的引用之处也要随之改变；如果删除了类图中的关联，那么也要删除相应的通信图中的链。

习题

1. 系统与子系统以及子系统之间有什么关系，如何进行表示？
2. 说明视图、模型及系统之间的关系。
3. 简述本章中五个视图的构成。
4. 进行模型之间的一致性检查应该注重哪些方面？
5. 请思考本章中的表 14-1 中的内容与本书中的 OOA 模型和 OOD 模型的关系。

第五部分
PART FIVE

建模实例

案例：教学管理系统

本章讲述如何用面向对象方法对一个教学管理系统建模，其中要使用面向对象系统分析与设计中的一些主要方法。本章讲述的案例经过了一定的简化，这样做是为了注重对面向对象方法的理解，而不陷入过于琐碎和繁杂的业务细节，但本案例仍然是较为完整的。在本章中，首先讲述如何捕获与描述需求，然后讲述如何进行面向对象的分析与设计。

15.1 系统的功能需求

教学管理系统包括课程设置管理、选课管理、成绩管理、学籍管理、教室分配管理、教材管理、教学评估管理、财务管理，甚至还包括招生管理等。本章没有针对上述的所有需求进行建模，只是选取了选课管理和成绩管理两部分以及与之相关的部分进行分析与设计，如下是这两部分的需求。

1. 选课管理

在取得授权的情况下，有关人员要进行如下工作。

(1) 生成学期选课表

按照课程设置部门和教室分配部门分别提供的教学计划和教室分配情况，课程管理员按专业生成以及维护本学期的选课表，并在网上发布，以供学生选课之用。

(2) 选课

学生按培养计划，在学期开始的前两周进行试听和选课。在这期间内学生可在网上随时查询与更改所选的课程。在选课期间，学生可查询课程介绍、任课教师情况以及以往自己的选课情况和成绩。学生只能选择自己的课程。每门课程有人数限制（如每门课程的人数要多于 20 人，少于 80 人），学习一门课程的学生可组成多个教学班。

(3) 课表调整

在两周后，若选一门课的学生人数少于下限，则取消该门课。在第三周内，学生可选其他课程。

(4) 公布名单

自第四周起，课程管理员生成开课汇总表，并在网上公布，同时要把有关信息发送给财务部（计算教师的上课报酬信息）、教材部（发放教材的信息）、教师（任课信息）和成绩管理部（录入与统计成绩所需信息）。

(5) 查询

自第四周起，学生可在网上查询自己所选的课程信息。

选课管理的主要业务流程如图 15-1 所示。

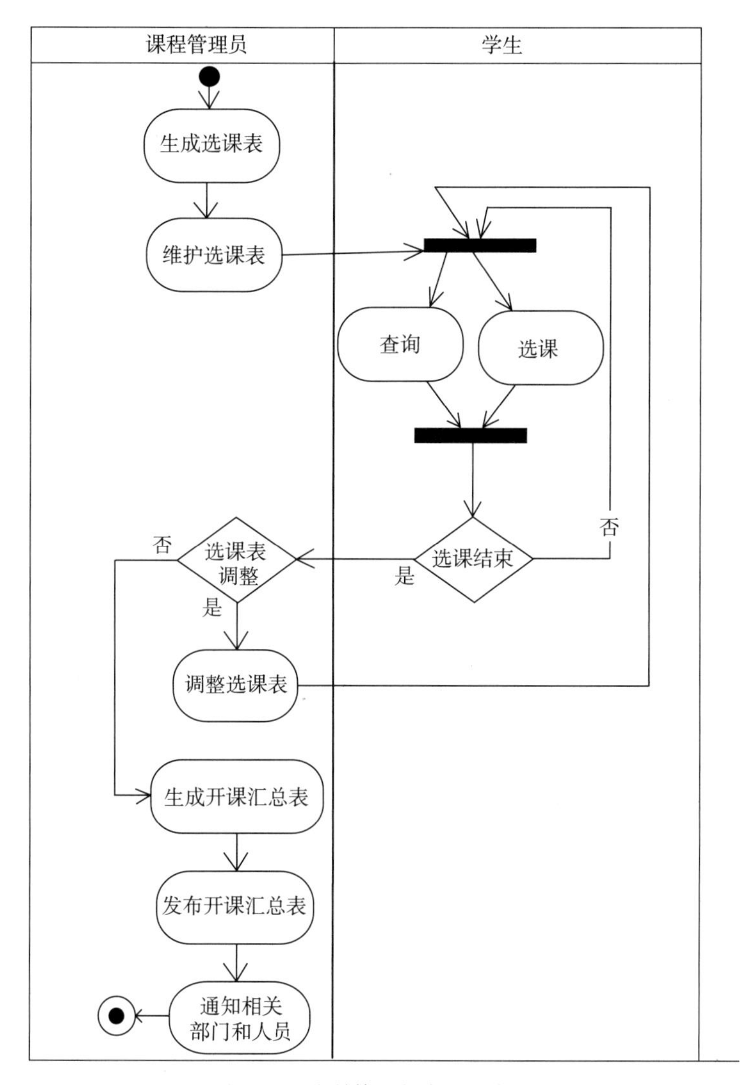

图 15-1　选课管理的主要业务流程

2. 成绩管理

在取得授权的情况下，有关人员要进行如下工作。

(1) 成绩录入

成绩管理员录入学生的考试成绩（包括录入出错的修改，以下称为维护），形成成绩表。

(2) 成绩统计与发布

成绩管理员按课程号和班级统计成绩并发布所生成的报表，同时报送给教学评估部门和学籍管理部门。

(3) 成绩查询

学生按学号查询考试成绩。

图 15-2 是一个活动图，它描述了成绩管理的主要业务流程。

为了进一步掌握与确定各种信息是如何被处理的，有必要调查客户要处理这些信息的方式。其中的用户与选课管理和成绩管理部分的主要交互信息列在表 15-1 中。

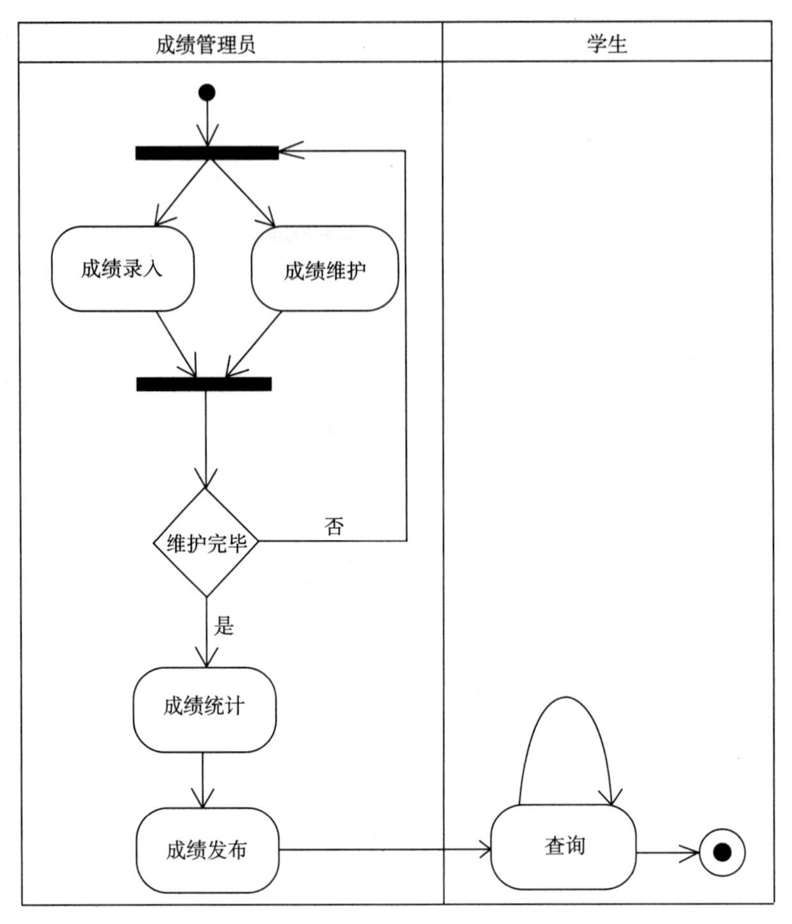

图 15-2　成绩管理的主要业务流程

表 15-1　用户与选课管理和成绩管理部分的主要交互信息

编号	功　能	输　入	输　出
1	学生选课查询	从课程介绍、任课教师情况、本学期课表、培养计划及选课历史、本学期已选课程中选择一项	分别为 2、3、4、5、6
2	查询课程介绍	课程号	课程号、课程名、课程类别、学生级别、学分、总学时、教学内容
3	查询任课教师情况	姓名、院系、专业	姓名、院系、教学情况、科研情况
4	查询本学期选课表	专业、课程类别、学生类别	专业、课程列表（课程名称、课程号、课程类别、学分、总学时、周学时、限选人数、现选人数、上课时间、上课地点、任课教师、课程内容介绍和院系、选课标记）
5	查询培养计划及选课历史		课程号、课程名、学分、成绩、课程类别、学生级别、是否已选
6	查询本学期已选课单		专业、学生类别、课程列表（课程名称、课程号、课程类别、学分、总学时、周学时、限选人数、现选人数、上课时间、上课地点、任课教师、课程内容介绍和院系）

（续）

编号	功 能	输 入	输 出
7	管理课表	选择其一：生成选课表、维护选课表、再次生成选课表、发布选课表	分别为 8、9、10、11
8	生成选课表	选择生成选课表，并录入必要的信息（略）	同 4 的输出
9	维护选课表	对课程列表中的具体项进行修改	成功与否的信息
10	再次生成选课表	选择再次生成选课表，并录入必要的信息（略）	同 4 的输出
11	发布选课表	选择发布选课表，并录入分班信息（略）	课程名称、课程号、课程类别、学分、总学时、周学时、限选人数、现选人数、上课时间、上课地点、任课教师、课程内容介绍和院系、选该课的学生清单
12	学生选课	在课程列表中选择其一：选中、取消	成功与否的信息
13	学生查看本学期成绩	选择查看本学期成绩并输入学号	课程号、课程名称、成绩、学分、课程类别
14	管理成绩	选择其一：录入与维护成绩、统计成绩、发布成绩	分别为 15、16、17
15	录入与维护成绩	对成绩进行增加、修改与删除	成功与否的信息
16	统计成绩	选择对成绩进行统计，并录入有关信息（略）	成功与否的信息
17	发布成绩	选择发布成绩，并录入发布信息（略）	成功与否的信息

表中的学生类别分本科生、研究生、进修生，课程类别分必修、任选、限选，学生级别分本校本科生、本校研究生、外校本科生、外校研究生，学期分春季、秋季。

3. 与选课管理和成绩管理有关的其他部分的相关功能

课程设置管理部分发布教学大纲，财务管理部分计算教师授课津贴，教室分配管理部分发布教室分配计划，教师管理部分提供教师信息并接收和发布教师任课信息，学籍管理部分提供学生的选课计划以及完成情况，教学评估管理部分使用教学成绩等信息评价课程及教学情况，教材管理部分按选课情况提供教材。

15.2 建立需求模型

对教学管理系统先划分子系统，然后再通过建立用况模型，对需求进行捕获与描述。

15.2.1 划分子系统

限定教学管理系统的功能为：教材管理、课程设置管理、教师管理、选课管理、财务系统、成绩管理、教室分配管理、学籍管理和教学评估管理。对上述的每个功能，用一个子系统来实现。图 15-3 给出了这些子系统以及它们之间的依赖。

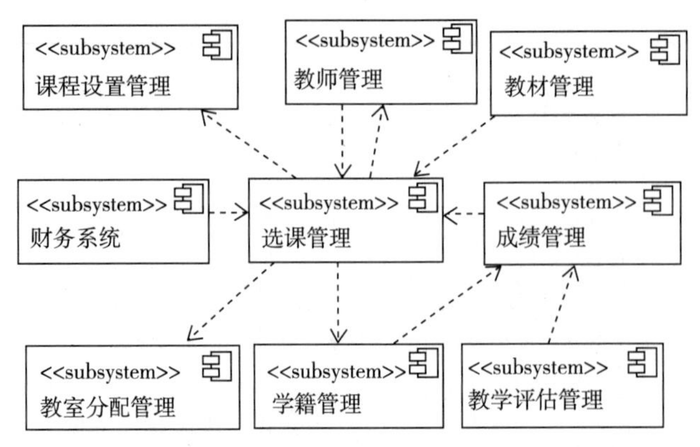

图 15-3 教学管理系统中的子系统以及它们之间的依赖

图 15-3 中的子系统“选课管理”要分别使用子系统“课程设置管理”和“教室分配管理”中的教学大纲和教室资源中的信息，还要分别查询子系统“教师管理”和“学籍管理”中的教师信息和成绩信息。子系统“成绩管理”“财务系统”和“教材管理”都要使用子系统“选课管理”中的学生选课信息，子系统“教师管理”要使用子系统“选课管理”中的任课信息。系统“学籍管理”和“教学评估管理”都要使用子系统“成绩管理”中的学生成绩。

15.2.2 识别参与者

子系统“选课管理”的人员用户有课程管理员和学生，子系统“成绩管理”的人员用户有成绩管理员和学生，他们都是系统的参与者。与子系统“选课管理”有关的子系统有“课程设置管理”“成绩管理”“教室分配管理”“财务管理”“学籍管理”“教师管理”和“教材管理”，这些子系统是“选课管理”的参与者。与子系统“成绩管理”有关的子系统有“选课管理”“学籍管理”和“教学评估管理”，这些子系统是“选课管理”的参与者。

15.2.3 识别用况

对 15.1 节中的功能需求，现归纳整理如下。

1. 选课管理

(1) 生成及维护选课表

课程管理员生成本学期的选课表，在公布前可调整课表，然后发布课表，在第三周删除选课人数不足的课程后再度发布选课表。

(2) 生成并发布开课汇总表

课程管理员生成开课汇总表以及产生送给财务部门、教师管理部门、教材管理部门和成绩管理部分的信息，并发布。

(3) 查询选课信息

学生查看自己的有关选课信息；三周后查询本学期已选课程。

(4) 选课

学生在选课期间选课。

(5) 登录

学生和课程管理员进入该子系统都需要登录。

2. **成绩管理**

(1) 录入与维护成绩

课程管理员录入并维护学生的考试成绩，形成成绩表。

(2) 统计成绩

课程管理员按课程和学号等分别进行统计，生成报表并发布。

(3) 查询成绩

学生查询自己的成绩。

(4) 登录

学生和成绩管理员进入该子系统都需要登录。

通过上述认识，能够看出上述 9 项功能都反映了系统的内外交互情况。选课中的功能 (5) 与成绩管理中的功能 (4) 在处理上都是相同的。按照合并后的功能需求列表，现设立 8 个用况：生成及维护选课表、生成并发布开课汇总表、查询选课信息、选课、录入与维护成绩、统计成绩、查询成绩和登录。

15.2.4 对需求进行捕获与描述

通过到目前为止掌握的需求，初步地了解了系统所要完成的功能。下面进一步建立参与者与用况之间的关系，并对用况进行详细描述。

1. **选课管理**

图 15-4 为子系统“选课管理”的用况图。

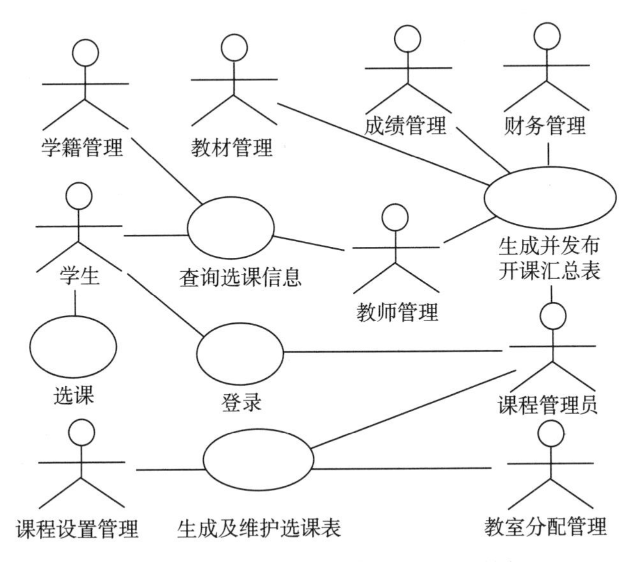

图 15-4　子系统“选课管理”的用况图

从上两节中的有关内容得知，要使用系统的学生和课程管理员都要先进行登录。学生要使用用况“选课”和“查询选课信息”。课程管理员要通过用况“生成及维护选课表”来管理选课信息并进行发布，在生成选课表时要用到子系统“课程设置管理”和“教室分配管理”中的信息。课程管理员要用用况“生成并发布开课汇总表”生成并发布最终的课程信息，供参与者“教师管理”“教材管理”“成绩管理”和“财务管理”使用。

如下是对上述各用况的描述。

用况：登录

用户启动系统

呈现登录界面

输入用户名和密码

如果重试次数不多于3次，系统对用户输入的用户名和密码进行验证，并给出验证信息，否则禁止登录

若不正确返回到上一步骤

用况：查询选课信息

【前置条件：学生已经登录成功】

学生发查询请求

系统给出查询类别提示

学生进行选择，发控制命令

若为课程介绍，交互内容见表15-1中编号为2那栏的输入/输出部分

若为任课教师介绍，交互内容见表15-1中编号为3那栏的输入/输出部分

若为本学期的选课表查询，交互内容见表15-1中编号为4那栏的输入/输出部分

若为选课计划及历史查询，交互内容见表15-1中编号为5那栏的输入/输出部分

若为本学期已选课程，交互内容见表15-1中编号为6那栏的输入/输出部分

用况：选课

【前置条件：学生已经登录成功】

学生发选课的请求

交互内容见表15-1中编号为4那栏的输入/输出部分

学生从列表中选课（选中或取消），发控制命令

若为确认，系统进行存储，并通知学生是否成功

若为取消，退出本功能

用况：生成及维护选课表

【前置条件：课程管理员已经登录成功】

课程管理员发选课表生成请求

使用子系统“课程设置管理”中的教学大纲和“教室分配管理”中的教师信息，生成选课表

课程管理员发选课表维护请求

显示维护界面

课程管理员针对界面进行维护（对选课表内容进行增加、删除和修改），发控制命令

若为确认，系统进行存储，并通知是否成功

若为取消，退出本功能

课程管理员选择发布选课表命令

系统发布选课表

用况：生成并发布开课汇总表

【前置条件：课程管理员已经登录成功】

课程管理员生成并发布开课汇总表请求

按照学生的选课信息生成最终开课汇总表，对外公布

向参与者“教师管理”“教材管理”“成绩管理”和“财务管理”发送相关信息

2. **成绩管理**

图 15-5 为子系统“成绩管理”的用况图。

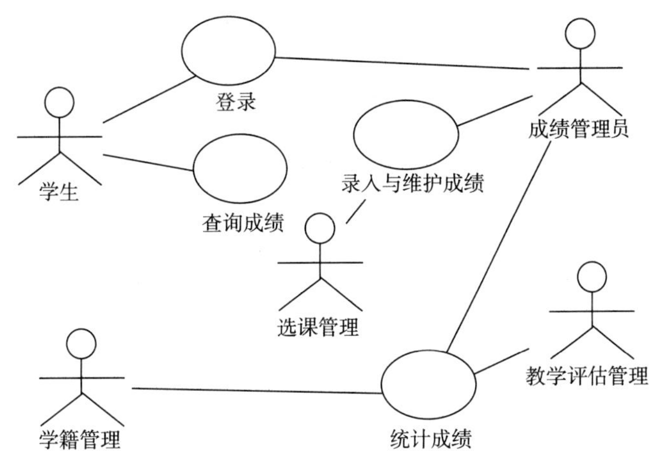

图 15-5　子系统“成绩管理”的用况图

首先，使用系统的学生和成绩管理员都要先进行登录。参与者“成绩管理员”通过用况“录入与维护成绩”来录入、删除和修改成绩，形成成绩表；再通过用况“统计成绩”生成报表并予以发布。在形成成绩表和生成报表时要使用子系统“选课管理”中的信息。所发布的成绩报表供参与者“学籍管理”和“教学评估管理”使用。参与者“学生”要通过用况“查询成绩”来得知自己的成绩。

如下是对上述各用况的描述。

用况：录入与维护成绩

【前置条件：成绩管理员已经登录成功】

成绩管理员选择录入与维护成绩

　　系统呈现出供录入、删除和修改成绩的界面

成绩管理员处理完数据（录入、删除和修改）后，发控制命令

　　若为保存，系统进行存储，并通知是否成功

　　若为取消，退出本功能

用况：统计成绩

【前置条件：成绩管理员已经登录成功】

成绩管理员发出进行成绩统计的请求

　　按学号和课程名生成成绩报表，并发送到子系统“学籍管理”中

　　按课程名生成班级成绩，并发送到子系统“教学评估管理”中

用况：查询成绩

【前置条件：学生已经登录成功】

交互内容见表 15-1 中编号为 13 那栏的输入/输出部分。

15.3　系统分析

在掌握了上述需求后，下面开始用面向对象方法进行系统分析。

15.3.1　寻找类

1. **选课管理**

在子系统“选课管理”中，首先设立两个类“学生”和“课程管理员”，用它们分别模拟相应的参与者。

子系统“选课管理”处理的一个关键事物是课程，课程为一个类。选课表供学生选课使用，它也作为一个类，且与课程形成组合关系。学生的选课的结果应该放在一个类中，把它命名为选课清单。

课程管理员把最终的选课信息形成一个汇总表，把它命名为开课汇总表。

子系统“选课管理”要从教师管理部门、学籍管理部门、课程设置部门和教室分配部门获取信息，因而需要设立需接口“教师管理（需）”“学籍管理”“课程设置”和“教室分配”。子系统“选课管理”要向教师管理部门、教材管理部门、成绩管理部门和财务管理部门提供数据，因而需要设立供接口“教师管理（供）”“教材管理”“成绩管理”和“财务管理”，见图 15-7。

2. **成绩管理**

在子系统“成绩管理”中，也要设立两个类“学生”和“成绩管理员”，用它们分别模拟相应的参与者。

成绩管理中的首要对象是成绩，因而设立类“成绩”。为数众多的成绩要形成成绩表，需要设立类“成绩表”，它与类“成绩”形成聚合关系。

子系统“成绩管理”需要从成绩管理部门获取信息，需要设立需接口“成绩管理”。子系统“成绩管理”要向学籍管理部门和教学评估部门提供数据，需要设立供接口“学籍管理”和“教学评估”，见图 15-8。

15.3.2　建立状态机图

对于上述所找到的类，按照上述的分析，现在能理解它们的职责了，只是类“选课表”看起来比较复杂，因为本章提及的工作都是由它而起或与之相关。现针对子系统“选课管理”中的类“选课表”绘制一个状态机图。

按照问题域，可为类“选课表”的对象设立 5 个状态，分别为：初始、初始化、选课、关闭和终止。

施加在选课表上的事件有：发布、选择课程、取消课程、查询课程和关闭。这些事件都是针对选课表所发消息的响应。图 15-6 展示的是针对选课表的状态机图。

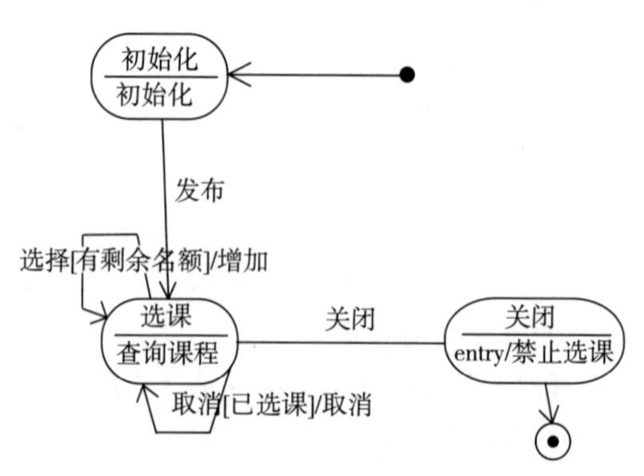

图 15-6　选课表的状态机图

在图 15-6 中，给出了课程的状态，并在转换上标明了引发状态转换的事件。

下面分别说明各状态内、外部的主要动作

或活动以及触发转换的事件。

1）状态“初始化”：对属性“作息表”和“特殊日期”等赋值，并对各课程的属性赋值。若对其进行了发布，则转移到状态“选课”。

2）状态“选课”：

- 若有选课名额，则可增加选此课的学生，若已选此课，也可予以取消。
- 若选课期限到，则转移到状态“关闭”。

处于该状态可只进行查询课程，不进行选课。

3）状态“关闭”：在该状态中，要禁止选课。

15.3.3　建立类图

对在 15.3.1 节中找到的各个类进行考察，分别定义它们的属性和操作，考虑它们之间的关系，绘制出类图。

1. 选课管理

（1）类“学生”

学生类具有属性“姓名”“学号”和“密码”。其中的“学号”是一个具有一定格式的字符串，根据它能表明学生的类别和级别、院系和入学年份，相应地也就能明确该生拥有什么权限。

在该类中，要设立操作“登录”和“修改密码”。学生要进行选课和相关查询，为此设立了操作“选课”“查询可选课程”“查询课程内容”“查询教师”“查询已有成绩”和“查询本学期已选课程”。

若只查询当前的选课表，就使用操作“查询可选课程”，只是不进行选择。若进行选择，则在操作“查询可选课程”中调用操作“选课”。

（2）类“课程”

该类具有属性“课程名称”“课程号”“课程类别”“学分”“总学时”“周学时”“限选人数”“现选人数”“上课时间”“上课地点”“任课教师”“课程内容介绍”和“院系”。

该类有三个操作：“查询”“增加选择”和“取消选择”。

（3）类“选课表”

该类具有属性“专业”“作息表”和“特殊日期”。它与类“课程”具有聚合关系，它的实例要负责管理类“课程”的实例，故它要拥有操作“增加课程”和“删除课程”。从 15.3.2 节可知，它还具有操作“发布”“查询”和“关闭”。

（4）类“选课清单”

该类只需记录课程号和学号，表明选各门课程的学生都有哪些。其内设有一个操作“查询”，分别供学生和课程管理员查询与统计数据使用。

（5）类“开课汇总表”

该类的对象中的属性值由类“课程”“选课表”和“选课清单”的对象的属性值计算而来。它用于记录选课和排课的信息。其中的属性有“学号”“姓名”“班级”“课程号”“课程名”“课程类别”“学生级别”“学分”“学时数”“任课教师”“院系”“上课时间”和“上课地点”。

（6）类“课程管理员”

该类的属性有“姓名”“工作证号”和“密码”。

除了登录和修改密码外，课程管理员要生成和维护选课表，因此在该类中设立操作“登录”“修改密码”“生成选课表”和“维护选课表”。课程管理员还要分别向财务部和教师管理部发送教师任课信息，向成绩管理部发送选课信息，向教材部发送课程信息，故还要设立操作“向财务部发送教师任课信息”“向教师管理部发送任课信息”“向成绩管理部发送选课信息”和“向教材部发送课程信息”，它们作为该类的供接口中的操作。

上述的类和相应的接口以及它们间的关系如图 15-7 所示。

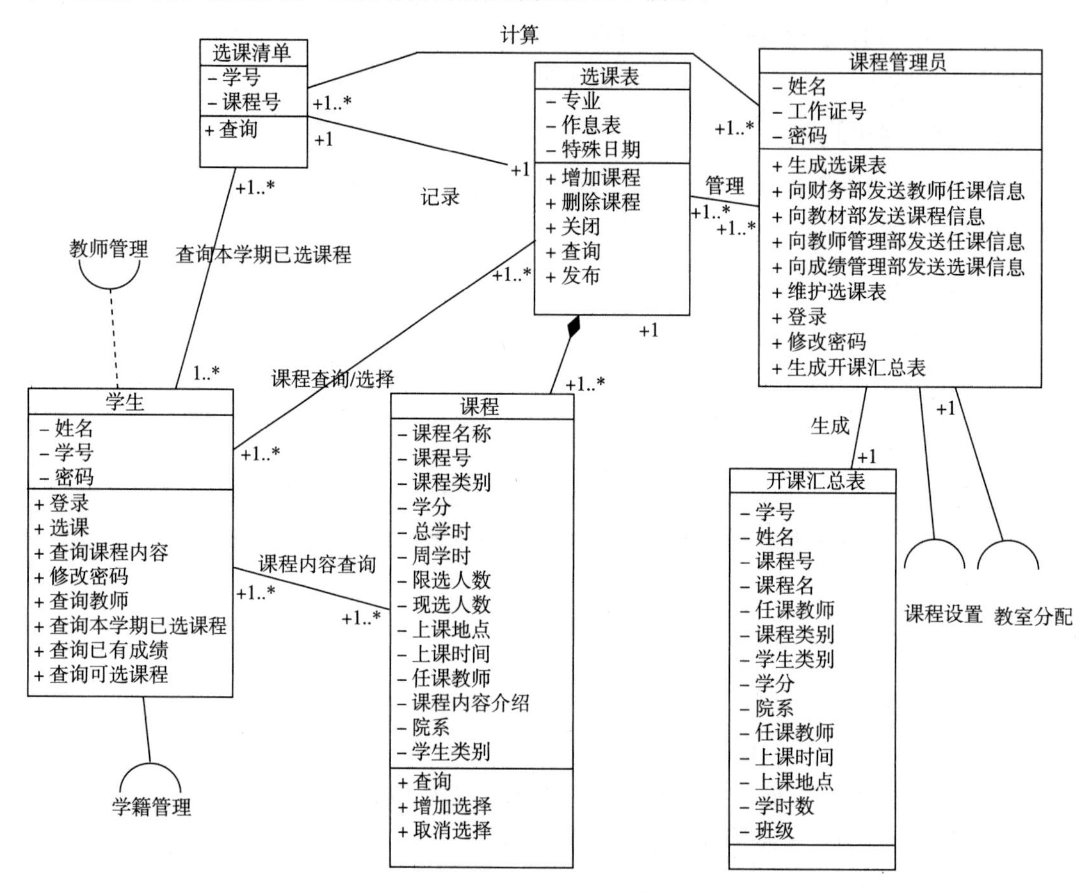

图 15-7　选课管理部分的类图

课程管理员通过子系统“课程设置管理”实现的接口“课程设置”获得本学期教学大纲，并通过子系统“教室分配管理”实现的接口“教室分配”获得对本学期各课程所在教室情况。根据上述信息生成选课表，其中包括课程的详细信息。在发布选课表前，课程管理员可增删改（维护）选课表中的课程；在第三周，课程管理员还要从中去掉未达到规定人数的课程。为了完成上述工作，类“课程管理员”与类“选课表”设立关联“管理”。

在选课结束后，课程管理员要依据选课情况生成最终的开课汇总表，并进行发布，为此在类“课程管理员”与类“选课清单”间设立关联“计算”，在类“课程管理员”与类“开课汇总表”间设立关联“生成”。

学生通过接口“学籍管理”查看自己已经取得的各科成绩，通过接口“教师管理”查看任课教师的情况，因此在类“学生”与上述两个接口间存在着依赖关系。

学生要通过课程号查询课程内容，或通过在课程表中找到相应的课程名再进一步查看课程内容，因此在类“学生”与“选课表”以及类“课程”间均设立关于查询的关联。

在选课截止前，学生可随时在选课表中选择课程，并把所选结果记录在选课清单中。但在选课截止后，学生只能查看选课清单中自己的那部分。因此，在类“学生”和类“选课清单”间均设立关联“查询本学期已选课程”，在类“选课表”和类“选课清单”间均设立关联“记录”。在类“学生”和类“选课表”间要设立关联“选择”，按照 15.3.2 节的分析，可能只查询不选课，也可能选课，因此把在二者间的关联命名为“课程查询/选择”。

2. 成绩管理

（1）类“学生”

该类的属性设置与子系统“选课管理”中的类“学生”的相同，除了有操作“登录”“查询”“修改密码”外，还有一个操作“查询成绩”。

（2）类“成绩”

该类中有属性“学号”和“成绩”。

（3）类“成绩表”

该类中有属性“班级”“课程号”和“课程名”。

它与类“成绩”构成组合关系，在其中要设立操作“增加成绩”“删除成绩”和“修改成绩”。它还有一个操作“查询成绩”，供学生查询成绩之用。

（4）类“成绩管理员”

该类的属性的设置与子系统“选课管理”中的类“课程管理员”的相同。

该类不但有操作“登录”和“修改密码”，还有“录入与维护成绩”和“统计成绩”。在录入与维护成绩时，要使用子系统“选课管理”产生的选课信息。统计出来的成绩要发送给学籍管理部门和教学评估部门，故还要设立操作“向学籍管理部门发成绩表”和“向教学评估部门发成绩表”，它们作为该类的供接口中的操作。

上述的四个类及其间的关系如图 15-8 所示。

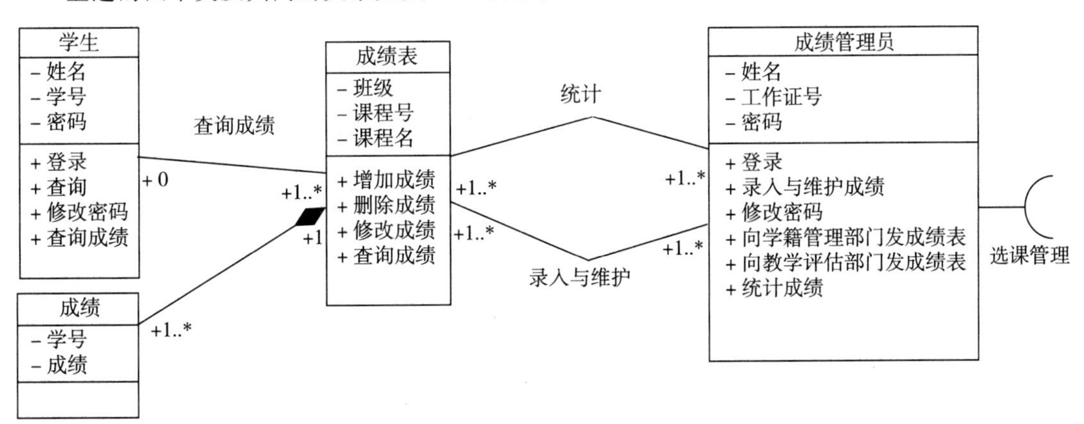

图 15-8　成绩管理部分的类图

成绩管理员按班级和学号输入与维护各门课程的成绩，为此在类“成绩管理员”与类“成绩表”之间设立一个关联“录入与维护”。成绩管理员还要生成成绩报表，因而在类“成绩管理员”与类“成绩报表”间设立一个关联“统计”。

学生要查询成绩报表得到自己本学期所选课程的成绩，因而在类“学生”和类“成绩报表”间设立关联“查询成绩”。

15.3.4 建立顺序图

在上一节中，以文字的形式说明了类图中类之间的关联的作用。这种说明往往不能清楚地描述事物间的交互情况，这就需要使用交互图来予以明确地表达。对于学生选课来讲，类“学生”与三个类间都存在着关联，这些类的对象间的交互较为复杂，在上节的说明中也不是很明确。

图 15-9、图 15-10 和图 15-11 给出了针对学生以及与学生选课有关的对象建立的顺序图。

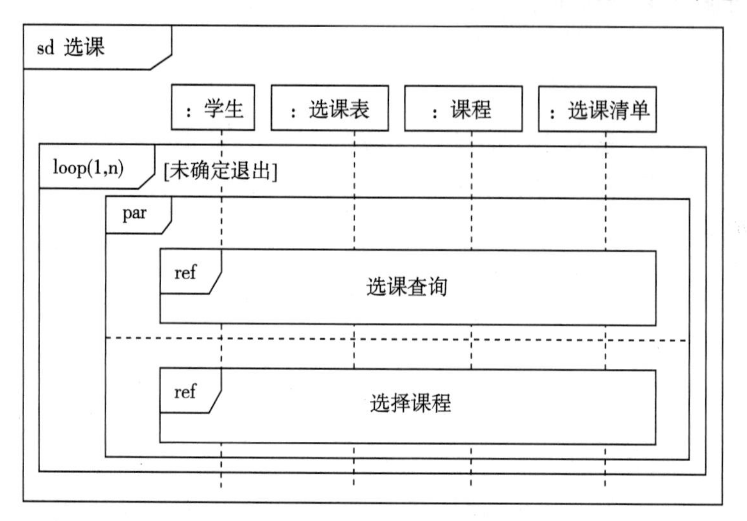

图 15-9　学生以及与学生选课有关的对象之间的交互情况（一）

图 15-9 描述的是学生在整个选择课程期间，首先要登录成功，然后可进行选课查询或选择课程，而且这两项活动是并发的。这种选课是循环的，次数不限（图中用 loop(1，n) 标识）。

图 15-10 描述的是学生查询有关信息的情况，而且这种查询是循环的，次数不限。

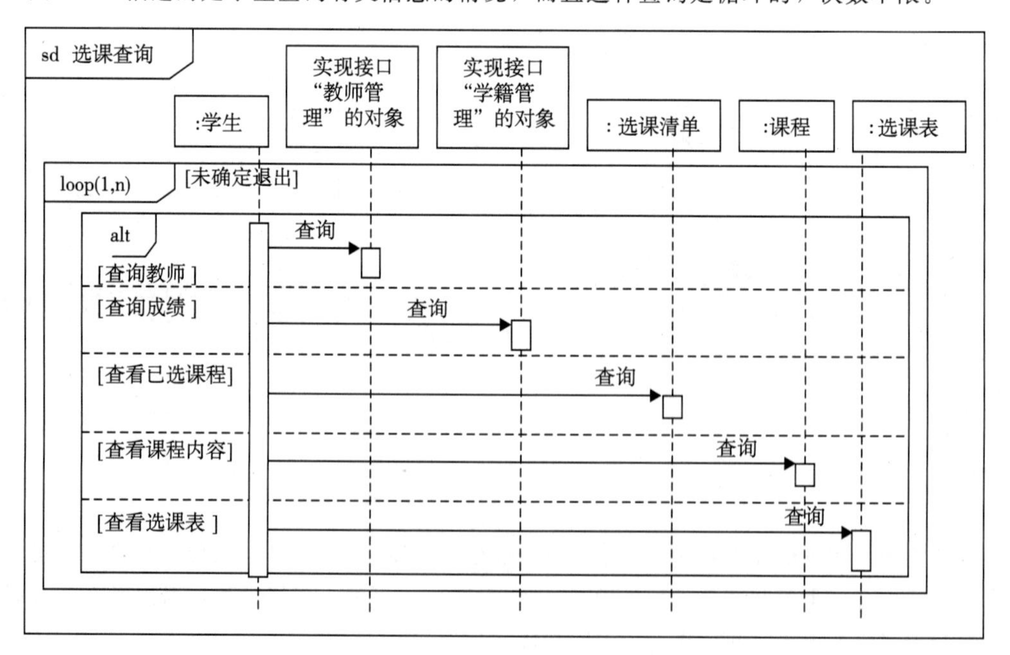

图 15-10　学生以及与学生选课有关的对象之间的交互情况（二）

图 15-11 描述的是学生在具体选择课程时，可增加或取消课程。这种选择是循环的，次数不限。图中对象“：学生”下的执行规约对应的是操作“选课”。

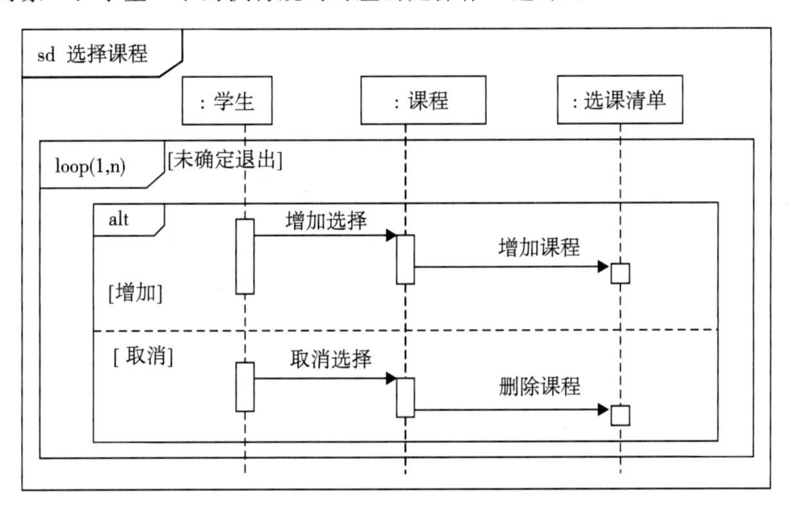

图 15-11 学生以及与学生选课有关的对象之间的交互情况（三）

15.4 系统设计

在系统的设计阶段，要考虑实现环境。对于本教学管理系统，在实现方面，使用 Windows 操作系统，用 JSP 和 Java 编程，用 Oracle 数据库系统管理数据。整个系统采用集中数据管理，把 Oracle 数据库系统运行在一台服务器上。所有程序放在 Web 服务器和应用服务器上，用户均通过浏览器使用系统。

对于选课子系统和成绩管理子系统，它们的业务逻辑是简单的。实际上，它们的工作就是围绕着数据库在用户间传递经过一定处理的数据。课程管理员生成与维护选课表期间，学生是不能选课的，反之亦然。在成绩管理员生成与维护成绩期间，学生也不能查询本学期的成绩，反之亦然。在学生之间、课程管理员之间以及成绩管理员之间引起的并发性，即同类参与者实例使用浏览器对服务器端的数据库的访问而引起的并发性，可由数据库本身的并发机制进行控制。因而，不需要对本系统的控制驱动部分再进行建模。

在具体设计时，要综合考虑问题域部分、人机界面部分以及数据存储部分。下面按照本书第三部分所讲述的方法，讲述如何建立各个部分。限于篇幅，一些设计细节（如操作的参数和具体算法等）在本书中予以省略。

15.4.1 问题域部分设计

在选课期间，学生随时会登录到系统进行选课和查询有关信息；在维护课程信息和成绩期间，有关教务人员随时使用系统。这样，可集中管理每个子系统的信息，在一个用户登录成功后，相应的子系统就创建一个相应的对象（学生对象、课程管理员对象或成绩管理员对象）。

选课子系统和成绩管理子系统都只是通过数据库系统与其他子系统交换数据，即通过需接口从数据库中获取数据，通过供接口向数据库写入数据。故需要按照供需双方共同约定的接口规约设计相应的数据库表的结构，并在接口相关的类操作中构造 SQL 语句即可。

对于选课子系统，在类“学生”中的操作“查询可选课程”“查询课程内容”“查询教师”“查询已有成绩”和“查询本学期已选课程”的实现中，构造相应的SQL查询（Select）语句。在类“选课管理员”中的操作“维护选课表”和“生成选课表”中的实现中，也要构造相应的SQL插入（Insert）语句、查询（Select）语句、更改（Update）语句和删除（Delete）语句。

对于成绩管理子系统，在类“学生”中的操作“查询成绩”的实现中，构造SQL查询语句。在类“成绩管理员”中的操作“录入与维护成绩”中的实现中，构造相应的SQL插入语句、查询语句、更改语句和删除语句。

除了进行上述设计外，在整体结构上不对分析模型的类图做其他修改。

15.4.2 界面部分设计

应该针对表15-1中的内容进行界面设计，按照第8章的要求设计出全部的界面。出于能说明问题即可的原则，本节只针对学生选课给出了一些界面部分设计。

图15-12所示的是用户登录界面，该界面适用于所有用户。

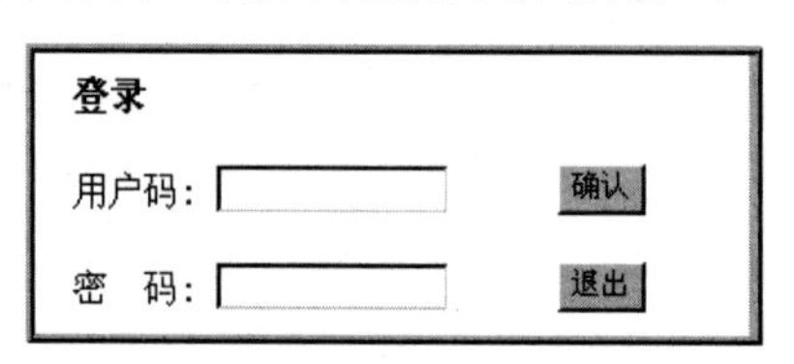

图15-12 用户登录界面

图15-12中的用户码是具有一定格式的，其中的前两位标识了人员类别，如本科生、研究生、成绩管理员等。

图15-13是在登录成功后，系统给出的选择命令界面。

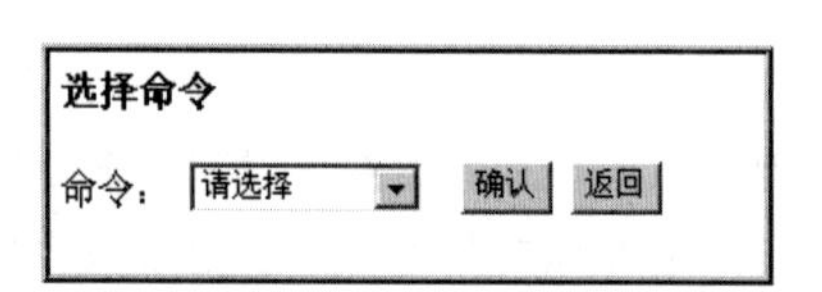

图15-13 选择命令界面

图15-14所示的是课程介绍的录入界面。

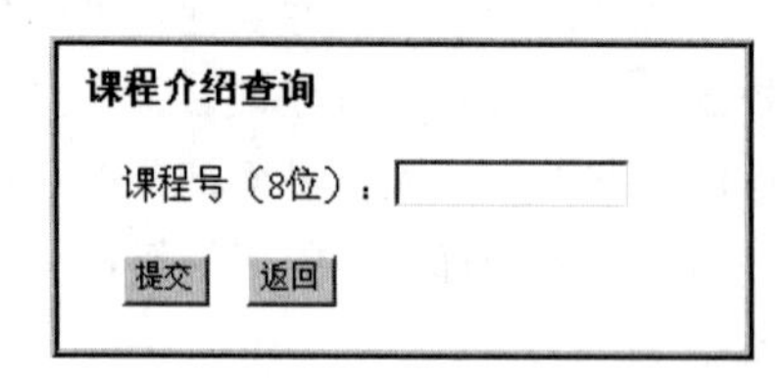

图15-14 课程介绍的录入界面

在填写了课程号并提交后，出现图15-15所示的界面。

图15-16和图15-17所示的分别是教师查询页面和教师介绍页面。

图15-18所示的是选课表查询及选择页面。

在填写和选择了图15-18所示的页面中的内容（不要求全部填写）并提交后，出现图15-19所示的课程选择页面。

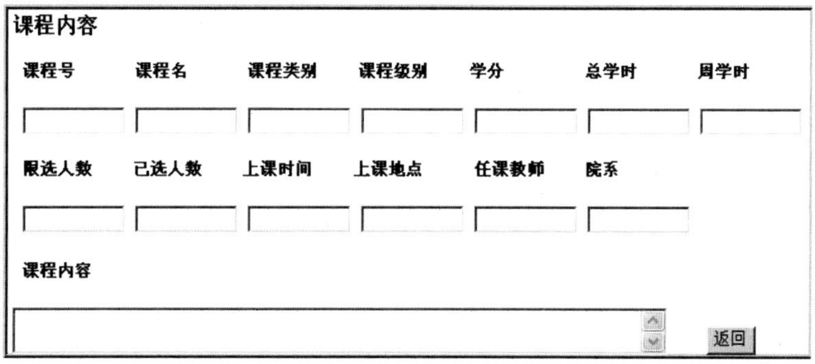

课程内容

课程号　课程名　课程类别　课程级别　学分　总学时　周学时

限选人数　已选人数　上课时间　上课地点　任课教师　院系

课程内容

返回

图 15-15　课程内容界面

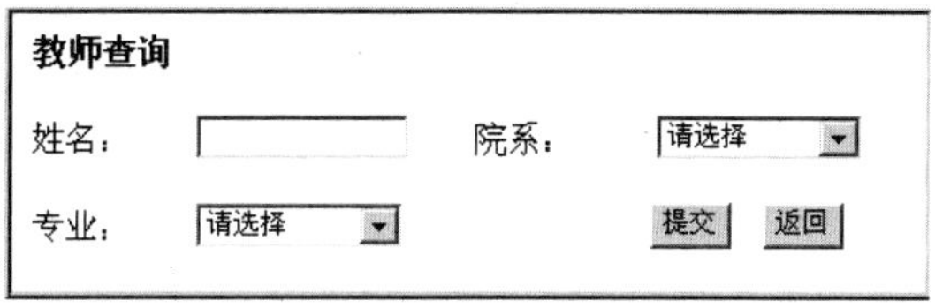

教师查询

姓名：　院系：请选择

专业：请选择　提交　返回

图 15-16　教师查询页面

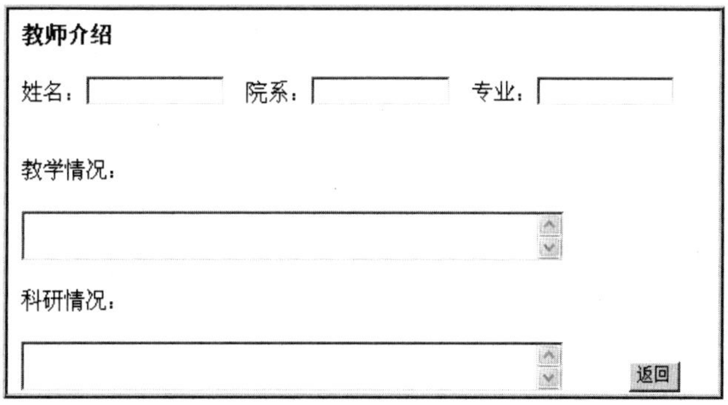

教师介绍

姓名：　院系：　专业：

教学情况：

科研情况：

返回

图 15-17　教师介绍页面

选课表查询及选择

专业：请选择　课程类别：本科生　课程级别：请选择

提交　返回

图 15-18　选课表查询及选择页面

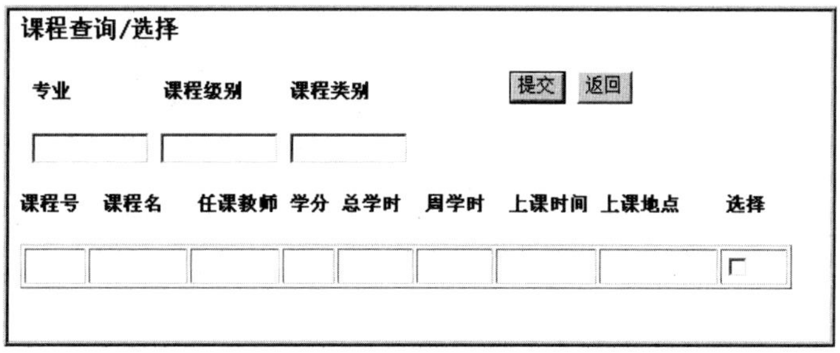

课程查询/选择

专业　课程级别　课程类别　提交　返回

课程号　课程名　任课教师　学分　总学时　周学时　上课时间　上课地点　选择

图 15-19　课程选择页面

若学生想查看以往所学过的课程记录，在图 15-20 的页面中填入学号。在提交后，图 15-21 所示的页面给出该学生已学习过的课程记录。

图 15-20　已选课程查询页面

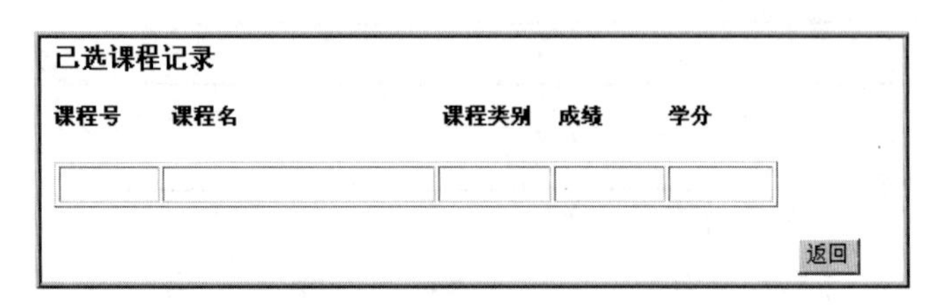

图 15-21　已选课程记录页面

把每个界面用一个类来实现，以下简称这样的类为界面类。图 15-22 给出的是学生选课部分的人机界面的类图。

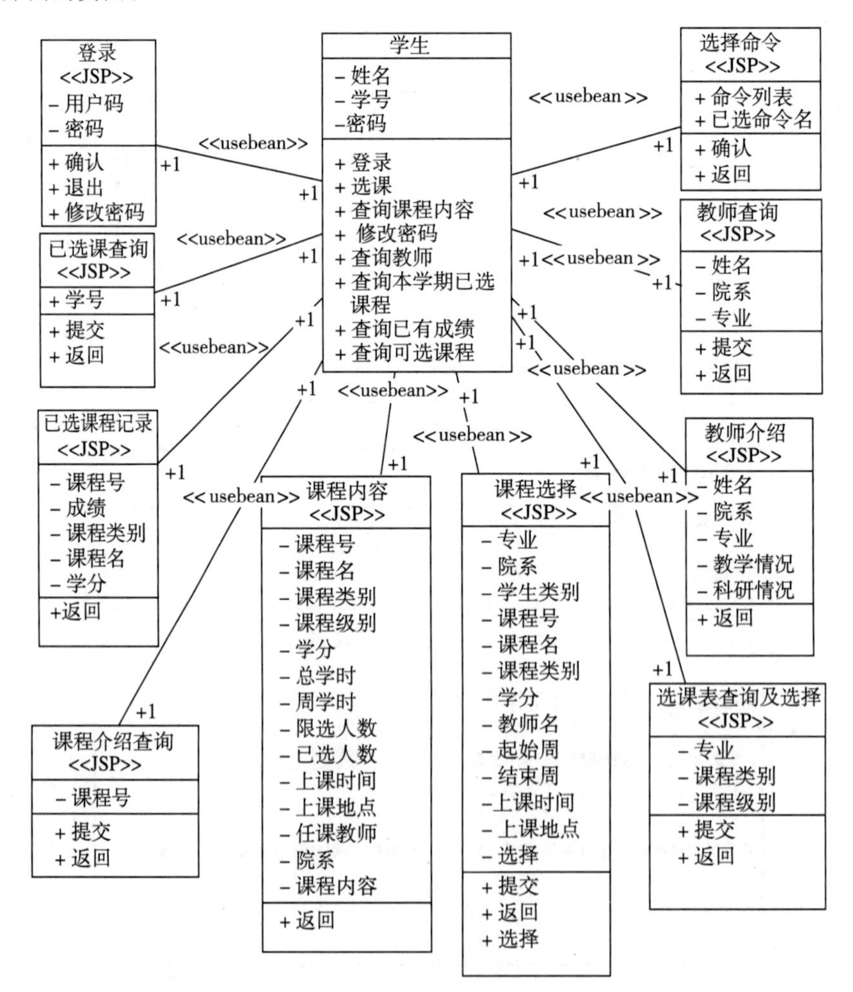

图 15-22　学生选课部分的人机界面的类图

图 15-22 中人机界面部分的类（界面类）名下都有标记≪JSP≫，这表示这样的一个类实际上对应着一个 JSP 页面，并不是真正的类；JSP 页面与 Java 类之间的关联用≪usebean≫进行了标记。

由于 JSP 页面间存在着链接，故要予以描述，JSP 页面间的关系名均为≪Link≫。图 15-23 描述了 JSP 页面间的这种关系。

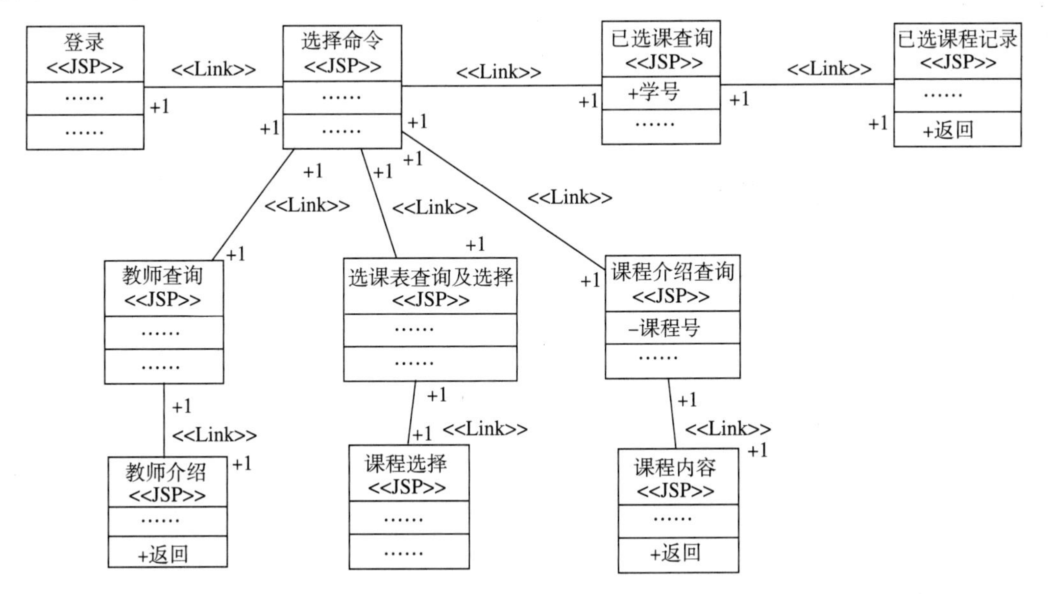

图 15-23　JSP 页面间的关系

图 15-24 给出了学生选课时与系统进行交互的一个片段。

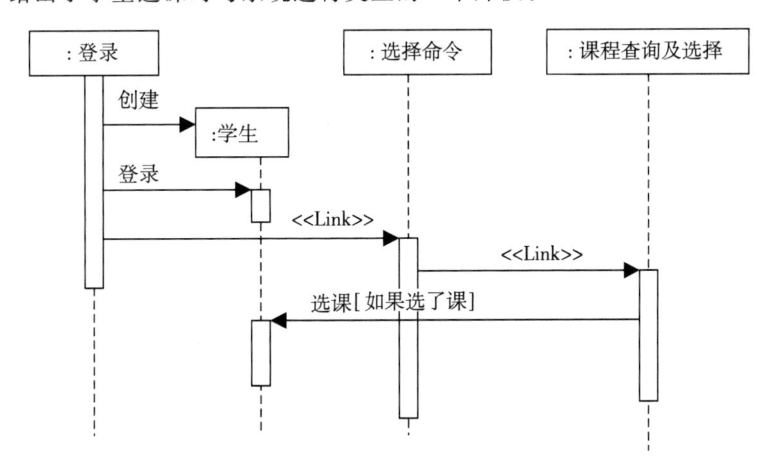

图 15-24　学生选课时与系统的一个交互片段

在图 15-24 中，具体学生先进行登录，系统创建一个类“学生”的对象，然后调用其登录操作。登录成功后，为具体学生呈现一个选择命令页面，供其选择命令。具体学生选择命令“课程查询及选择”后，向其呈现课程查询及选择页面，并把所生成的课程列表显示在其中；具体学生进行课程查询或选择课程。若进行了选课（即页面上至少有一个选课标志），就通过向对象“:学生”发消息“选课”来提交结果。

15.4.3　数据管理部分设计

对于持久对象的存储，要通过数据存储代理进行存取。在选课子系统中，类“学生”和“课程管理员”的对象都要存取数据库中的数据，但因时间关系这两种对象不会同时使用数据库。在该子系统中只设立一个数据存储代理，由它负责对数据库进行操纵。对于成绩管理子系统的数据管理部分的设计也是如此。也即，为两个子系统分别设立一个数据存取代理，而且其特征是相同的，如图 15-25 所示。

图 15-25 中的类“数据存储代理”中的属性“创建语句”“查询语句”“更新语句”“删除语句”和“插入语句”的值（用 SQL 编写的语句）分别由操作“设置创建语句”“设置查询语句”“设置更新语句”“设置删除语句”和“设置插入语句”设置，并分别由操作“创建”“查询”“更新”“删除”和“插入”执行。操作“查询”的结果放在属性“结果”之中，并由操作“读取结果”来读取其值。属性“数据库名”由操作“设置数据库名”来设置。

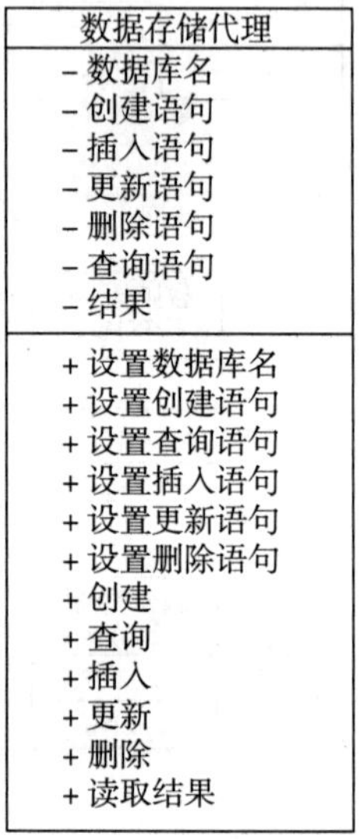

存储代理与课程管理部分的类“学生”和“课程管理员”分别有一个关联，且它与二者的多重性均为一对多的。

下面考虑对持久存储类的数据库表的设计。

对于选课管理部分，由于类“选课表”和类“课程”构成了聚合关系，现针对二者分别设立两张表，并在与类“课程”对应的表中用外键指明二者间的关联。用一张表存储类“选课清单”的对象的属性值。对于派生出来的类“开课汇总表”，考虑到查询效率，也用一张表存储它的对象的属性值。此外，对于类“学生”和“课程管理员”也分别设立一张表，用于存储相应的对象的属性值。

数据存储代理
- 数据库名
- 创建语句
- 插入语句
- 更新语句
- 删除语句
- 查询语句
- 结果

+ 设置数据库名
+ 设置创建语句
+ 设置查询语句
+ 设置插入语句
+ 设置更新语句
+ 设置删除语句
+ 创建
+ 查询
+ 插入
+ 更新
+ 删除
+ 读取结果

图 15-25　数据存取代理

表 15-2 和表 15-3 分别给出了类“选课表”和类“课程”所对应的数据库表的结构。

表 15-2　类“选课表”所对应的数据库表的结构

字段	类型	长度	解释
专业	字符串	30	
作息表	文本		每日 10 节课的时间分布
特殊日期	文本		节假日和运动会等日期

本表的主关键字为专业。

表 15-3　类“课程”所对应的数据库表的结构

字段	类型	长度	字段	类型	长度
课程名	字符串	30	上课地点	字符串	30
课程号	字符串	8	上课时间	字符串	20
课程类别	字符串	10	任课教师	字符串	10
学分	整数	1	课程内容介绍	文本	
总学时	整数	2	院系	字符串	20
周学时	实数	4	学生类别	字符串	8
限选人数	整数	3	专业	字符串	30
已选人数	整数	3			

本表的主关键字为课程号，外键为专业。

对于成绩管理部分，类“成绩”和类“成绩表”构成了组合关系，对它们分别设立两张表，并在与类“成绩”对应的表中用外键隐含它与类“成绩报表”的关联。对于类“学生”和“成绩管理员”也分别设立一张表，用于存储相应的对象的属性值。

表 15-4 和表 15-5 分别给出了类“成绩表”和类“成绩”所对应的数据库表的结构。

表 15-4 类“成绩表”所对应的数据库表的结构

字段	类型	长度
班级号	字符串	8
课程号	字符串	10
课程名	字符串	30

本表的主关键字为课程号＋班级号。

表 15-5 类“成绩”所对应的数据库表的结构

字段	类型	长度
学号	字符串	8
成绩	实数	4
班级号	字符串	8
课程号	字符串	10

本表的主关键字为学号＋课程号，外键为课程号＋班级号。

本节仅给出了主要的几张数据库表的结构，请读者自己补充其余的数据库表的结构。

习题

根据自己对问题的熟悉程度，从下述习题中选择 1～2 题，自行组成 2～4 人的开发组，按下述要求进行建模：

- 按自己的理解，详述功能需求。
- 绘制出用况图、顺序图和类图，并根据需要绘制出状态机图等。
- 严格按 OOA 和 OOD 阶段产生文档。

1. 设计并实现一个电梯管理系统。

在一座 10 层高的宾馆大厅内，有 4 部由一个控制器控制的电梯。乘客随时在各层选择要去的楼层。要求：

- 设计一个电梯算法，满足乘客的要求（候时应较少）。
- 区分电梯的状态，如空运行、载人运行、超重、当前有故障等。
- 在电梯全部无人乘坐时，电梯要按一定条件分布在各层。
- 保存一个星期内的各电梯的运行记录。

2. 设计并实现一个光盘商店管理系统。

一个光盘商店从事订购、出租、销售光盘业务。光盘按类别分为游戏、CD、程序三种。每种光盘的库存量有上、下限，当低于下限时要及时订货。在销售时，采取会员制，即对会员给予一定的优惠。

3. 设计并实现一个工资管理系统。

一个公司下分若干部门，每个部门有若干名职员和经理，每个部门经销若干种商品。工资由基本工资、产品销售业绩奖、若干种保险的扣除等组成。其中的销售业绩奖按以下方式计算：职员按其完成额的5%提成，经理按该部门完成额的1%提成。每个月要生成一个工资表，每年年末再按个人的总销售额发放1%的奖金。

4. 设计并实现运动会的计分系统。

运动会在若干个会场进行，每个会场进行若干个项目。有若干支运动队参赛，每支运动队有数名运动员。各赛事分预决赛，预赛成绩部分带入决赛。成绩由裁判员给出，并由计分员记录。要求在比赛结束后，产生各队排名表及运动员的详细成绩表。

5. 设计并实现宿舍楼管理系统。

该系统涉及的事物有：宿舍楼、楼层、房间、家具；室长、楼长、保洁员、学生；学生所属的系。本系统应提供一定的查询功能。

6. 设计并实现试题管理系统。

可按固定模式或定制模式出题。对于固定模式，出题人在设置了课程名等信息后，系统按已经存储的模式自动生成试卷。对于定制模式，出题人设置课程名、题目要求和试卷难度等内容后，系统自动生成试卷。对试题要进行管理，并提供查询功能。

附　录

Appendix A

附录 A

面向对象的软件建模工具

一种软件开发方法应该有支持它的建模工具。本附录要讲述两款面向对象的软件建模工具。

A.1　为什么需要软件建模工具

在开发软件系统的过程中，除了要遵循软件工程的原则和方法之外，还要采用融合了软件工程思想的自动或半自动的工具，辅助进行开发。软件建模工具用于对软件系统的模型进行可视化、详述、构造和文档化。

软件建模工具擅长自动做重复的工作，管理大量的信息，并能保持事物的一致性。软件建模工具还能在一定的程度上向用户提供开发过程指导，即把工具与过程有机地结合起来，使得过程驱动工具，而工具支持过程的实施。对于用户而言，工具应该易学、易用和好用，能指导用户怎样探讨任务，使得用户将精力花费在重要的建模任务上。

用户利用建模工具能够捕获与描述系统的需求，进行系统分析与设计，建立系统模型，进而生成程序或辅助编程，并能生成开发过程中的各种文档。由此可见使用建模工具能有效地提高软件质量和开发效率。

总的来讲，软件建模工具具有以下功能：

- 提供了引导人们有效地建立正确模型的手段。
- 可缩短开发时间，有助于减少枯燥、烦琐的重复性工作。
- 便于对系统的维护。
- 提供了存储和管理有关信息的机制和手段，具有保持信息一致性的能力。
- 可帮助用户编制、生成及修改各种文档。
- 有助于生成程序代码。
- 为复用提供方便。

A.2　面向对象建模工具 JBOO 3.0

目前在国外已经出现了一些面向对象的软件建模工具，其中以遵循 UML 的为多，如 Visual Modeler、Gdpro、Visual UML、Rose 和 Withclass 都支持 UML，单是网站 www.objectsbydesign.com 上列出的此类商业化的产品就有数十种。这些产品对 UML 支持的程度不一，在特色上各有千秋。国内也有几款面向对象的软件开发工具，但能形成产品的很少。北京大学软件工程国家工程研究中心基于多年来对面向对象方法研究成果的积累，并经过多年的实践和不断的完善，开发出了青鸟面向对象软件系列开发工具 JBOO，在很多工程领域和 OO 教学上得到了较为广泛的应用。

本节以 JBOO 3.0 为例，对面向对象的软件建模工具进行介绍。

A.2.1　JBOO 3.0 简介

面向对象技术已较为成熟，在国外一些面向对象的软件建模工具已形成了较为成熟的产品，而这些产品在一些方面并不适合中国的软件产业需要。JBOO 3.0 的目标是支持 UML，全面支持国家的面向对象软件建模规范并尽可能地符合我国国情。

JBOO 是青鸟工程中的一项重要成果。1996 年 JBOO 1.0 已经形成产品，投入市场。1997 年经过改进，形成 JBOO 1.5。1999 年上半年又经过大幅度的完善，形成了 JBOO 1.52。2000 年发布了 JBOO 2.0，支持青鸟面向对象规范，并在很大程度上支持 UML。2002 年年初又开发出了 JBOO 3.0，该产品完全遵循国家标准并符合 UML。随后又有其他版本的 JBOO 发布。

1. 概念与表示法

在多种面向对象流派并存和相互竞争的局面中，UML 从其中吸收了大量有用（或者对一部分用户可能有用）的建模概念。这样也得使 UML 的表达能力丰富，它的概念和表示法在规模上超过了以往任何一种方法，并且提供了允许用户对语言做进一步扩展的机制。UML 树起了统一的旗帜，这就不但要求面向对象开发要遵循 UML，面向对象的软件建模工具就更要遵循 UML。但在实践中，人们对 UML 也提出了一些批评。来自工业界的对 UML 的主要批评是，它过于庞大和复杂，用户很难全面、熟练地掌握它，大多数用户实际上只使用它的一部分概念。有许多概念使用户感到困惑，含义不清，而且很少被使用。来自学术界的主要批评是，UML 在理论上有缺陷和错误，涉及语言体系结构、语法和语义等方面。

结合我国软件开发单位的软件开发实践以及软件技术的发展，本着对问题既要有充分的表达能力又要易于掌握使用的原则，JBOO 支持 UML 和国家规范中的核心概念，并着重考虑了概念体系的完备性以及可操作性问题。通过一定的方法，在 JBOO 中也可以解决在其他工具中必须使用某些扩充概念（JBOO 所不支持的）才能解决的问题。

2. 过程指导

本工具对软件工程中的各种开发模型均予以支持。

3. 文档编制

JBOO 3.0 所生成的文档支持国家的《面向对象的软件系统建模规范：文档编制》。JBOO 也提供脚本语言，用户可用它定制所需要的文档格式。

A.2.2　JBOO 3.0 的功能

图 A-1 为 JBOO 3.0 的功能结构图。

下面对图中的各部分逐一予以阐述。

1. 需求捕获工具

通过建立用况图，对系统的功能需求进行描述，见图 A-2。

双击用况图中的参与者或用况，能够弹出属性编辑框。图中所示的为用况“录入与维护成绩”的文字描述的编辑框。

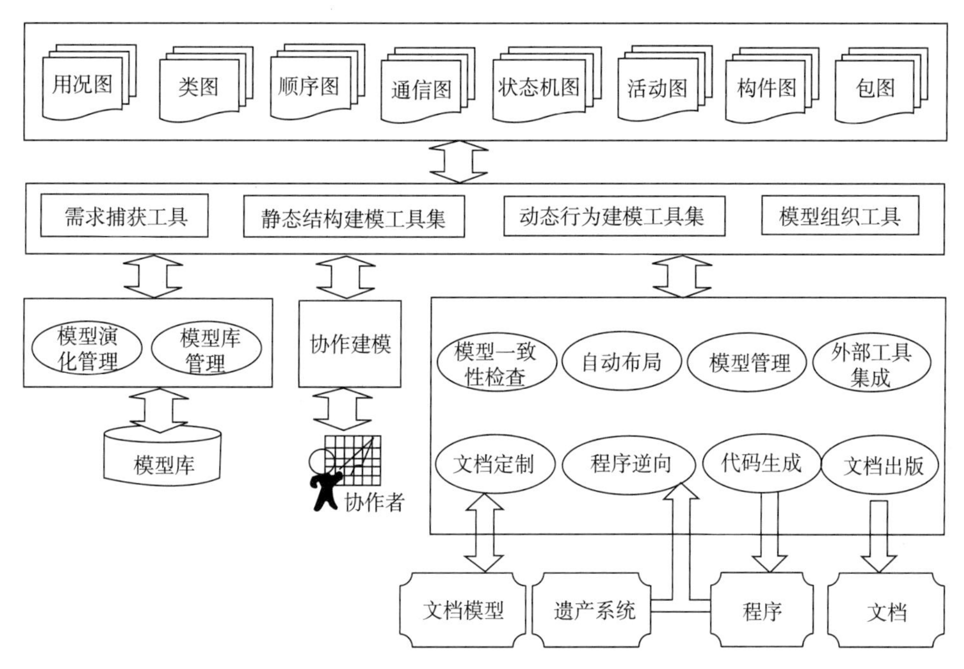

图 A-1　JBOO 3.0 的功能结构图

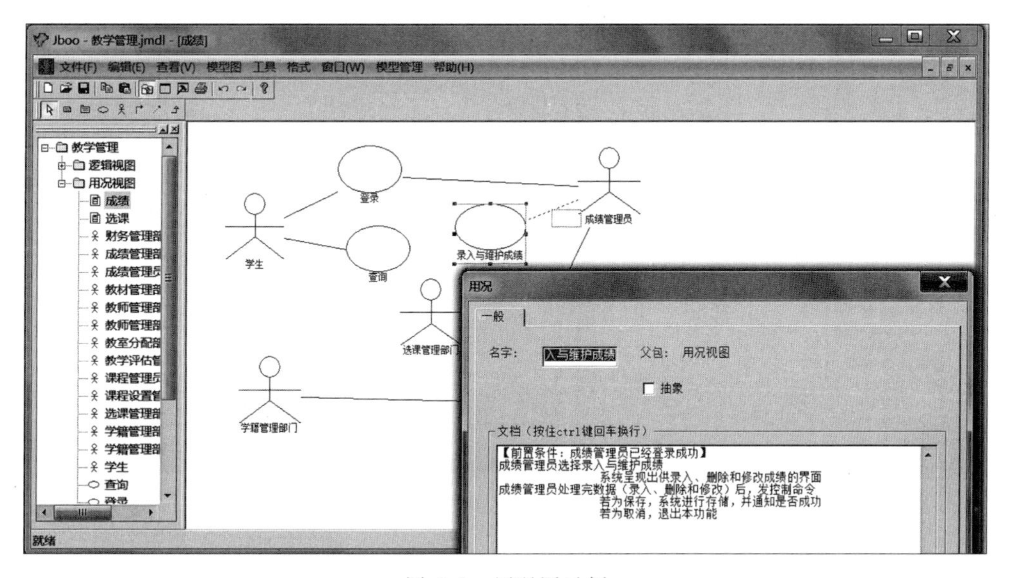

图 A-2　用况图示例

2. 静态结构建模工具集

通过建立类图和构件图，对系统的静态结构建模。

类图是面向对象建模中最常用的图，主要用于表达系统的静态结构，见图 A-3。

双击类图中的类或关联，能够弹出属性编辑框。图中所示的为类“成绩管理员”的操作编辑框，以及操作“登录”的属性编辑框（双击操作即进入）。图 A-4 给出了双击类“成绩表”和类“成绩”间的组合关系呈现的属性编辑框。

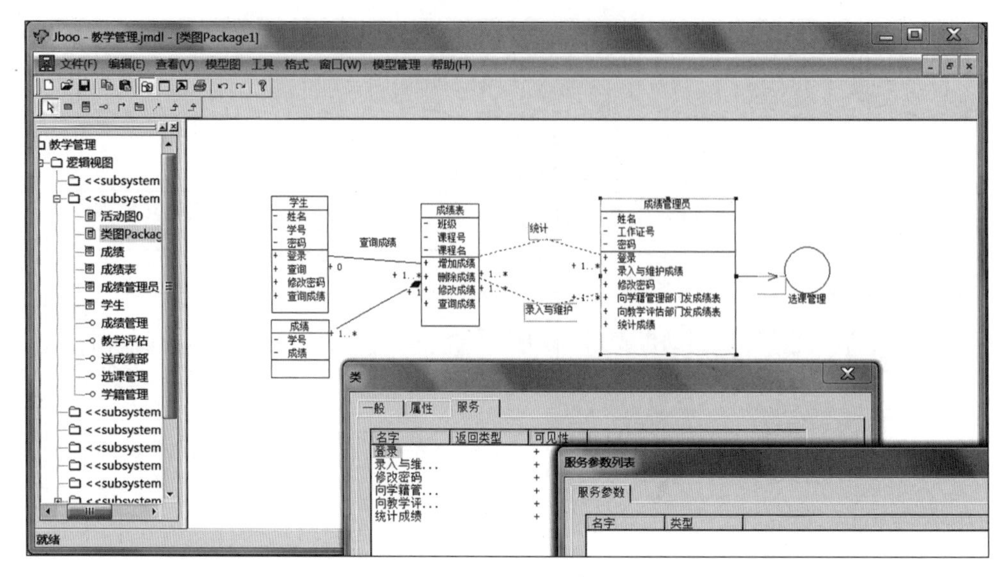

图 A-3　类图示例

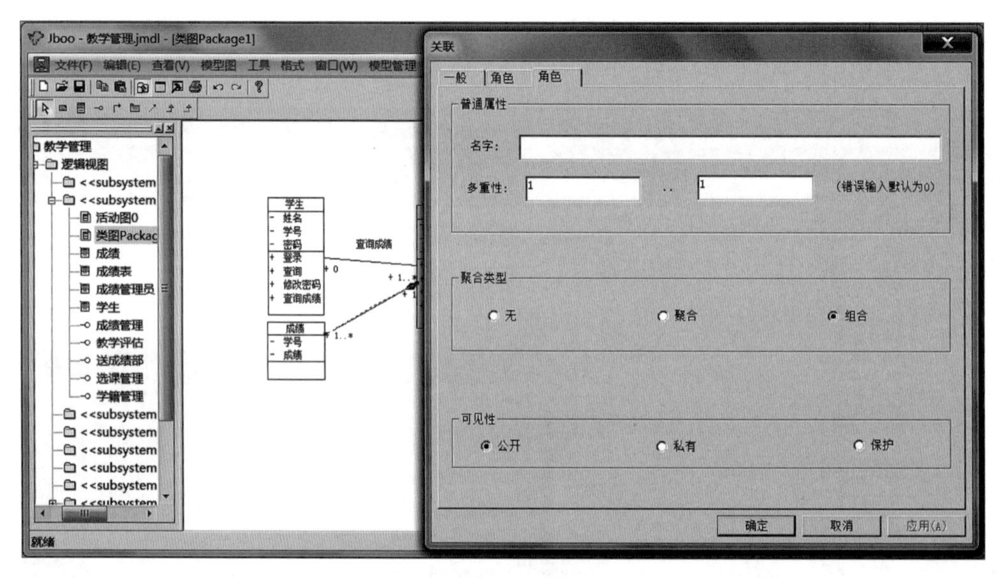

图 A-4　类“成绩表”和类“成绩”间的组合的属性编辑框

3. 动态行为建模工具集

通过建立顺序图、通信图、状态机图和活动图，对系统的动态行为建模。

顺序图用于描述一组对象和参与者实例及由它们发送和接收的消息，强调消息的时间顺序，见图 A-5。

双击图中的对象或消息，能够弹出属性编辑框。图中所示的为对象“：课程查询及选择页面”的属性编辑框。

通信图（在 UML 1.5 中称为协作图）描述一组对象、这组对象间的链以及这组对象收发的消息，强调收发消息的对象的结构组织，见图 A-6。

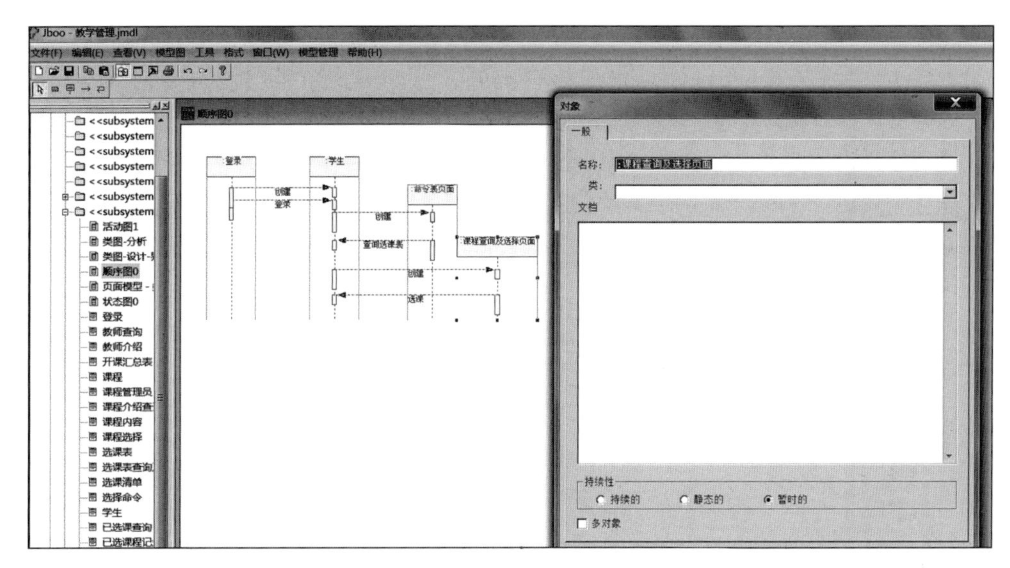

图 A-5 顺序图示例

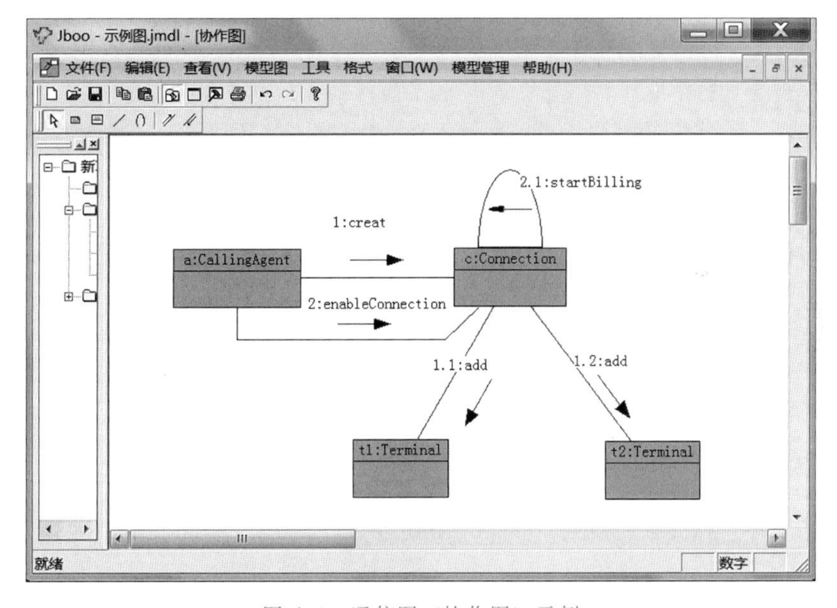

图 A-6 通信图（协作图）示例

状态机图描述由状态、转换、事件和活动组成的状态机，强调一个对象按事件次序发生的行为，见图 A-7。

双击图中的转移或状态，能够弹出属性编辑框。图中所示的为状态“关闭”的属性编辑框。

活动图描述动作流，也可以描述相关的对象流，见图 A-8。

双击图中的活动，能够弹出属性编辑框。

4. 模型组织工具

通过建立包图，用包组织模型元素，以控制模型的复杂性，见图 A-9。

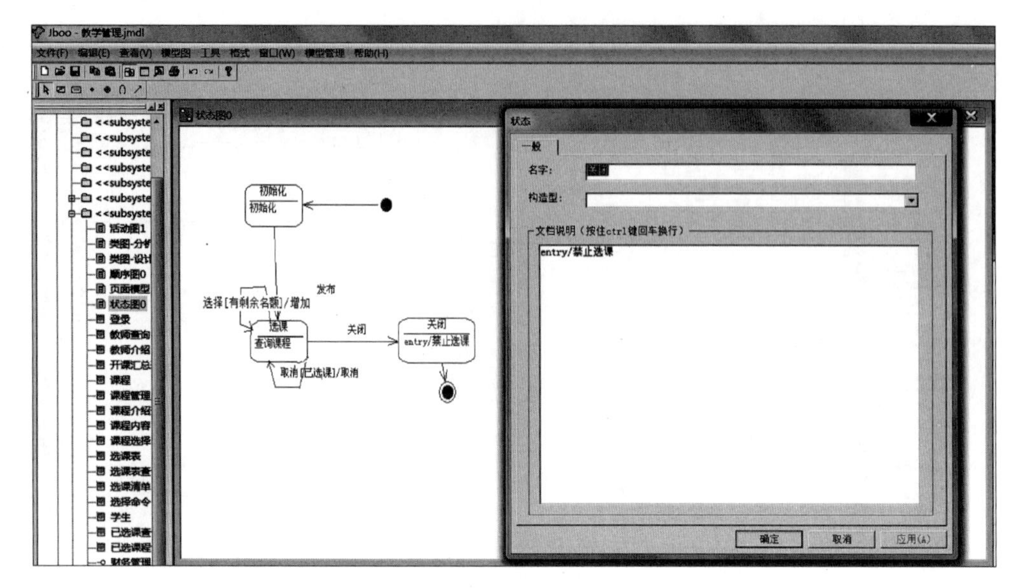

图 A-7 状态机图示例

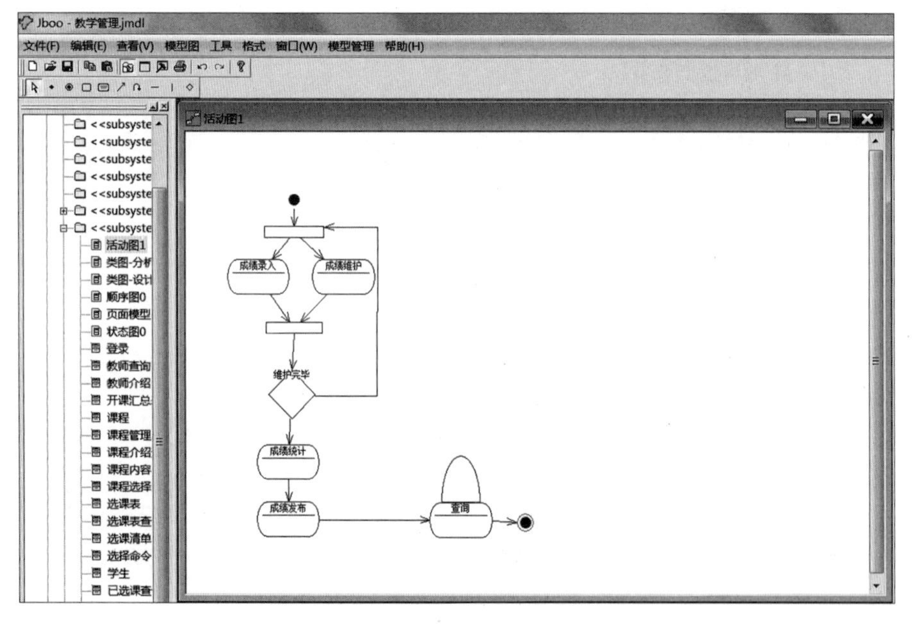

图 A-8 活动图示例

在 JBOO 3.0 中，可在类图上画包和包之间的关系。图 A-9 展示了在名为“类图-模型包”（见图中的项目树）的类图上建立的包及包间关系。双击一个包，又会出现一个类图，如图A-9 中的项目树上包“≪model≫ 选课管理”下有一个类图。这样，包中可含有类图、包图，甚至形成包的嵌套结构。用右键单击项目树上的包，也可选择建立其他图，见图 A-10。

5. **辅助子工具**

JBOO 3.0 提供了一组用于建立模型图的辅助子工具，如“模型一致性检查”子工具用于对所建模型进行实时的一致性检查，也可进行全局性的一致性检查。

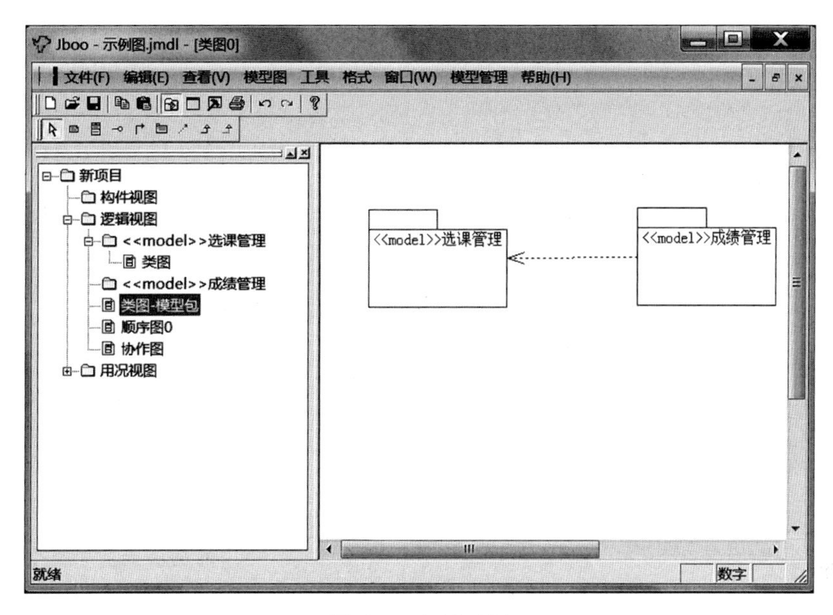

图 A-9 包图示例

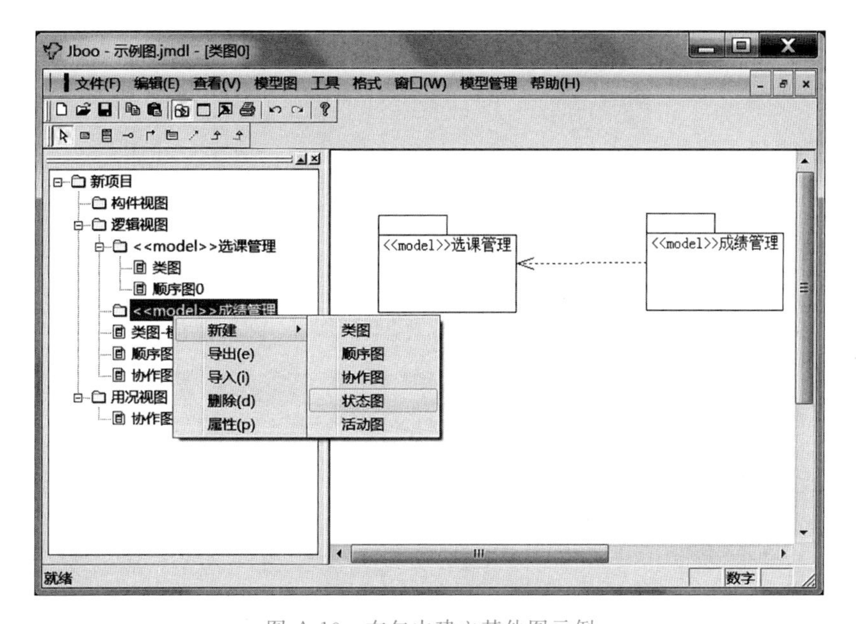

图 A-10 在包中建立其他图示例

图 A-11 表明，JBOO 3.0 还提供了文档与代码生成功能。按照国家的《面向对象的软件系统建模规范：文档编制》的文档模板，可生成 HTML 和 Word 文档。可指定代码生成的范围生成不同种类的代码，见图 A-12。

JBOO 3.0 提供了一组用于修饰模型图的功能，见图 A-13。

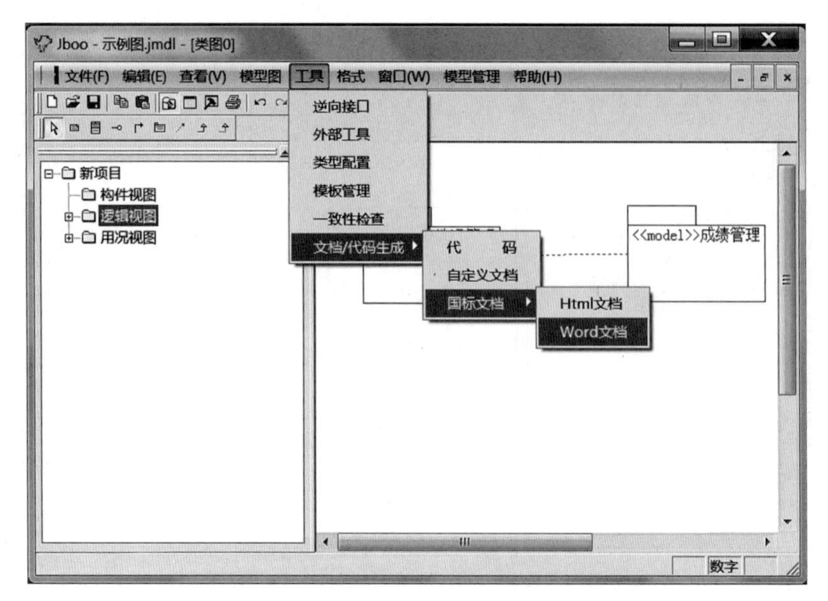

图 A-11　JBOO 3.0 提供的辅助子工具

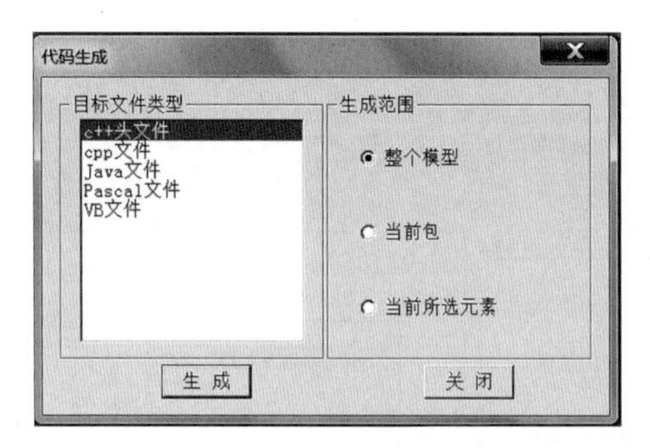

图 A-12　代码生成功能

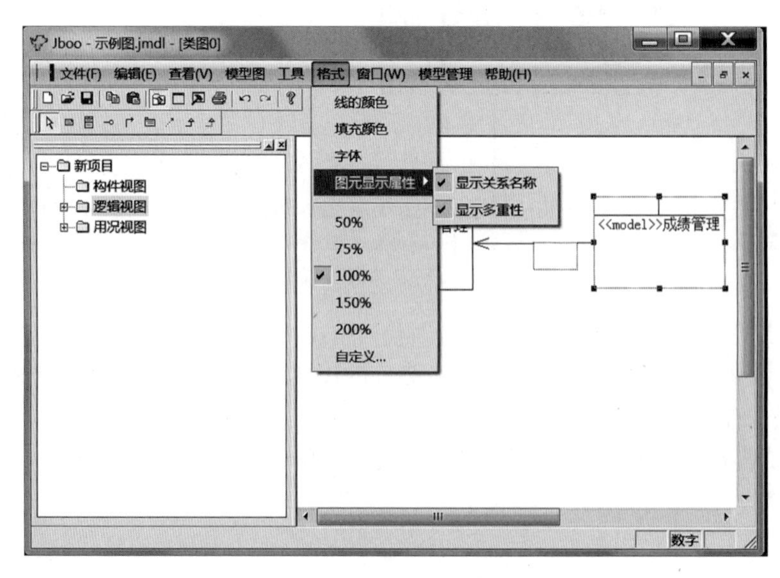

图 A-13　JBOO 3.0 提供的模型图修饰功能

图中的“图元显示属性”有“显示关系名称”和“显示多重性”的可选项，对于复杂的类图，用其可隐含或展示信息，以便理解。

A.3 UML 建模工具 PKUModeler

PKUModeler 是由北京大学信息科学技术学院软件所开发的遵循 UML 2.2 规范的 UML 建模工具。该工具支持 UML 2.2 的 12 种图的可视化建模：用况图、类图、对象图、包图、顺序图、活动图、状态机图、构件图、部署图、通信图、组合结构图和交互概览图，见图 A-14。

从图中能够看出，PKUModeler 比 JBOO 3.0 具有更丰富的建模功能。对于面向对象分析与设计的初学者，建议使用 JBOO 3.0 作为建模工具，因为它只提供了核心和常用的建模概念及表示法，易于掌握与使用。有了一定的 OO 建模基础后，可使用 PKUModeler 建模。

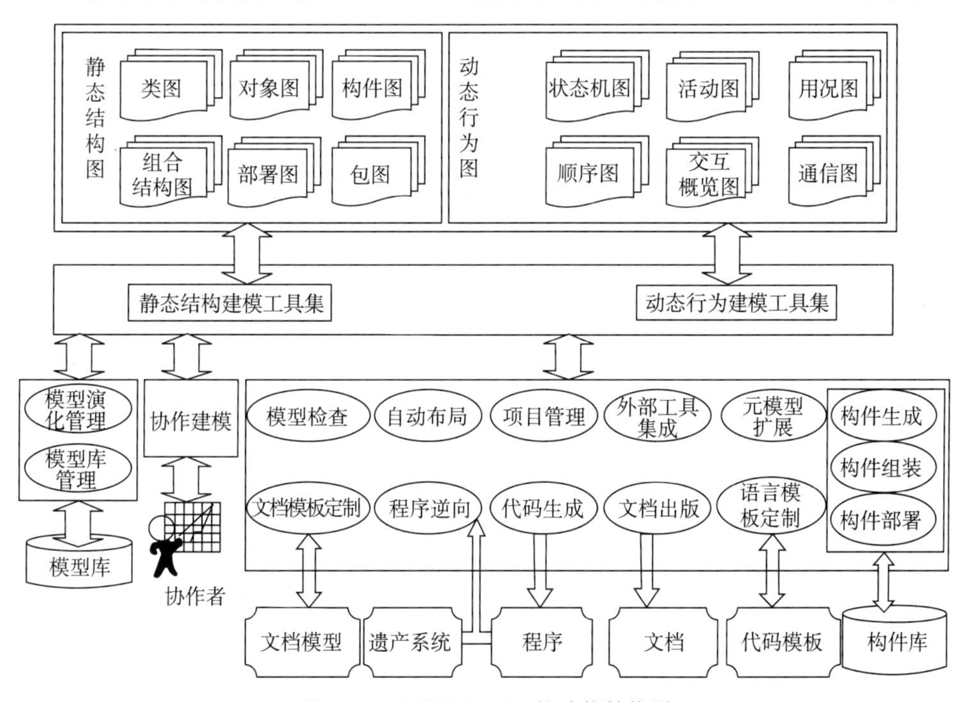

图 A-14 PKUModeler 的功能结构图

PKUModeler 是基于 Eclipse 开发的，并已作为开源软件发布到可信的国家软件资源共享与协同生产环境（http：//www.trustie.net/）。若需深入了解大型面向对象软件建模工具的构成，或在其基础上进行改造，可按上述网址进入到该环境，下载工具的代码和有关文档。

Appendix B

附录 B 文档编制指南

软件开发需要文档规范。本附录给出了对用面向对象方法进行软件建模所生成的文档的主要编制要求，有关更详细的内容，请查阅国家颁布的《面向对象的软件系统建模规范：文档编制》[14] ⊖。

在建模的过程中，要绘制所需要种类的图，并要对图进行规约。尽管图形直观、简练，使得开发人员容易看清系统的概貌和各种成分之间的逻辑关系，但是图有一定的局限性，即在图上不易表达一些具体的要求，或者表达得不够精确。这就需要对图加以规约，二者一起构成了关于该图的文档（以下称为某图文档）。描述系统模型的所有的图文档加上总体说明文档，构成整个系统文档的模型部分。

从建模阶段看，系统文档的模型部分中含有需求描述文档、分析文档和设计文档。总的来说，这些建模阶段要用到用况图文档、类图文档、顺序图文档、通信图文档、状态机图文档、活动图文档、构件图文档或部署图文档，有时还会引入包来管理复杂的文档。为了使文档易于交流和评审，上述的每个阶段所产生的文档，都应该按照一定的格式书写，即需要对其进行规范化。

如下给出了编制上述文档所应遵循的格式，开发者可根据所承担项目的实际情况，按需要对内容进行取舍或增补。

B.1 总体说明文档

该部分要对整个系统做一些必要的说明，内容包括系统的目标、意义、应用范围和项目背景等。但不必对系统的总体进行详细的说明，只需作提纲挈领式的简单介绍。另外，还要说明系统的文档由哪几种具体的文档组成、每种文档的份数以及对各种文档的组织等。

B.2 用况图文档

1. **图形文档**

即所绘制的用况图。

⊖ 该规范是针对 UML 1.5 的。现在的 UML 2.4 中增加了组合结构图、定时图和交互概览图，由于国家尚未发布有关这些图文档格式的规范，故本附录没有包括它们。

2. 文字说明

该部分由以下部分组成：用况图综述、参与者描述、用况描述、用况图中元素间的关系描述和其他与用况图有关的说明。

1）**用况图综述** 从总体上阐述整个用况图的目的、功能以及组织。

2）**参与者描述** 列出一个用况图中的每个参与者的名称，可按字母顺序或其他某种有规律的次序排列。对参与者要附有必要的文字说明，也可以说明它所涉及的用况。

3）**用况描述** 对于一个用况图中的每个用况，给出其名称并详述其行为（参看第3章中的用况模板），并说明它与本图中的其他元素间的关系。若存在详述用况的活动图等，要给出其名称。

4）**其他与用况图有关的说明** 描述与该用况图有关但上面文档中没有涉及的其他信息。

B.3 类图文档

1. 图形文档

即所绘制的类图。

2. 文字说明

该部分由以下部分组成：类图综述、类描述、关联描述、聚合描述、组合描述、继承描述、依赖描述和其他与类图有关的说明。

1）**类图综述** 从总体上阐述整个类图的目的、结构、功能及组织。

2）**类描述** 包括类整体说明、属性说明、操作说明、关联说明、聚合说明、组成说明、继承说明、依赖说明及其他说明。

- 类的整体说明。对整个类以及它的对象的情况加以说明，包括：类名、对类的责任的文字描述、对该类是从哪些类继承而来的描述、该类的状态机图的名称、该类被引用的情况、多重性，以及对有无主动性、有无持久性等的描述。
- 属性说明。逐个地说明类的属性。每个属性的详细说明包括以下内容：属性名、属性含义、数据类型、可见性、多重性、实现要求，以及是否用于表明聚合关系、组合关系或关联关系的描述。若是类属性，也要加以说明。
- 操作说明。逐个地说明类中的每个操作。每个操作的详细说明包括以下内容：操作名、操作的作用、可见性、参数列表、返回类型、详细描述操作方法具体细节的活动图的名称、约束条件，以及对是否具有多态性的描述。
- 关系说明。描述该类所涉及的所有的关联、聚合、组合、继承和依赖关系。
- 定义对象。对于该类创建的每个对象，按如下格式进行描述：

处理机：< 节点名> {,< 节点名> };

内存对象：{< 名称> [(n 元数组)][< 文字描述>]};

外存对象：{< 名称> [< 文字描述>]};

3）**关联描述** 类图中的每一关联都应有如下的描述：关联名称、关联的类型（二元关联、聚合、组合、多元关联、自关联）、关联所连接的类、关联端点（导航性、聚合、多重性、角色、可见性）。

4）继承描述　类图中的每一个继承都有如下的描述：继承关系中的一般类、继承关系中的特殊类。

5）依赖描述　类图中的每一个依赖都有如下的描述：名称、所涉及的类的名称、类型、附加说明。

6）其他与类图有关的说明　与该类图有关但上面文档中没有涉及的其他信息的描述。

B.4　顺序图文档

1. 图形文档

即所绘制的顺序图。

2. 文字说明

该部分包含：顺序图综述、顺序图中的对象与参与者实例描述（为了简洁起见，以下在本节和B.5节中出现对象的地方不再提及参与者实例）、对象接收/发送消息的描述和其他与顺序图有关的说明。

1）顺序图综述　从总体上描述顺序图的目的、顺序图的结构化控制情况（若使用了的话），以及它所涉及的对象。

2）顺序图中的对象描述　对顺序图中的所有的对象，依次进行如下的描述：对象的名称、是否为主动对象、其他与对象有关的信息。

3）对象接收/发送消息的描述　对顺序图中的每一个对象，按照时间顺序详细地描述其接收/发送的消息。对每一条消息应包含下面的内容：消息名称、消息格式、消息类型、发送消息的对象名称、接收消息的对象名称。

4）其他与顺序图有关的说明　与顺序图有关的补充信息。

B.5　通信图文档

1. 图形文档

即所绘制的通信图。

2. 文字说明

该部分包含下列部分：通信图综述、通信图中的对象或角色描述、对象或角色接收/发送的消息描述、对象或角色间的连接器描述和其他与通信图有关的说明。

1）通信图综述　从总体上描述该通信图的目的及其所涉及的对象。

2）通信图中的对象描述　对通信图中的所有对象，依次列出下面的各项：名称、是否为主动对象、其他与对象有关的信息。

3）消息描述　每一对象应有下列描述：名称、该对象所接收/发送的全部消息及顺序。对每一条消息应包含下面的信息：消息名称、消息格式、消息类型、消息的发送者、消息的接收者。

4）连接器描述　对象间的连接器应由下面的成分构成：连接器名称、连接器所连接的对象名称、连接器上的消息、其他与连接器有关的信息。

5）其他与通信图有关的说明　与通信图有关的补充信息。

B.6　状态机图文档

1. 图形文档

即所绘制的状态机图。

2. 文字说明

该部分包含：状态机图综述、状态机图的状态描述、状态机图的状态间转移描述和其他与状态机图有关的说明。

1）状态机图综述　从总体上描述设置该状态机图的目的，以及所包含的状态、事件和转移。

2）状态机图的状态描述　描述一个状态机图的所有的状态，对每一个具体状态的描述应包括以下各项：名称、含义、类型（简单状态、组合状态、初始状态、终止状态）、入口动作、出口动作、状态内转移、组合状态所包含的子状态、其他与该状态有关的信息。

3）状态机图的状态间转移描述　描述一个状态机图的所有的状态间转移，每一个具体转移应包括以下各项：转移的源状态、转移的目标状态、事件触发器［(用逗号分隔的参数表)］［监护条件］/动作表达式。

4）其他与状态机图有关的说明　与状态机图有关的补充信息。

B.7　活动图文档

1. 图形文档

即所绘制的活动图。

2. 文字说明

该部分包含：活动图综述、活动图中的动作描述、活动图中的转移描述、对象流和其他与活动图有关的说明。

1）活动图综述　从总体上描述设置该活动图的目的、所包含的动作及转移。

2）活动图中的动作描述　描述一个活动图的所有的动作，每个具体动作的描述包括以下内容：名称、含义、调用的其他活动以及其他与该状态有关的信息。

3）活动图中的转移描述　描述一个活动图的所有的转移，每一个具体转移包括以下内容：名称、源活动、目标活动、转移控制（分叉、汇合、分支和合并）。

4）对象流　描述各对象的名称、含义、输入它的动作、输出它的动作。

5）泳道　若图中具有泳道，要描述泳道的名称和含义，并指出其内所包含的动作以及对象。

6）其他与活动图有关的说明　与活动图有关的补充信息。

B.8 构件图文档

1. **图形文档**

即所绘制的构件图。

2. **文字说明**

该部分包含：构件图综述、构件图中的构件描述、构件图中的关系描述和其他与构件图有关的说明。

1）构件图综述　从总体上描述设置该构件图的目的、所包含的构件及所涉及的关系。

2）构件图中的构件描述　构件图中的每一个构件包含下列内容：名称、含义、接口、构件所涉及的关系、在逻辑上构件所实现的类、构件的类型。

3）构件图中的关系描述　名称、关系的起始构件的名称、关系的结束构件的名称、关系的类型（实现依赖、使用依赖和连接件）。

4）构件的内部结构　描述构件内部的部件以及部件间的关系，并描述各端口（包括名称和含义等）。

5）其他与构件图有关的说明　其他与构件图有关的信息。

B.9 部署图文档

1. **图形文档**

即所绘制的部署图。

2. **文字说明**

该部分包含：部署图综述、部署图中的节点描述、部署图中的关系描述和其他与部署图有关的说明。

1）部署图综述　从总体上描述部署图的目的以及节点之间的相互关系等。

2）部署图中的节点描述　部署图中的每一个节点包含下列内容：名称、含义、节点中的构件、节点所涉及的关联的名称。

3）部署图中的关系描述　名称、含义、关系的起始节点名称和关系的结束节点的名称。

4）其他与部署图有关的说明　其他与部署图有关的信息。

B.10 包图文档

1. **图形文档**

即所绘制的包图。

2. **文字说明**

该部分包含：包图综述、包图中的包描述和其他与包图有关的说明。

1）包图综述　从总体上描述包图的名称、目的以及与其他包图的相互关系等。

2）包图中的包描述　包图中的每一个包包含下列描述：名称、含义、种类（类包、用况包或其他)、该包所包含的建模元素所在的文档、与该包有关系的其他包的信息（包的名称、与该包的关系)。

3）**包图中的包之间关系的描述**　关系的名称、关系的起始包名称和关系的结束包的名称。

4）**其他与包图有关的说明**　其他与包图有关的信息。

注：根据需要，可以在包树（按树的结构组织的一组包）文档中建立图文档的索引，分别指向相应的图文档；也可以直接把各图文档按包树的结构组织。

参考文献

[1] AUGUST-WILHELM SCHEER, MARKUS NÜUTTGEBS. ARIS Architecture and Reference Models for Business Process Management [M]. Heidelberg: Springer Berlin/Heidelberg, 2000.

[2] COAD P, YOURDON E. Object-Oriented Analysis [M]. Englewood Cliffs: Prentice-Hall, 1991.

[3] COAD P, YOURDON E. Object-Oriented Design [M]. Englewood Cliffs: Prentice-Hall, 1991.

[4] ERICH GAMMA, RICHARD HELM, RALPH JOHNSON, et al. Design Pattern Element of Reusable Object-Oriented Software [M]. New York: Addison-Wesley Longman, Inc, 1995.

[5] GRADY BOOCH, IVAR JACOBSON, JAMES RUMBAUGH. The Unified Modeling Language User Guide [M]. New York: Addison-Wesley, Publishing Company, 2005.

[6] IVAR JACOBSON, GRADY BOOCH, JAMES RUMBAUGH. The Unified Software Development Process [M]. New York: Addison-Wesley, Publishing Company, 2005.

[7] JAMES RUMBAUGH, IVAR JACOBSON, GRADY BOOCH. The Unified Modeling Language Reference Manual [M]. New York: Addison-Wesley Longman Inc. 2005.

[8] MARTIN FOWLER, KENDALL SCOTT. UML Distilled: A Brief Guide to Standard Object Modeling Language [M]. New York: Addison Wesley Longman, 2000.

[9] OBJECT MANAGE GROUP. Unified Modeling Language Superstructure 2.4.1. Formal/2011-08-06 [OL]. http://www.omg.org/spec/UML/2.4.1/Superstructure.

[10] RICHARD C LEE, WILLIAN M TEPFENHART. UML and C++: A Practical Guide To Object-Oriented Development [M]. Upper Saddle River: Prentice-Hall, 2001.

[11] MELIIR PAGE-JONES. UML面向对象设计基础 [M]. 包晓露，赵晓玲，叶天军，等译. 北京：人民邮电出版社，2001.

[12] 陈禹，方美琪. 软件开发工具 [M]. 北京：经济科学出版社，1996.

[13] 董士海. 计算机用户界面及其设计工具 [M]. 北京：科学出版社，1994.

[14] 中华人民共和国信息产业部. 面向对象的软件系统建模规范，第三部分：文档编制：SJ/T 11291—2003 [S]. 2003.

[15] 林瑶，范建华，赵刚. 数据库技术大全 [M]. 北京：电子工业出版社，1999.

[16] 青鸟工程资料. 青鸟面向对象软件开发规范 [R]. 北京大学计算机科学技术系，2000.

[17] 邵维忠，杨芙清. 面向对象的系统分析 [M]. 北京：清华大学出版社，2006.

[18] 邵维忠，杨芙清. 面向对象的系统设计 [M]. 北京：清华大学出版社，2007.

[19] 张效祥. 计算机科学技术百科全书 [M]. 北京：清华大学出版社，2005.

[20] JOHN W SATZINGER, ROBERT B JACKSON, STEPHEN D BURD. 系统分析与设计 [M]. 朱群雄，汪晓男，等译. 北京：机械工业出版社，2002.